新工科

21世纪技能创新型人才培养系列教材　　人工智能系列

U0385844

物联网
基础

主编　杨从亚　谈煜鸿　张　倩

WULIANWANG
JICHU

中国人民大学出版社
·北京·

图书在版编目（CIP）数据

物联网基础 / 杨从亚，谈煜鸿，张倩主编. -- 北京：
中国人民大学出版社，2021.10
    21世纪技能创新型人才培养系列教材. 人工智能系列
    ISBN 978-7-300-29523-7

    Ⅰ. ①物… Ⅱ. ①杨… ②谈… ③张… Ⅲ. ①物联网
－高等职业教育－教材 Ⅳ. ① TP393.4 ② TP18

    中国版本图书馆 CIP 数据核字（2021）第 120316 号

21世纪技能创新型人才培养系列教材·人工智能系列

物联网基础

主　编　杨从亚　谈煜鸿　张　倩

Wulianwang Jichu

出版发行	中国人民大学出版社		
社　　址	北京中关村大街 31 号	**邮政编码**	100080
电　　话	010－62511242（总编室）	010－62511770（质管部）	
	010－82501766（邮购部）	010－62514148（门市部）	
	010－62515195（发行公司）	010－62515275（盗版举报）	
网　　址	http://www.crup.com.cn		
经　　销	新华书店		
印　　刷	北京昌联印刷有限公司		
规　　格	185 mm×260 mm　16 开本	**版　　次**	2021 年 10 月第 1 版
印　　张	13.5	**印　　次**	2021 年 10 月第 1 次印刷
字　　数	320 000	**定　　价**	39.00 元

前言

从 1969 年"阿帕网"（ARPAnet）诞生以来，互联网的发展日新月异，经过几十年的发展，互联网形成了一个巨大的国际网络，已经普及到了人们的日常生活和工作中，它不但改变了传统的工作方式，也改变了人们的生活方式。人们可以通过智能终端登录互联网进行数据传输，实现各节点间的信息服务。

物联网是在互联网的基础上进一步延伸和扩展得到的网络，如果说互联网连接更多的是计算机，那么物联网连接的就是世间万物。物联网通过 RFID、无线通信、智能识别技术把物体的状况转化为各种参数，然后通过物联网网络进行传递和共享数据，通过程序或者指令实现物与物的管理、控制，最终形成一个关联万物的网络。因此，物联网的产生和发展也被称为信息科技产业的第三次革命。随着物联网的不断发展和技术更新，物联网在各个领域都有了较广泛的应用，如智能家居、智能交通、智慧医疗、精准农业等，未来它必将深刻地影响每一个人的工作和生活。

目前，我国已把物联网作为国家倡导的新兴战略性产业，物联网人才的培养也备受各界重视，很多高校都开设了物联网专业。物联网专业主要涉及物联网的通信架构、网络协议和标准、无线传感器、信息安全等的设计、开发、管理与维护等。由于物联网是一个复合交叉型领域，涉及的知识和技术较多，除了需要设计和开发，更多的是应用，因此不仅仅是物联网专业的人才需要学习物联网知识，未来有机会应用物联网的人都需要了解和学习物联网知识，正像互联网不仅仅是计算机专业的人学习和应用一样。本教材正是基于这个思想编写而成。

本书主要特色如下：

1. 学习门槛低，面向各类学习者。即使学习者没有物联网专业知识基础，通过认真研读、学习本书，也可以对物联网相关的知识和概念有所理解、掌握。

2. 内容多为基础性知识，较容易学习。物联网知识面广，技术专业性强，没有专业知识的人学习会较困难，本书对相关知识进行组织和筛选，尽量做到通俗易懂。

3. 遵循学习规律，按照层层递进的方式组织内容。本书从物联网概念入手，介绍了物联网的发展，然后从感知、通信、数据处理到物联网安全等知识，循序渐进地组织内容，更符合学习规律。

本书对物联网知识体系进行了系统的整合，介绍了物联网的相关知识，按照物联网的层次模型组织内容，较完整地呈现了物联网知识体系。本书共分为九章，下面分别介绍每一章的内容，以帮助学习者更好地了解本书的知识框架：

第一章主要以物联网的内涵为切入点，提出了物联网的两种体系架构，并在该架构的基础上探讨物联网涉及的知识领域和主要技术。

第二章从物联网的起源入手，介绍了物联网的发展现状以及对人们活动和企业带来的影响，最后从产业链和商业模式来看未来物联网的发展。

第三章主要介绍了什么是传感器以及它是如何进行联网和应用的。

第四章主要阐述了物联网的标识和定位技术，包括条码技术、RFID技术和GPS技术等。

第五章主要介绍了物联网的通信技术，包括近距离无线通信技术、移动通信技术、卫星通信技术、M2M与互联网技术。

第六章从物联网安全体系进行论述，主要介绍了物联网在感知、传输和应用中的安全技术，另外还介绍了区块链等技术的应用。

第七章主要围绕数据存储、处理和应用三个方面进行阐述，包括物联网数据存储、物联网数据分析和挖掘、物联网数据检索，以及云计算和人工智能等内容。

第八章主要讲述了物联网的系统管理内容，包括物联网业务管理模式、物联网网络管理和物联网应用管理。

第九章通过几个典型应用来介绍物联网的应用场景和内容，帮助学习者感受物联网时代人们的日常生活和工作都将发生翻天覆地的变化。

本书的编写和整理工作由杨从亚、谈煜鸿和张倩等完成，得到了无锡物联网产业园区合作企业的大力支持和帮助，在此表示感谢。

本书引用和借鉴了部分企业的案例、图片和数据，主要用于教学过程的案例分析，帮助读者学习和理解，在此表示衷心感谢。

尽管我们尽最大的努力想呈现给读者高质量的读物，但由于编写能力有限，书中难免有不妥之处，欢迎各界专家和读者来函给予宝贵意见，我们将不胜感激。

编者

目录

第一章
物联网概述

思维导图

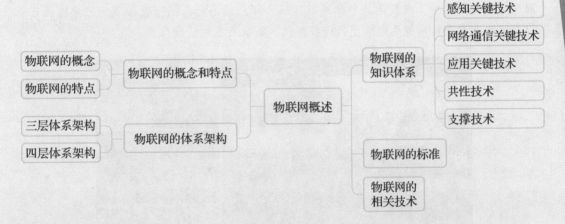

知识目标

（1）掌握物联网的概念和特点。

（2）理解物联网的体系架构模型。

（3）熟悉物联网的知识体系。

（4）了解物联网的相关技术。

能力目标

（1）能够画出物联网的体系架构模型框图。

（2）能够列举物联网关键技术的特征。

思政目标

学习物联网相关知识，感受我国信息化发展的速度、强大的国力，培养具有社会责任感的高素质人才。

谷歌的无人驾驶汽车

自从第一辆无人驾驶汽车诞生以来，已经过去了几年，如今谷歌又有了重大突破。

Alphabet（谷歌重组后的"伞形公司"）宣布，Waymo（Alphabet 旗下的子公司）终于可以实现完全无人驾驶状态下的乘客运输。这种完全无人驾驶模式只适用于 259 平方千米内的城市道路区域。根据 The Verge（美国的一家科技媒体网站）提供的消息来看，Waymo 仍然会在车内安排一名员工，只不过这名员工坐在后排而不是驾驶席。

乘客进入车内，系好安全带后，可以按下"Start ride"按钮启动车辆。在启动按钮旁还配备了三个按钮，分别是用来控制车辆靠边停车的"Pull over"按钮、上锁／解锁车辆的按钮、用来与 Waymo 客服中心联系的帮助按钮。Waymo 的产品经理说，这样做的目的是让乘客可以控制车辆，即使他们手中没有方向盘。

另外，车辆上的液晶屏可以显示预计到达时间、车辆行驶状态、路线规划以及周围区域地图。其中，深蓝色为整体道路区域，绿色线条为车辆行驶区域。用户据此可以在道路上空直接俯视乘坐车型的行驶路线，获取自己的行驶位置。

与 2014 年谷歌发布的"萤火虫"无人驾驶汽车相比，无论是智能驾驶水平还是功能逻辑布置，这次的测试车都有了进步。而这或许意味着我们距离无人驾驶汽车终极形态可能真的不远了，未来车内空间的重新定义工作也将成为人们重点思考的问题。

资料来源：佚名.谷歌无人驾驶汽车.（2017－11－11）[2021－02－08]. https://www.sohu.com/a/203732869_120865.

在无人驾驶汽车阵营中，谷歌的研究和探索应该是最为深入的。让一辆汽车在完全无人的情况下在城市道路上行驶确实是件很难的事。但与很多人对无人驾驶汽车"还只能在实验场地和特殊路况下进行测试和调试"理解不同，谷歌的无人驾驶汽车（Google Driverless Car）已经具备了相当程度的实用价值。无人驾驶汽车需要收集和处理大量数据，在这种情况下，通过物联网，无人驾驶汽车共享道路信息，这些信息包括实际路径、交通状况和如何绕过障碍物等。所有这些数据在物联网连接的汽车之间共享，并通过无线上传到云系统进行分析和使用，从而提高自动化程度。

思政园地

2020 移动大会：5G 与物联网碰撞 传统体育场馆擦出"智慧"火花

2020 年 11 月 20 日，由中国移动通信集团主办的 2020 年第八届中国移动全球合作伙伴大会（以下简称"移动大会"）进入观展高峰期。广州保利世贸博览馆内人潮涌动，特别是在 5G 赋能体验展区，一系列覆盖生活、影视、艺术、娱乐、电玩、AR/MR、AI 机器人等 5G 创新应用产品吸引了众多观众参与体验。

与人们所认知的体积大、重量大的高清显示屏不同，中琛源科技旗下运动科技品牌"立咕运动"展出的高清大屏采用的是国际领先的光子晶体型光学薄膜，最大可拼接成 200 寸大屏幕，支持正面及背面双面高清投影显示，屏幕安装成本低廉，商业价值更是远超传统单面屏幕。当然，仅有"黑科技"屏幕远不足够，高清体育赛事画面是如何远程、实时传输到现场的呢？尽管中国移动官方宣称展馆覆盖 5G 通信网络，但也只能保障参展商和观展人群的大规模通信需求，且高清赛事直播对通信传输速度、稳定性要求严格，中琛源科技是如何突破技术瓶颈的呢？

原来，在"高清体育赛事直播"的背后还隐藏了一款黑科技产品——中琛魔盒 Turbo。据工作人员介绍，这是中琛源科技旗下物联网品牌"中琛物联"自主研发的一款多网多链路通信聚合加速器，可实现 1 路千兆有线链路与 7 路 4G&5G 无线 IoT（物联网）网络带宽的叠加、聚合，从而保障通信网络的持续高速、稳定。5G 带来了超高速传输技术的变革，但并不意味着传输过程就一路畅通。特别是各种设备对 5G 网络的占用，以及瞬时大迸发传输造成的网络拥堵、缓慢现象依然存在。中琛魔盒 Turbo 融入了三网融合、多链路通信聚合、智能侦测算法优化等技术优势，根据传输需求自动计算最优的通信网络配比方案，始终保持通信传输的质量稳定。

当需要进行高清体育赛事直播时，中琛魔盒 Turbo 自动计算所需的通信链路数量，分配相应的数据以支撑高清信号传输，赛事结束则自动停止，回归到日常网络链路，从而最大化通信资源利用效率。据了解，目前该中琛魔盒 Turbo 还可应用在体育户外赛事直播、场馆商展、网红直播、营销互动、广告投放等场景，带动体育场馆的商业服务走向多元化和智能化。

当然，中琛源科技展示的"5G 智慧体育场馆"应用并不只是"高清体育赛事直播"服务。据了解，中琛源科技正积极向体育场馆引入安装 AI 摄像抓拍系统、人脸识别系统、IoT 传感设备，以及智能闸机、智能储柜、灯控&光控、智能广告机等一系列软硬件设备。依托于 5G 与物联网的技术碰撞、融合，实现体育场上 AI 运动影像跟拍、刷脸开场、智能计分、运动数据分析、科学健身指导等服务创新，擦出"智慧"火花。

资料来源：OFweek 物联网. 2020 移动大会：5G 与物联网碰撞 传统体育场馆擦出"智慧"火花.（2020－11－20）[2021－03－08]. https://iot.ofweek.com/2020－11/ART－132216－8120－30470298.html.

解读

物联网的应用相当广泛，它是多技术的组合，对技术、平台和集成都有很高的要求，我国最近十多年在物联网的研发和应用上都进入世界领先行列，中琛源科技展示的"5G智慧体育场馆"正是我国在物联网应用场景中的一个缩影。

物联网的概念和特点

继计算机、互联网与移动通信网之后，业界普遍认为物联网将引领信息产业的新浪潮，成为未来社会经济发展、社会进步和科技创新的最重要的基础设施，它关系到未来国家物理基础设施的安全利用。由于物联网融合了半导体、传感器、计算机、通信网络等多种技术，它即将成为电子信息产业发展的新制高点。

物联网是新一代信息技术的重要组成部分，是互联网的应用扩展，它利用网络等通信技术把传感器、控制器、机器、人员和物等通过新的方式联系在一起，通过智能感知、识别技术与普适计算，形成人与物、物与物相联，实现远程管理控制和智能化的网络，方便识别、管理和控制。

物联网可以利用云计算、模式识别技术将传感器和智能处理相结合，扩充其应用领域，应用创新是物联网发展的核心。随着互联网和智慧城市的建设发展，物联网对人们的影响越来越大。

一、物联网的概念

（一）自动识别中心（Auto-ID）的定义

1991年，美国麻省理工学院（MIT）的凯文·艾什顿（Kevin Ashton）教授首次提出物联网的概念。1999年，美国麻省理工学院建立了"自动识别中心（Auto-ID）"，提出"万物皆可通过网络互联"，阐明了物联网的基本含义。早期的物联网是依托射频识别（RFID）技术的物流网络，随着技术和应用的发展，物联网的内涵已经发生了较大变化。

（二）国际电信联盟（ITU）对物联网的定义

2005年11月17日，在突尼斯举行的信息社会世界峰会（WSIS）上，国际电信联盟（ITU）发布了《ITU互联网报告2005：物联网》，正式提出了物联网的概念。该报告指出，无所不在的"物联网"通信时代即将来临，世界上所有的物体，从轮胎到牙刷、从房屋到纸巾都可以通过互联网主动进行信息交换，即世界上的任何物品都能连入网络；物与物之间的信息交互不再需要人工干预，物与物之间可实现无缝、自主、智能的交互。换句话说，物联网可以因特网为基础，实现人与人、人与物、物与物之间的互联和通信。

（三）中国学者对物联网的定义

有些学者认为物联网（Internet of Things，IoT）是一个基于互联网、传统电信网等信息承载体，让所有能够被独立寻址的普通物理对象实现互联互通的网络。它具有普通对象设备化、自治终端互联化和普适服务智能化三个重要特征。

也有学者把物联网定义进一步细化，他们认为物联网指的是将无处不在的末端设备和设施，包括具备"内在智能"的传感器、移动终端、工业系统、楼控系统、家庭智能设施、视频监控系统等和"外在智能"（如贴上 RFID 的各种资产、携带无线终端的个人与车辆等"智能化物件或动物"或"智能尘埃"），通过各种无线或有线的长距离或短距离通信网络连接物联网域名，以实现互联互通（M2M），应用大集成以及基于云计算的 SaaS 营运等模式，在内网（Intranet）、专网（Extranet）或互联网（Internet）环境下，采用适当的信息安全保障机制，提供安全可控乃至个性化的实时在线监测、定位追溯、报警联动、调度指挥、预案管理、远程控制、安全防范、远程维保、在线升级、统计报表、决策支持、领导桌面等管理和服务功能，实现对"万物"的"高效、节能、安全、环保"的"管、控、营"一体化。

（四）产业实践意义上的物联网

全球范围内物联网的产业实践主要集中在三大方向，如表 1-1 所示。

表 1-1　产业实践意义上的物联网比较

类型	区别
"智慧尘埃"意义上的物联网	属于工业总线的泛化，这样的产业实践自从机电一体化和工业信息化以来，实际上在工业生产中从未停止过，只是那时不叫物联网而是叫工业总线。
基于 RFID 技术的物联网	所依据的 EPCglobal 标准在推出时，即被定义为未来物联网的核心标准，但是该标准及其唯一的方法手段 RFID 电子标签所固有的局限性，使它难以真正指向物联网所提倡的智慧星球。原因在于，物和物之间的联系所能告知人们的信息是非常有限的，而物的状态与状态之间的联系，才能使人们真正挖掘事物之间普遍存在的各种联系，从而获取新的认知、新的智慧。
数据"泛在聚合"意义上的物联网	数据的"泛在聚合"，能使人们极为方便地任意检索所需的各类数据，在各种数学分析模型的帮助下，不断挖掘这些数据所代表的事物之间普遍存在的复杂联系，从而实现人类对周边世界认知能力的革命性飞跃。

第一个实践方向被称为"智慧尘埃"，主张实现各类传感器设备的互联互通，形成智能化功能的网络。

第二个实践方向是广为人知的基于 RFID 技术的物流网，该方向主张通过物品物件的标识，强化物流及物流信息的管理，同时通过信息整合，形成智能信息挖掘。

第三个实践方向是数据"泛在聚合"意义上的物联网，认为互联网造就了庞大的数据海洋，应通过对其中每个数据进行属性的精确标识，全面实现数据的资源化，这既是互联网深入发展的必然要求，也是物联网的使命所在。

（五）物联网概念综述

目前，物联网还没有一个精确且公认的定义。这主要归因于：第一，物联网的理论体系没有完全建立，人们对其认识还不够深入，还不能透过现象看出本质；第二，由于物联网与互联网、移动通信网、传感网等都有密切关系，不同领域的研究者对物联网思考所基于的出发点各异，短期内还没达成共识。

物联网是新一代信息技术的重要组成部分，IT 行业又称其为泛互联，意指物物相连，万物万联。由此可理解为"物联网就是物物相连的互联网"。它包含两层意思：第一，物联网的核心和基础仍然是互联网，是在互联网基础上的延伸和扩展的网络；第二，其用户端延伸和扩展到任何物品与物品之间，进行信息交换和通信，实现在任何时间、任何地点，人、机、物的互联互通。

我们认为，物联网即"万物相连的互联网"，是在互联网基础上的延伸和扩展的网络，它将各种信息传感设备与互联网结合起来而形成了一个巨大网络，按约定的协议，实现在任何时间、任何地点，人、机、物的互联互通并进行信息交换和通信，以实现对物品的智能化识别、定位、跟踪、监控和管理。

二、物联网的特点

（一）物联网的流程特点

物联网的流程可以概括为物体感知、信息传输和智能处理。

（1）物体感知。物联网可以利用传感器、RFID、二维码等设备感知并获取物体的各类信息。部分感知设备如图 1-1 所示。

图 1-1　感知设备

（2）信息传输。物联网通过对互联网、无线网络的融合，将物体的信息实时、准确地传送，以便信息交流、分享。信息传输方式如图 1-2 所示。

数据网络　　移动网络　　ZigBee

Wi-Fi　　蓝牙　　NFC

图 1-2　信息传输方式

（3）智能处理。物联网利用各种智能技术，对感知和传送到的数据、信息进行分析处理，实现监测与控制的智能化。部分智能处理示意如图1-3所示。

图1-3　智能处理示意

（二）物联网的信息处理特点

从通信对象和过程来看，物与物、人与物之间的信息交互是物联网的核心。根据物联网的处理流程，结合信息科学的观点，围绕信息的流动过程，可以归纳出物联网处理信息的特点：

（1）以感知获取信息。这主要是信息的感知和信息的识别，信息的感知是指对事物属性、状态及其变化方式的知觉和觉察，信息的识别是指能把所感受到的事物状态用一定方式表示出来。

（2）以通信传送信息。这主要是信息发送、传输、接收等环节，最后把获取的事物状态信息及其变化方式从时间（或空间）上的一点传送到另一点的任务，这就是常说的通信过程。

（3）以加工处理信息。这是指信息的加工过程，利用已有的信息或感知的信息产生新的信息，实际是制定决策的过程。

（4）以实现施效信息。这是指信息最终发挥效用的过程，有很多的表现形式，比较重要的是通过调节对象事物的状态及其变换方式，始终使对象处于预先设计的状态。

（三）物联网技术和应用层面特点

（1）感知识别普适化。作为物联网的末梢，自动识别和传感网技术近些年来发展迅猛，应用广泛，仔细观察就会发现，人们的衣食住行都能折射出感知识别技术的发展。无所不在的感知和识别将传统上分离的物理世界和信息世界高度融合。

（2）异构设备互联化。尽管软件和硬件平台千差万别，各种异构设备利用无线通信模块和协议自组成网，运行不同的协议在异构网络之间通过"网关"互联互通，实现网际信息通信和融合。

（3）联网终端规模化。物联网时代，每一件物品均具有通信功能成为网络终端，每一件物体都具有通信模块以实现不同物体间的信息传输。未来带有通信模块和控制模块的终端设备越来越普及。

（4）管理调控智能化。物联网将大规模数据高效、可靠地组织起来，为上层行业应用提供智能的支撑平台。数据组织、数据搜索和数据分析结合运筹学、机器学习、数据挖掘、专家系统等决策手段将广泛应用于各行各业。

（5）应用服务链条化。以工业生产为例，物联网技术覆盖从原材料引进、生产调度、节能减排、仓储物流到产品销售、售后服务等各个环节。物联网技术在一个行业中的应用也将带动相关上下游产业的发展。

（6）经济发展跨越化。科技进步已经成为经济社会发展的主导力量，物联网技术作为新的信息技术应用将影响着一个国家和地区的发展速度和综合竞争实力，有望成为从劳动密集型向知识密集型转变的决定性因素，成为从资源浪费型向环境友好型国民经济发展过程中的重要动力。

第二节
物联网的体系架构

一、物联网功能需求分析

"物联网"概念的问世，打破了人们的传统思维。过去的思路一直是将物理基础设施和 IT 基础设施分开，一方面是机场、公路、建筑物，另一方面是数据中心、个人电脑、宽带等。而在物联网时代，钢筋混凝土、电缆将与芯片、宽带整合为统一的基础设施，在此意义上，基础设施更像是一块新的地球工地，世界就在它上面运转，其中包括经济管理、生产运行、社会管理乃至个人生活。物联网的本质就是物理世界和数字世界的融合。物联网是为了打破地域限制，实现物与物之间按需进行的信息获取、传递、存储、融合、使用等服务的网络。因此，物联网应该具备如下三个功能：

（1）全面感知：利用传感器、RFID、二维码等随时随地获取物体的信息，包括用户位置、周边环境、个体喜好、身体状况、情绪、环境温度和湿度，以及用户业务感受、网络状态等。

（2）可靠传递：通过各种网络融合、业务融合、终端融合、运营管理融合，将物体的信息实时准确地传递出去。

（3）智能处理：利用云计算、模糊识别等各种智能计算技术，对海量数据和信息进行分析和处理，对物体进行实时智能化控制。

物联网并不是一个全新的网络，它是在现有的电信网、互联网、未来融合各种业务的下一代网络以及一些行业专用网的基础上，通过添加一些新的网络能力以实现所需的服务。人们可以在意识不到网络存在的情况下，随时随地通过适合的终端设备接入物联网并享受服务。物联网应具有以下特性：可扩展性，要求网络的性能不受网络规模的影响；透明性，要求物联网应用不依赖于特定的底层物理网络；一致性，要求可以跨越不同网络的互操作特性；可伸缩性，即不会因为物联网功能实体的失效导致应用性能急剧劣化，要求至少可获得传统网络的性能。

二、物联网体系架构概述

认识任何事物都要有一个从整体到局部的过程，尤其是对于结构复杂、功能多样的系统更是如此。物联网也不例外，首先需要对物联网的整体结构进行了解，然后根据它的结构剖析其组成细节，从而对物联网有个清晰的认识。

体系架构是指导具体系统设计的首要前提，物联网应用广泛，系统规划和设计极易因角度的不同而产生不同的结果，因此需要建立一个具有框架支撑作用的体系架构。另外，随着应用需求的不断发展，各种新技术将逐渐纳入物联网应用体系中，体系架构的设计也将决定着物联网的技术细节、应用模式和发展趋势。

在物联网中，任何人和物之间都可以在任何地点、任何时间实现与任何网络的无缝对接，它使物理世界具备情感感知，在处理和控制这一闭环过程中，在真正意义上形成人与物、人与人、物与物间的信息连接，是新一代智能互联网络。物联网的体系架构如图1-4所示。

物联网的最终目的是建立一个满足人们生产、生活以及对资源、信息更高需求的综合平台，管理跨组织、跨管理域的各种资源和异构设备，为上层应用提供全面的资源共享接口，实现分布式资源的有效集成，提供各种数据的智能计算、信息的及时共享、决策的辅助分析等。因此，物联网可以抽象地划分成广泛分布的感知设备、物联网中间件和上层应用三个层次。

图1-4 物联网体系架构

三、物联网体系架构的种类

由物联网的特点可以看出，物联网具有较强的异构性，它可以把不同标准的传感设备，通过异构的网络组织，实现不同物体之间的信息传输和控制。这种异构设备之间的互联、互通和互操作需要以一个开放的、分层的、可扩展的网络体系架构为框架。

目前，国内外的研究人员在描述物联网的体系架构时由于站在不同的角度，因此体系架构存在一定的差异性，一般有以下几种。

（一）物联网三层体系架构

三层体系架构是目前被业界普遍公认的一种物联网体系架构。该架构把物联网分成三个层次，底层是用来感知数据的感知层，中间是数据传输的网络层，最上面则是应用层，如图1-5所示。

物联网的价值在于让物体也拥有了"智慧"，从而实现人与物、物与物之间的沟通，物联网的特征在于感知、互联和智能的叠加。因此，物联网由三个部分组成：感知部分，即以传感器、RFID、二维码为主，实现对"物"的识别；传输网络，即通过现有的互联网、广电网络、通信网络等实现数据的传输；智能处理，即利用云计算、数据挖掘、中间件等技术实现对物品的自动控制与智能管理等。

在物联网三层体系架构中，三层的关系可以这样理解：感知层相当于人体的皮肤和五官，网络层相当于人体的神经中枢和大脑，应用层相当于人的社会分工。

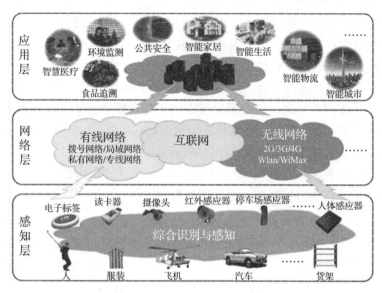

图 1-5 物联网三层体系架构

1. 感知层

（1）感知层定义。

感知层是物联网的"皮肤和五官"——识别物体，采集信息。

物联网感知层解决的就是人类世界和物理世界的数据获取问题，包括各类物理量、标识、音频、视频数据。感知层处于三层架构的最底层，是物联网发展和应用的基础，具有物联网全面感知的核心能力。

（2）感知层功能。

物联网在传统网络的基础上，从原有网络用户终端向下延伸和扩展，扩大通信的对象范围，即通信不仅仅局限于人与人之间，还扩展到人与现实世界的各种物体之间。这里的"物"并不是自然物品，而是要满足一定的条件才能够被纳入物联网的范围，例如有相应的信息接收器和发送器、数据传输通路、数据处理芯片、操作系统、存储空间等，遵循物联网的通信协议，在物联网中有可被识别的标识。可以看到，现实世界的物品未必能满足这些要求，这就需要特定的物联网设备，并使这些物品加入物联网。

（3）感知层主要技术。

感知层所需要的关键技术包括检测技术、中低速无线或有线短距离传输技术等。具体来说，感知层综合了传感器技术、嵌入式计算技术、智能组网技术、无线通信技术、分布式信息处理技术等，能够通过各类集成化的微型传感器的协作实时监测、感知和采集各种环境或监测对象的信息。通过嵌入式系统对信息进行处理，并通过随机自组织无线通信网络以多跳中继方式将所感知信息传送到接入层的基站节点和接入网关，最终到达用户终端，从而真正实现"无处不在"的物联网的理念。

2. 网络层

（1）网络层定义。

物联网是什么？经常有人会说是 RFID，但这只是感知，这种感知的技术早已存在，虽然未必成熟，但是开发起来并不是很难。而物联网的价值是什么呢？主要在于"网"，而不在于"物"。感知只是第一步，如果没有一个庞大的网络体系，不能管理和整合感知的信息，那这个网络就没有意义。

网络层是物联网的"神经中枢和大脑"——传递和处理信息。网络层包括通信与互联网的融合网络、网络管理中心和信息处理中心等。网络层将感知层获取的信息进行传递和处理，类似于人体的神经中枢和大脑。

（2）网络层功能。

物联网网络层是在现有网络的基础上建立起来的，它与目前主流的移动通信网、国际互联网、企业内部网、各类专网等网络一样，主要承担着数据传输的功能。

在物联网中，要求网络层能够把感知层感知到的数据进行无障碍、高可靠性、高安全性地传送，它解决的是感知层所获得的数据在一定范围内，尤其是远距离的传输问题。同时，物联网网络层将承担比现有网络更大的数据量和面临更高的服务质量要求，所以现有网络尚不能满足物联网的需求，这就意味着物联网需要对现有网络进行融合和扩展，利用新技术以实现更加广泛和高效的互联功能。

（3）网络层主要技术。

由于物联网网络层是建立在互联网和移动通信网等现有网络基础上，除具有目前已经比较成熟的远距离有线、无线通信技术和网络技术外，为实现"物物相连"的需求，物联网网络层将综合使用 IPv6、2G/3G、Wi-Fi 等通信技术，实现有线与无线的结合、宽带与窄带的结合、感知网与通信网的结合。同时，网络层中的感知数据管理与处理技术是实现以数据为中心的物联网的核心技术。感知数据管理与处理技术包括物联网数据的存储、查询、分析、挖掘、理解以及基于感知数据决策和行为的技术。

3. 应用层

（1）应用层定义。

物联网最终目的是要把感知和传输来的信息更好地利用，甚至有学者认为，物联网本身就是一种应用，可见应用在物联网中的地位。

应用层是物联网的"社会分工"，物联网通过与行业需求结合，实现广泛智能化。应用层是物联网与行业专业技术的深度融合，与行业需求结合，实现行业智能化，这类似于人的社会分工，最终构成人类社会。在各层之间，信息不是单向传递的，也有交互、控制等，所传递的信息多种多样，这其中的关键是物品的信息，包括在特定应用系统范围内能唯一标识物品的识别码和物品的静态与动态信息。

（2）应用层功能。

应用是物联网发展的驱动力和目的。应用层的主要功能是把感知和传输来的信息进行分析和处理，做出正确的控制和决策，实现智能化的管理、应用和服务。这一层解决的是信息处理和人机界面的问题。具体来讲，应用层将网络层传输来的数据通过各类信息系统进行处理，并通过各种设备与人进行交互。这一层也可按形态直观地划分为两个子层：一个是应用程序层；另一个是终端设备层。应用程序层进行数据处理，完成跨行业、跨应用、跨系统之间的信息协同、共享、互通，包括电力、医疗、银行、交通、环保、物流、工业、农业、城市管理、家居生活等，可用于政府、企业、社会组织、家庭、个人等，这正是物联网作为深度信息化网络的重要体现。终端设备层主要是提供人机界面，物联网虽然是"物物相连的网"，但最终是要以人为本的，还需要人的操作与控制，不过这里的人机界面已远远超出现在人与计算机交互的概念，而是泛指与应用程序相连的各种设备与人的反馈。物联网的应用可分为监控型（如物流监控、污染监控）、查询型（如智能检索、远程抄表）、控制性（如智能交通、智能家居、路灯控制）、扫描型（如手机钱包）等。目前，软件开发、智能控制技术发展迅速，应用层技术将为用户提供丰富的物联网应用。同时，各种行业和家庭应用的开发将会推动物联网的普及，也给整个物联网产业链带来利润。

（3）应用层主要技术。

物联网应用层能够为用户提供丰富的业务体验，然而，如何合理高效地处理从网络层传来的海量数据，并从中提取有效信息，是物联网应用层要解决的一个关键问题。例如应用层的 M2M 技术，它可以将多种不同类型的通信技术有机地结合在一起，将数据从一台终端传送到另一台终端，也就是实现机器与机器的对话。又如用于处理海量数据的云计算技术，云计算技术可以通过共享基础资源（硬件、平台、软件）的方法，将巨大的系统池连接在一起以提供各种 IT 服务，企业与个人用户无须再投入昂贵的硬件购置成本，只需要通过互联网来租赁计算力等资源。用户可以在多种场合，利用各类终端，通过互联网接入云计算平台来共享资源。

（二）物联网四层体系架构

物联网四层体系架构比三层体系架构多了一个数据的动态组织和管理层，可以认为四层体系架构中的数据的动态组织和管理层、应用决策层就是三层体系架构中的应用层。物联网四层体系架构如图 1-6 所示。

图 1-6　物联网四层体系架构

1. 感知控制层

感知控制层是物联网发展和应用的基础，包括传感器、定位器、读写器、摄像头、GPS/GIS、T2T 等多种终端和传感器网络等无线接入设备。各种传感器通过目标环境的相关信息，自行组网传递到网关接入点，网关将收集到的数据通过互联网络提交给后台处理。

感知控制层利用传感器获得被测量（物理量、化学量或生物量）的模拟信号，并负责将模拟信号转换成数字，也包括从电子设备（如串口设备）中采集到的直接的数字，最终由数据传输层转发到应用决策层。除了各类传感器外，这一层里还存在广泛的执行器，可以响应对从数据传输层转发来的数字信号（执行器可以对将数字信号转为模拟信号）。

伴随着物联网产业的快速发展，对新型传感器、芯片的需求逐渐增大，因此对其尺寸和功耗提出了更高的要求。而 MCU（Micro Control Unit，微控制单元）和 MEMS（Micro-Electro-Mechanical System，微机电系统）由于其高性能、低功耗和高集成度的优势，得到了全面发展，成为感知控制层发展最重要的两项技术。

2. 数据传输层

数据传输层主要负责传递和处理感知控制层获取的信息，通过各种接入设备实现互联网、移动通信网等不同网络类型的网络融合，并且提供路由、格式转换和地址转换等功能。

数据传输层分为无线传输和有线传输两大类，其中无线传输是物联网的主要应用。

无线传输技术按传输距离可划分为两类：一类是以 ZigBee、Wi-Fi、蓝牙等为代表的短距离传输技术，即局域网通信技术；另一类则是低功耗广域网（Low-Power Wide-Area Network，LPWAN），即广域网通信技术。LPWAN 又可分为两类：一类是工作于未授权频谱的 LoRa、Sigfox 等技术；另一类是工作于授权频谱下，3GPP 支持的 2G/3G/4G/5G 蜂窝通信技术，如增强机器类通信（Enhanced Machine Type of Communication，eMTC）、窄带物联网（Narrow Band Internet of Things，NBIoT）。

有线传输部分常见的技术有以太网、Modulbus、光纤等。

3. 数据的动态组织和管理层

数据的动态组织和管理层实现感知数据的语义理解、推理、决策，以及提供数据的查询、存储、分析和挖掘等功能，如云计算为感知数据的存储和分析提供了较好的应用平台，是信息处理的重要组成部分，也是应用层各种应用的基础。

数据的动态组织和管理层在整个物联网体系架构中起着承上启下的关键作用，它不仅实现了底层终端设备的"管、控、营"一体化，为上层提供应用开发和统一接口，构建了设备和业务的端到端通道，同时提供了业务融合和数据价值孵化的土壤，为提升产业整体价值奠定了基础。

4. 应用决策层

物联网应用决策层利用经过分析处理后的感知数据，为用户提供不同类型的服务。

丰富的应用是物联网的最终目标，未来基于政府、企业、消费者三类群体将衍生出多样化物联网应用，创造巨大社会价值。根据企业业务需要，在数据的动态组织和管理层之上建立相关的物联网应用，例如城市交通情况的分析与预测，城市资产状态监控与分析，环境状态监控、分析与预警（如风力、雨量、滑坡），健康状况监测与医疗方案建议等。

目前，业界认为的物联网几大产业主要集中在智能交通、智能家居、智慧建筑、智能安防、智能零售、智能能源、智能农业、智慧医疗、智能物流和智能制造等。

物联网的知识体系

从知识体系上来看，物联网涉及感知设备、网络、物联网平台、云计算、大数据和人工智能等技术，但在实际的物联网应用发展过程中，除了包括物联网三层体系架构中的感知、网络和应用层外，还包含物联网技术、标准，以及包括服务业和制造业在内的物联网相关产业、资源体系、隐私和安全，以及促进和规范物联网发展的法律、政策和国际治理体系等内容。

图1-7是中国信息通信研究院提供的物联网知识体系结构，从该图中可以看出，物联网涉及感知、控制、网络通信、微电子、软件、嵌入式系统、微机电等技术领域，因此物联网涵盖的关键技术非常多，为了系统分析物联网知识体系，中国信息通信研究院将物联网知识体系划分为感知关键技术、网络通信关键技术、应用关键技术、共性技术和支撑技术。

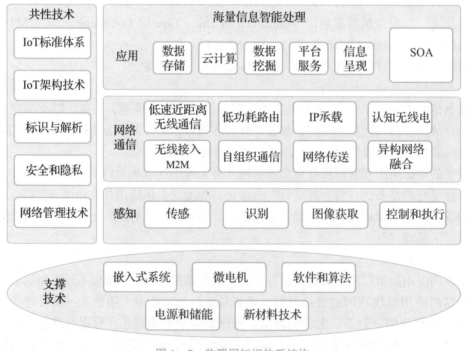

图1-7　物联网知识体系结构

一、感知关键技术

传感和识别技术是物联网感知物理世界、获取信息和实现物体控制的首要环节，传感器将物理世界中的物理量、化学量、生物量转化为可供处理的数字信号，而识别技术则实现对物联网中物体标识和位置信息的获取。

二、网络通信关键技术

网络通信技术主要实现物联网信息和控制信息的双向传递、路由和控制，重点包括低速近距离无线通信、低功耗路由、自组织通信、无线接入 M2M、IP 承载、网络传送、异构网络融合和认知无线电技术。

三、应用关键技术

海量信息智能处理综合运用高性能计算、人工智能、数据库和模糊计算等技术，对收集的感知数据进行通用处理，重点涉及数据存储、并行计算、数据挖掘、平台服务、信息呈现等。面向服务的体系架构（SOA）是一种松耦合的软件组件技术，它将应用程序的不同功能模块化，并通过标准化的接口和调用方式联系起来，实现快速可重用的系统开发和部署。

四、共性技术

物联网共性技术涉及网络的不同层面，主要包括物联网标准体系、物联网架构技术、标识与解析、安全和隐私、网络管理技术等。

（1）物联网标准体系。

物联网标准是国际物联网技术竞争的制高点。由于物联网涉及不同专业技术领域、不同行业应用部门，因此物联网的标准既要涵盖面向不同应用的基础公共技术，也要涵盖满足行业特定需求的技术标准，既包括国家标准，也包括行业标准。

（2）物联网架构技术。

物联网架构技术主要是围绕系统设计思想、核心体系架构方法论、终端用户的参与、业务前景与应用模式、物联网大批量的智能物体的管理与维护等诸多要素进行研究与应用开发的一种技术。

（3）标识与解析。

物联网标识是指按一定规则赋予物品易于机器和人识别、处理的标识符/代码，它是物联网对象在信息网络中的身份识别，是一个物理编码，它实现了物的数字化。解析是通过标识编码为入口，把物联网标识编码背后对应的数据和丰富的信息关联起来，从而实现与物联网整个系统的应用对接。

（4）安全和隐私。

物联网涵盖范围非常广泛，既包括物联网的终端系统（如 RFID、传感器节点、数据库系统和服务器等），还包括整个连接和应用系统平台。物联网安全和隐私知识体系包括密码理论、网络安全、密钥管理、非正常节点的识别、入侵检测、认证、安全成簇、安全数据融合、安全路由、安全定位、物联网中的抗干扰、射频识别的隐私与安全以及嵌入式系统的安全设计等内容。

（5）网络管理技术。

物联网网络管理技术涉及分布式数据库/资料集合管理、网络设备的自动轮询，以及实时网络拓扑变化和网络流量分布图形界面监控系统，另外，在物联网的网络管理服务中，需要开发各种各样的工具、应用软件和设备来辅助与维护那些参与物联网及其应用的各种类型的网络。

五、支撑技术

物联网支撑技术包括嵌入式系统、微机电、软件和算法、电源和储能、新材料技术等。

物联网的标准

一、物联网标准概述

（一）物联网标准体系

物联网标准体系相对繁杂，由物联网总体标准、感知层标准、网络层标准、应用层标准、共性关键技术标准五个层次初步构建，如图1-8所示。

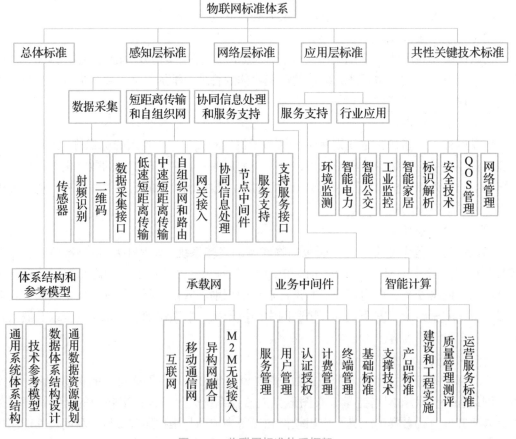

图1-8 物联网标准体系框架

（1）物联网总体标准。

物联网总体标准是物联网通用性标准，包括物联网通用系统体系结构、技术参考模型、数据体系结构设计、通用数据资源规划。

（2）感知层标准。

感知层标准主要涉及数据采集、短距离传输和自组织网、协同信息处理和服务支持三部分。数据采集标准包括传感器、射频识别、二维码、数据采集接口的数据采集标准；短距离传输和自组织网标准包括低速短距离传输、中速短距离传输、自组织网和路由、网关接入的标准；协同信息处理和服务支持标准包括协同信息处理、节点中间件、服务支持和支持服务接口标准。

（3）网络层标准。

网络层标准主要涉及一些承载网的标准，包括互联网、移动通信网、异构网融合、M2M 无线接入标准。

（4）应用层标准。

应用层标准包括服务支持和行业应用标准体系。

（5）共性关键技术标准。

共性关键技术标准包括标识解析、安全技术、网络管理等标准。

标识解析标准包括编码、解析、认证、加密、隐私保护、管理以及多标识互通标准。

安全技术标准重点包括安全体系架构、安全协议、支持多种网路融合的认证和加密技术、用户和应用隐私保护、虚拟化和匿名化、面向服务的自适应安全技术标准等。

（二）产业体系标准

物联网相关产业是指实现物联网功能所必需的相关产业集合，从产业结构来看，主要包括服务业和制造业两大范畴，如图 1-9 所示。

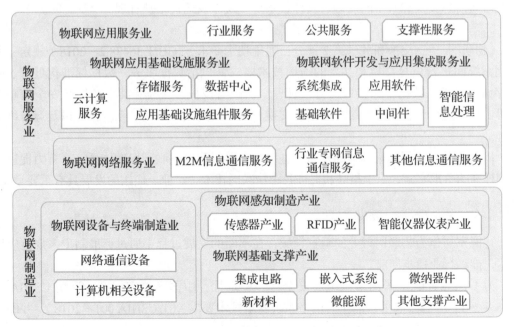

图 1-9 物联网服务和制造产业结构

（1）物联网服务业标准。

物联网服务业主要包括物联网应用服务业、物联网应用基础设施服务业、物联网软件开发与应用集成服务业和物联网网络服务业四大类。物联网应用服务业又可分成行业服务、公共服务和支撑性服务。物联网应用基础设施服务业主要包括云计算服务、存储服务等；物联网软件开发与应用集成服务业可细分为系统集成服务、应用软件服务、基础软件服务、中间件服务、智能信息处理服务。

（2）物联网制造业标准。

物联网制造业以感知端设备制造业为主，感知端设备的高智能化与嵌入式系统息息相关，设备的高精密化离不开集成电路、嵌入式系统、微纳器件、新材料、微能源等基础产业支撑。部分网络通信设备、计算机相关设备也是物联网制造业的组成部分。

二、国家制定的物联网相关标准

根据国家标准化管理委员会 2018 年第 9 号中国国家标准公告，《物联网 系统评价指标体系编制通则》等三项物联网基础共性国家标准发布，并于 2019 年 1 月 1 日实施。相关标准的具体信息如下。

（一）《物联网 系统评价指标体系编制通则》

《物联网 系统评价指标体系编制通则》（GB/T 36468－2018）规定了物联网系统评价指标体系的编制原则、体系结构以及指标描述和设计原则，适用于具体行业物联网应用系统评价指标体系的编制。

（二）《物联网 信息交换和共享第 1 部分：总体架构》

《物联网 信息交换和共享第 1 部分：总体架构》（GB/T 36478.1－2018）规定了物联网系统之间进行信息交换和共享包含的过程活动、功能实体和共享交换模式，适用于物联网系统之间信息交换和共享的规划、设计、系统开发以及运行维护管理。

（三）《物联网 信息交换和共享第 2 部分：通用技术要求》

《物联网 信息交换和共享第 2 部分：通用技术要求》（GB/T 36478.2－2018）规定了物联网系统间进行信息交换和共享的通用技术要求，包括数据服务、数据标准化处理、数据存储与管理、数据传递接口、目录管理、认证与授权、交换和共享监控及安全策略要求等内容，适用于物联网系统之间信息交换和共享的规划、设计、系统开发以及运行维护管理。

以上三项物联网国家标准的发布，进一步完善了我国物联网标准体系，将有力促进物联网标准的落地实施，对于指导和促进我国物联网技术、产业、应用的发展具有重要意义。

三、智能家居行业安全标准

智能家居作为物联网行业的垂直领域，在不断的发展过程中通过标准制定来规范应用技术，推动行业稳步向前。

为了保障智能家居网络系统的安全性、稳定性，中国智能家居产业联盟 CSHIA 于 2018 年 3 月 19 日发布《智能家居网络系统安全技术要求》（T/CSHIA 001－2018），并即日实施。该标准由中关村标准创新服务中心提出并归口。

《智能家居网络系统安全技术要求》对智能家居系统中的设备按照安全的重要程度进

行了分级，区分了关键设备和一般设备，对家庭主机、云控制平台等设备提出了高等级的安全要求，对电加热器、大功率设备提出了可靠操作和有害操作识别的要求，对一般设备提出了基本的信息安全要求。

四、EPC 编码标准

电子产品代码（EPC 编码）是国际条码组织推出的新一代产品编码体系。原来的产品条码仅是对产品分类的编码，EPC 编码则是对每个单品都赋予一个全球唯一编码。

EPC 编码的载体是 RFID 电子标签，并借助互联网来实现信息的传递。EPC 编码旨在为每一件单品建立全球的、开放的标识标准，实现全球范围内对单件产品的跟踪与追溯，从而有效提高供应链管理水平、降低物流成本。EPC 编码是一个完整的、复杂的、综合的系统。

EPC 编码是 96 位（二进制）方式的编码体系。96 位的 EPC 码可以为 2.68 亿公司赋码，每个公司可以有 1 600 万种产品分类，每类产品有 680 亿的独立产品编码，形象地说，可以为地球上的每一粒大米赋一个唯一的编码。

EPC 编码的概念是以 1999 年美国麻省理工学院的一位教授提出的 EPC（Electronic Product Code）开放网络（物联网）构想为基础，并在国际条码组织、宝洁公司、吉列公司、可口可乐、沃尔玛、联邦快递、雀巢、英国电信、IBM 等全球 83 家跨国公司的支持下，开始了这个发展计划。2003 年完成了技术体系的规模场地使用测试，同年 10 月成立的 EPCgloble 开始推广 EPC 和物联网的应用。欧、美、日等国家在全力推动 EPC 电子标签应用，全球最大的零售商美国沃尔玛宣布：从 2005 年 1 月开始，前 100 名供应商必须在托盘中使用 EPC 电子标签，2006 年必须在产品包装中使用 EPC 电子标签。美国国防部以及美国、欧洲、日本的生产企业和零售企业都制定了在 2004 年到 2005 年实施 EPC 电子标签的方案。

EPC 编码的原则：唯一性、简单性、可扩展性、保密性与安全性。

EPC 编码关注的问题：生产厂商和产品、内嵌信息、分类、批量产品编码、载体。

EPC 编码的结构：EPC 编码数据结构标准规定了 EPC 数据结构的特征、格式，以及国际条码组织系统中的 GTIN、SSCC、GLN、GRAI、GIAI、GSRN、NPC 与 EPC 编码的转换方式。EPC 编码数据结构标准适用于全球物流供应链各个环节的产品（物品、贸易项目、资产、位置等）与服务等的信息处理和信息交换。

五、数据交换标准

没有统一的 HTML 式的数据交换标准是物联网发展的一大瓶颈，物联网的最大瓶颈既不是 IP 地址不够的问题，也不是一定要攻克某些关键技术才能发展。寻址问题可以通过多种方式解决，包括通过发放统一的 UID（用户身份证明）等方式解决，IPv6 或 IPv9 固然重要，但传感网的很多底层通信介质可能很难运行 IP Stack。一些传感器和传感器网络关键技术的攻关也很重要，但这是"点"的问题，不是"面"的问题。大量的问题还是数据表达、交换，与处理的标准以及应用支撑的中间件架构问题。同方软件从 2004 年起就推出了 ezM2M 物联网业务基础中间件产品和 oMIX 数据交换标准（产品中还实现了中国移动的 WMMP 标准），中国电信也推出了 MDMP 标准，但是一个或几个企业的力量是有限的，既然物联网产业已经被提到国家战略的高度，如果从国家层面的高度来推动物联网数据交换标准和中间件标准，一定能够发挥整体效果，而且要比制定其他通信层和传感器的技术攻关见效快。

数据交换标准主要落地在物联网三层体系架构的应用层和感知层，配合数据传输层通道，目前国外已提出很多标准，如 EPCglobal 的 ONS/PML 标准体系，还有 Telematics 行业推出的 NGTP 标准协议及其软件体系架构，以及 EDDL、M2MXML、BITXML、oBIX 等，数据格式和模型也有 TransducerML、SensorML、IRIG、CBRN、EXDL、TEDS 等，目前的挑战是把这些现有标准融合，实现一个统一的 HTML 式物联网数据交换大集成应用标准。

六、物联网"六域模型"

国家物联网基础标准工作组提出了物联网"六域模型"，该模型是《物联网 参考体系结构》（GB/T 33474－2016）的核心内容。

物联网"六域模型"通过将纷繁复杂的物联网行业应用关联要素进行系统化梳理，以系统级业务功能划分为主要原则，设定了物联网用户域、服务提供域、感知控制域、目标对象域、资源交换域和运维管控域六大域，如图 1－10 所示。

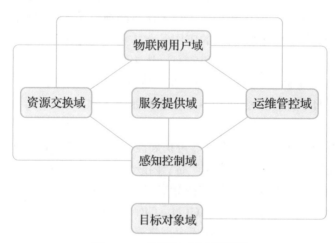

图 1－10　物联网"六域模型"

其中：

（1）物联网用户域主要实现定义用户和需求。

（2）目标对象域明确"物"及关联属性。

（3）感知控制域设定所需感知和控制的方案，即"物"的关联方式。

（4）服务提供域将原始或半成品数据加工成对应的用户服务。

（5）运维管控域在技术和制度两个层面保障系统的安全、可靠、稳定和精确运行。

（6）资源交换域实现单个物联网应用系统与外部系统之间的信息和市场等资源的共享与交换，建立物联网闭环商业模式。

域和域之间再按照业务逻辑建立网络化连接，从而形成单个物联网垂直行业生态体系。单个物联网垂直行业生态体系再通过各自的资源交换域形成跨行业、跨领域的协同体系。

"六域模型"完善了物联网与传统行业融合的框架体系，理清了物联网行业应用生态不同主体、要素间的关联逻辑，降低了物联网融入传统行业的难度。

假设在一个行业中全面应用物联网，无论是农业、工业还是医疗、交通等，按照每一个域的定义和要求，理清各域的涵盖要素以及域之间的关联逻辑，就可以逐步获得一个清晰的行业生态顶层框架，在此基础上就可以更为深入地细化场景和商业模式。因此，"六域模型"对于指导一个行业的应用生态构建，以及考察生态完备性方面具有明显的作用。

第五节

物联网的相关技术

一、传感器技术

人们通过视觉、嗅觉、听觉和触觉等感觉来感知外界的信息，感知的信息输入大脑进行分析判断和处理，大脑再指挥人做出相应的动作，这是人类认识世界和改造世界具有的最基本的能力。但是通过人的感觉感知外界的信息非常有限，例如，人无法利用触觉来感知超过几十甚至上千度的温度，而且也不可能辨别温度的微小变化，这就需要电子设备的帮助。同样，利用电子仪器如计算机控制的自动化装置来代替人的劳动时，计算机类似于人的大脑，而仅有大脑却没有感知外界信息的"五官"显然是不够的，计算机还需要它们的"五官"——传感器。

传感器是一种检测装置，能感受到被检测的信息，并能将检测感受到的信息，按一定规律变换成电信号或其他所需形式的信息输出，以满足信息的传输、处理、存储、显示、记录和控制等要求。它是实现自动检测和自动控制的首要环节。在物联网系统中，对各种参量进行信息采集和简单加工处理的设备，被称为物联网传感器。传感器可以独立存在，也可以与其他设备以一体方式呈现，但无论哪种方式，它都是物联网中的感知和输入的部分。在未来的物联网中，传感器及其组成的传感器网络将在数据采集前端发挥重要的作用。

传感器的分类方法多种多样，比较常用的有按照传感器的物理量、工作原理、输出信号的性质来分类。此外，传感器按照是否具有信息处理功能来分类的意义也越来越重要，特别是在未来的物联网时代，这种分类方式可将传感器分为一般传感器和智能传感器。一般传感器采集的信息需要计算机进行处理；智能传感器带有微处理器，本身具有采集、处理、交换信息的能力，具备数据高精度、高可靠性与高稳定性、高信噪比与高分辨力、强自适应性、低价格性能比等特点。

传感器是摄取信息的关键器件，它是物联网中不可缺少的信息采集手段，也是采用微电子技术改造传统产业的重要方法，对提高经济效益、科学研究与生产技术的水平有着举足轻重的作用。传感器技术水平不但直接影响信息技术水平，还影响信息技术的发展与应用。目前，传感器技术已渗透科学和国民经济的各个领域，在工农业生产、科学研究和改善人民生活等方面，起着越来越重要的作用。

二、RFID 技术

RFID 技术是射频识别技术（Radio Frequency Identification）的英文缩写，是 20 世纪 90 年代开始兴起的一种自动识别技术，它利用射频信号通过空间电磁耦合实现无接触信息传递，并通过所传递的信息实现物体识别。既可以将 RFID 看作是一种设备标识技术，也可以将其归类为短距离传输技术，在本书中更倾向于前者。

RFID 是一种能够让物品"开口说话"的技术，也是物联网感知层的一个关键技术。在对物联网的构想中，RFID 标签中存储着规范且具有互用性的信息，通过有线或无线的方式把它们自动采集到中央信息系统，实现物品（商品）的识别，进而通过开放式的计算机网络实现信息交换和共享，实现对物品的"透明"管理。

RFID 系统主要由三部分组成：电子标签（Tag）、读写器（Reader）和天线（Antenna）。其中，电子标签芯片具有数据存储区，用于存储待识别物品的标识信息；读写器是将约定格式的待识别物品的标识信息写入电子标签的存储区中（写入功能），或在读写器的阅读范围内以无接触的方式将电子标签内保存的信息读取出来（读出功能）；天线用于发射和接收射频信号，往往内置在电子标签和读写器中。

RFID 技术的工作原理是：电子标签进入读写器产生的磁场后，读写器发出的射频信号，凭借感应电流所获得的能量发送出存储在芯片中的产品信息（无源标签或被动标签），或者主动发送某一频率的信号（有源标签或主动标签）；读写器读取信息并解码后，送至中央信息系统进行有关数据处理。

由于 RFID 具有无须接触、自动化程度高、耐用可靠、识别速度快、适应各种工作环境、可实现高速和多标签同时识别等优势，因此可广泛应用于多个领域，如物流和供应链管理、门禁安防系统、道路自动收费、航空行李处理、文档追踪 / 图书馆管理、电子支付、生产制造和装配、物品监视、汽车监控、动物身份标识等。以简单 RFID 系统为基础，结合已有的网络技术、数据库技术、中间件技术等，构筑一个由大量联网的读写器和无数移动的标签组成的，比互联网更为庞大的物联网已成为 RFID 技术发展的趋势。

三、二维码技术

二维码（2-Dimensional Bar Code）技术是物联网感知层实现过程中最基本和关键的技术之一。二维码又称二维条码、二维条形码，是用某种特定的几何形体按一定规律在平面上分布（黑白相间）的图形来记录信息的应用技术。从技术原理来看，二维码在代码编制上巧妙地利用构成计算机内部逻辑基础的"0"和"1"比特流概念，使用若干与二进制相对应的几何形体来表示数值信息，并通过图像输入设备或光电扫描设备自动识读以实现信息的自动处理。与一维条形码相比，二维码有着明显的优势，归纳起来主要有以下几个方面：数据容量更大，二维码能够在横向和纵向两个方向同时表达信息，因此能在很小的面积内表达大量的信息；超越了字母、数字的限制；条形码相对尺寸小；具有抗损毁能力。此外，二维码还可以引入保密措施，其保密性较一维码要强很多。

二维码可分为堆叠式/行排式二维码和矩阵式二维码。其中，堆叠式/行排式二维码形态上是由多行短截的一维码堆叠而成；矩阵式二维码以矩阵的形式组成，在矩阵相应元素位置上用"点"表示二进制"1"，用"空"表示二进制"0"，并由"点"和"空"的排列组成代码。

二维码具有条码技术的一些共性：每种码制有其特定的字符集，每个字符占有一定的宽度，具有一定的校验功能，等等。

四、ZigBee

ZigBee 是一种短距离、低速率、低功耗的无线传输技术，是一种介于无线标记技术和蓝牙之间的技术，它是 IEEE 802.15.4 协议的代名词。ZigBee 的名字来源于蜂群使用的赖以生存和发展的通信方式，即蜜蜂靠飞翔和"嗡嗡"（Zig）地抖动翅膀与同伴传递新发现的食物源的位置、距离和方向等信息，也就是说，蜜蜂依靠这样的方式构成了群体中的通信网络。

ZigBee 采用分组交换和跳频技术，并且可使用 3 个频段，分别是全球通用的 2.4GHz 频段、欧洲的 868MHz 频段和美国的 915MHz 频段。ZigBee 主要应用在短距离范围且数据传输速率不高的各种电子设备之间。与蓝牙相比，ZigBee 更简单、速率更慢、功率及费用更低。同时，由于 ZigBee 技术的低速率和通信范围较小的特点，决定了 ZigBee 技术只适合于承载数据流量较小的业务。

五、蓝牙

蓝牙（Bluetooth）是一种无线数据与话音通信的开放性全球规范，它与 ZigBee 一样，也是一种短距离的无线传输技术。其实质内容是为固定设备或移动设备之间的通信环境建立通用的短距离无线接口，将通信技术与计算机技术进一步结合起来，是各种设备在无电线或电缆相互连接的情况下，能在短距离范围内实现相互通信或操作的一种技术。

蓝牙采用高速跳频（Frequency Hopping）和时分多址（Time Division Multiple Access，TDMA）等先进技术，支持点对点及点对多点通信。其传输频段为全球公共通用的 2.4GHz 频段，能提供 1Mb/s 的传输速率和 10m 的传输距离，并采用时分双工传输方案实现全双工传输。

蓝牙除具有与 ZigBee 一样可以全球范围适用、功耗低、成本低、抗干扰能力强等特点外，还有许多它自己的特点。蓝牙作为一种电缆替代技术，主要有三类应用：话音/数据接入、外围设备互连和个人局域网（PAN）。在物联网的感知层，主要是用于数据接入。蓝牙技术有效地简化移动通信终端设备之间的通信，也能够成功地简化设备与因特网之间的通信，从而使数据传输变得更加迅速和高效，为无线通信拓宽了道路。ZigBee 和蓝牙是物联网感知层典型的短距离传输技术。

六、Internet

Internet，中文译为因特网，广义的因特网叫互联网，是以相互交流信息资源为目的，基于一些共同的协议，并通过许多路由器和公共互联网连接而成的一个信息资源和资源共享的集合。Internet 采用了目前最流行的客户机/服务器工作模式，凡是使用 TCP/IP 协议，并能与 Internet 中任意主机进行通信的计算机，无论是何种类型、采用何种操作系统，均可看成是 Internet 的一部分，可见 Internet 覆盖范围之广。物联网也被认为是 Internet 的进一步延伸。

Internet 将作为物联网主要的传输网络之一，然而为了让 Internet 适应物联网大数据量和多终端的要求，业界正在发展一系列新技术。其中，由于 Internet 中用 IP 地址对节点进行标识，而目前的 IPv4 受制于资源空间耗竭，已经无法提供更多的 IP 地址，所以 IPv6 以其近乎无限的地址空间将在物联网中发挥重大作用。引入 IPv6 技术，使网络不仅可以为人类服务，还将服务于众多硬件设备，如家用电器、传感器、远程照相机、汽车等，它将使物联网无所不在地深入社会每个角落。

七、移动通信网

要了解移动通信网，首先要知道什么是移动通信。移动通信就是移动体之间的通信，或是移动体与固定体之间的通信。通过有线或无线介质将这些物体连接起来进行语音等服务的网络就是移动通信网。

移动通信网由无线接入网、核心网和骨干网三部分组成。无线接入网主要为移动终端提供接入网络服务，核心网和骨干网主要为各种业务提供交换和传输服务。从通信技术层面看，移动通信网的基本技术可分为传输技术和交换技术两大类。在物联网中，终端需要以有线或无线方式连接起来，发送或者接收各类数据，同时考虑到终端连接的方便性、信息基础设施的可用性（不是所有地方都有方便的固定接入能力）以及某些应用场景本身需要监控的目标就是在移动状态下，因此，移动通信网络以其覆盖广、建设成本低、部署方便、终端具备移动性等特点成为物联网重要的接入手段和传输载体，为人与人之间的通信、人与网络之间的通信、物与物之间的通信提供服务。在移动通信网中，当前比较热门的接入技术有 5G、Wi-Fi 和 WiMAX。

八、无线传感器网络

无线传感器网络（WSN）的基本功能是将一系列空间分散的传感器单元通过自组织的无线网络进行连接，从而将各自采集的数据通过无线网络进行传输汇总，以实现对空间分散范围内的物理或环境状况的协作监控，并根据这些信息进行相应的分析和处理。很多文献将无线传感器网络归为感知层技术，实际上，无线传感器网络技术贯穿物联网的三个层面，是结合了计算机、通信、传感器三项技术的一门新兴技术，具有较大覆盖范围、低成本、高密度、灵活布设、实时采集、全天候工作的优势，且对物联网其他产业具有显著带动作用。本书更侧重于无线传感器网络传输方面的功能，所以放在网络层介绍。

如果说 Internet 构成了逻辑上的虚拟数字世界，改变了人与人之间的沟通方式，那么无线传感器网络就是将逻辑上的数字世界与客观上的物理世界融合，改变人类与自然界的交互方式。无线传感器网络是集成了监测、控制和无线通信的网络系统，相比传统网络，其特点是：

（1）节点数目更为庞大（上千甚至上万），节点分布更为密集。

（2）由于环境影响和存在能量耗尽问题，节点更容易出现故障。

（3）环境干扰和节点故障易造成网络拓扑结构的变化。

（4）通常情况下，大多数传感器节点是固定不动的。

（5）传感器节点具有的能量、处理能力、存储能力和通信能力等都十分有限。因此，无线传感器网络的首要设计目标是能源的高效利用，这也是无线传感器网络和传统网络最重要的区别之一，涉及节能技术、定位技术、时间同步等关键技术，在第四章中将会详细介绍。

九、M2M

M2M 是 Machine-to-Machine（机器对机器）的缩写，根据不同应用场景，往往也被解释为 Man-to-Machine（人对机器）、Machine-to-Man（机器对人）、Mobile-to-Machine（移动网络对机器）、Machine-to-Mobile（机器对移动网络）。由于 Machine 一般特指人造的机器设备，而物联网（Internet of Things）中的 Things 则是指更抽象的物体，范围也更广。例如，树木和动物属于 Things，可以被感知、被标记，属于物联网的研究范畴，但它们不是 Machine，不是人为事物。冰箱则属于 Machine，同时也是一种 Things。所以，M2M 可以看作是物联网的子集或应用。

M2M 是现阶段物联网普遍的应用形式，是实现物联网的第一步。M2M 业务现阶段通过结合通信技术、自动控制技术和软件智能处理技术，实现对机器设备信息的自动获取和自动控制。在这个阶段，通信的对象主要是机器设备，尚未扩展到任何物品，在通信过程中，也以使用离散的终端节点为主。并且，M2M 的平台也不等于物联网运营的平台，它只解决了物与物的通信，解决不了物联网智能化的应用。所以，随着软件的发展，特别是应用软件的发展和中间件的发展，M2M 平台可以逐渐过渡到物联网的应用平台上。M2M 将多种不同类型的通信技术有机地结合在一起，将数据从一台终端传送到另一台终端，也就是机器与机器的对话。

M2M 技术综合了数据采集、GPS、远程监控、电信、工业控制等技术，可以在安全监测、自动抄表、机械服务、维修业务、自动售货机、公共交通系统、车队管理、工业流程自动化、电动机械、城市信息化等环境中运行并提供广泛的应用和解决方案。M2M 技术的目标就是使所有机器设备都具备联网和通信能力，其核心理念就是网络一切（Network Everything）。随着科学技术的发展，越来越多的设备具有了通信和联网能力。

网络一切正逐步变为现实，M2M 技术具有非常重要的意义，有着广阔的市场和应用，将会推动社会生产方式和生活方式的新一轮变革。

十、云计算

云计算（Cloud Computing）是分布式计算（Distributed Computing）、并行计算（Parallel Computing）和网格计算（Grid Computing）的发展，或者说是这些计算机科学概念的商业实现。云计算通过共享基础资源（硬件、平台、软件）的方法，将巨大的系统池连接在一起以提供各种 IT 服务，这样，企业与个人用户无须再投入昂贵的硬件购置成本，只需要通过互联网来租赁计算力等资源。用户可以在多种场合，利用各类终端，通过互联网接入云计算平台来共享资源。

云计算涵盖的业务范围，一般有狭义和广义之分。狭义的云计算是指 IT 基础设施的交付和使用模式，通过网络以按需、易扩展的方式获得所需的资源（硬件、平台、软件）。提供资源的网络被称为"云"。"云"中的资源在使用者看来是可以无限扩展的，并且可以随时获取、按需使用、随时扩展、按使用量付费。这种特性使云计算被称为像水电一样使用的 IT 基础设施。广义的云计算是指服务的交付和使用模式，通过网络以按需、易扩展的方式获得所需的服务。这种服务可以是与 IT 和软件、互联网相关的，也可以是任意其他的服务。

云计算由于具有强大的处理能力、存储能力、带宽和极高的性价比，可以有效用于物联网应用和业务，是应用层能提供众多服务的基础。它可以为各种不同的物联网应用提供统一的服务交付平台，可以为物联网应用提供海量的计算和存储资源，还可以提供统一的数据存储格式和数据处理方法。利用云计算可以大大简化应用的交付过程，降低交付成本，并能提高处理效率。同时，物联网也将成为云计算最大的用户，促使云计算取得更大的商业成功。

十一、人工智能

人工智能（Artificial Intelligence）是探索研究使各种机器模拟人的某些思维过程和智能行为（如学习、推理、思考、规划等），使人类的智能得以物化与延伸的一门学科。目前对人工智能的定义大多可划分为四类，即机器"像人一样思考""像人一样行动""理性地思考""理性地行动"。人工智能企图了解智能的实质，并生产出一种新的能以与人类智能相似的方式做出反应的智能机器。该领域的研究包括机器人、语言识别、图像识别、自然语言处理和专家系统等，目前主要的方法有神经网络、进化计算和粒度计算三种。在物联网中，人工智能技术主要负责分析物品所承载的信息内容，从而实现计算机自动处理。人工智能技术的优点在于：大大改善操作者作业环境，减轻工作强度；提高了作业质量和工作效率；一些危险场合或重点施工应用得到解决；环保、节能；提高了机器的自动化程度和智能化水平；提高了设备的可靠性，降低了维护成本；故障诊断实现了智能化等。

十二、数据挖掘

数据挖掘（Data Mining）是从大量的、不完全的、有噪声的、模糊的和随机的实际应用数据中，挖掘出隐含的、未知的、对决策有潜在价值的数据的过程。数据挖掘主要基于人工智能、机器学习、模式识别、统计学、数据库、可视化技术等，高度自动化地分析数据，做出归纳性的推理。它一般分为描述型数据挖掘和预测型数据挖掘两种：描述型数据挖掘包括数据总结、聚类及关联分析等；预测型数据挖掘包括分类、回归及时间序列分析等。数据挖掘通过对数据的统计、分析、综合、归纳和推理，揭示事件间的相互关系，预测未来的发展趋势，为决策者提供决策依据。在物联网中，数据挖掘只是一个代表性概念，它是一些能够实现物联网"智能化""智慧化"的分析技术和应用的统称。细分起来，包括数据挖掘和数据仓库（Data Warehousing）、决策支持（Decision Support）、商业智能（Business Intelligence）、报表（Reporting）、ETL（数据抽取、转换和清洗等）、在线数据分析、平衡计分卡（Balanced Scoreboard）等技术和应用。

十三、中间件

什么是中间件？中间件是为了实现每个小的应用环境或系统的标准化以及它们之间的通信，在后台应用软件和读写器之间设置的一个通用的平台和接口。在许多物联网体系架构中，经常把中间件单独划分为一层，位于感知层与网络层或网络层与应用层之间。中间件作为其软件部分，有着举足轻重的作用。

物联网中间件是在物联网中采用中间件技术，以实现多个系统或多种技术之间的资源共享，最终组成一个资源丰富、功能强大的服务系统，最大限度地发挥物联网系统的作用。具体来说，物联网中间件的主要作用在于将实体对象转换为信息环境下的虚拟对象，因此数据处理是中间件最重要的功能。同时，中间件具有数据的搜集、过滤、整合与传递等功能，以便将正确的对象信息传送到后端的应用系统。

目前，主流的中间件包括 ASPIRE 和 Hydra。ASPIRE 旨在将 RFID 应用渗透中小型企业。为了达到这样的目的，ASPIRE 完全改变了现有的 RFID 应用开发模式，它引入并推进一种完全开放的中间件，同时完全有能力支持原有模式中核心部分的开发。ASPIRE 的解决办法是完全开源和免版权费用，这大大降低了总的开发成本。Hydra 中间件特别方便地实现了环境感知行为，解决了在资源受限设备中处理数据的持久性问题。Hydra 项目的第一个产品是为了开发基于面向服务结构的中间件，第二个产品是基于 Hydra 中间件生产出可以简化开发过程的工具，即供开发者使用的软件或者设备开发套装。

物联网中间件的实现依托于中间件关键技术的支持，这些关键技术包括 Web 服务、嵌入式 Web、Semantic Web 技术、上下文感知技术、嵌入式设备和 Web of Things 等。

本章小结

物联网是随着传感器技术、RFID 等技术的发展应用而开始发展的。进入 21 世纪以后，物联网获得了许多国家和政府的高度关注，在政府和产业界的推动下，物联网进入了快速发展和应用时期。

物联网体系结构一般可分为感知层、网络层、应用层三个层面。物联网三层体系架构体现了物联网的三个明显的特点：全面感知、可靠传送和智能处理。物联网的主要技术包括传感器技术、RFID 技术、云计算、人工智能、数据挖掘技术、中间件等。统一的标准有利于物联网的发展和更广泛的应用，物联网标准体系由物联网总体标准、感知层标准体系、网络层标准体系、应用层标准体系和共性关键技术标准体系组成。

近些年，物联网在教育领域的应用已经得到教育界的重视，成为教育信息化发展的新方向。

思考与练习

1. 什么是物联网？物联网有哪些特点？
2. 物联网三层体系架构和四层体系架构有哪些异同点？
3. 简述物联网的知识体系。
4. 物联网涉及哪些主要技术？
5. 举例说明你所知道的现实中的物联网应用。

02

第二章

物联网的发展与未来

思维导图

```
┌─────────────────┐
│  物联网的起源    │───┐
└─────────────────┘   │                              ┌──────────────────────┐
                      │                          ┌──│  物联网对企业的影响   │
┌─────────────────┐   │   ┌──────────────────┐   │   └──────────────────────┘
│ 物联网的发展现状 │───┼──│ 物联网的发展与未来 │──┤
└─────────────────┘   │   └──────────────────┘   │   ┌──────────────────────────┐
                      │                          └──│ 物联网的产业链和商业模式 │
┌──────────────────────┐                             └──────────────────────────┘
│ 物联网对人们活动的影响 │─┘
└──────────────────────┘
```

知识目标

（1）了解物联网的起源和发展现状。

（2）理解物联网对人们活动的影响。

（3）理解物联网对企业的影响。

（4）了解物联网的产业链组成。

（5）了解物联网的商业模式。

能力目标

（1）能够说出我国物联网的产业链。

（2）能够解读物联网的商业模式。

思政目标

了解我国通过物联网技术实际解决民生的相关案例，增强民族自豪感。

案例导入

智慧城市——维也纳

维也纳作为奥地利的首都，在智慧城市建设方面侧重于交通、住房、通信、能源、资源等领域的节能减排，为此相继制定了"智慧能源愿景2050""2020年道路计划""城市供暖和制冷计划"等一系列规划，进一步明确建设低碳减排智慧城市的目标。

维也纳政府扩大铺设市区自行车线路和步行区范围，用户可通过公共自行车停驻站终端机实现注册、租赁、查询车辆信息和报修损坏车辆等操作，服务中心根据终端机发回的信息及时采取相关智能化措施，保障公共自行车租赁业务的顺利进行。

信息化技术在维也纳地下管网排水系统中也得到充分应用。相关管理部门通过在地下管网不同枢纽区安装的230个监测设备，对管网内污水在暴雨天气时的流速、流量、水位等运行情况进行分层监测和实时监控，实时掌握管道的淤积情况，保障水情及时疏通和其他可控操作。

"城市供暖和制冷计划"充分体现了维也纳在能源利用方面的成就。首先，供暖系统主要采用燃烧和气化技术将回收的固态垃圾和废水转化为新能源，满足地区暖气和热水的需求，从而减少高能耗供暖设备的使用和二氧化碳排放量。在城市制冷方面，接入节能技术进入城市制冷系统，该系统的基本能源需求只有传统制冷系统的10%，保障在提供制冷需求的同时兼顾能源的节约利用。

资料来源：佚名. 全球12个智慧城市案例.（2018-01-22）[2021-02-08]. https://www.sohu.com/a/218151840_472773.

案例点评

智慧城市是通过物联网基础设施、云计算基础设施、地理空间基础设施等新一代信息技术应用实现全面感知、泛在互联、普适计算与融合的应用。目的是通过价值创造，以人为本，实现经济、社会、环境的全面可持续发展。在我国部分地区的智慧城市建设中，有的已初具雏形，为人类活动和企业生产带来了前所未有的变化。

思政园地

宁夏：百姓享线上线下医疗服务

2017年3月，由微医和宁夏医科大学总医院共建的宁夏互联网医院在贺兰县正式开业。它是西北地区最大的互联网医疗平台，引入全国资源，连接宁夏各级中心医院，为百姓提供预约挂号、在线问诊、远程会诊等一站式医疗健康服务。

宁夏互联网医院"立足宁夏，服务西北"。微医平台积累的26万专家、7 200组专家团队和10个远程会诊中心全部对接入驻宁夏互联网医院，借助微医在互联网医院平台技术、建设、运营等方面的成熟经验，构建起由宁夏与全国的专家、医生组建的资源网络。宁夏互联网医院可协助宁夏全区医疗机构实现数据的互联互通。

宁夏互联网医院开业当天，贺兰县常信乡农民董进义成为首位受益者。他摔伤后在贺兰县第一人民医院住院治疗。该院医生通过宁夏互联网医院平台连线了外地专家进行远程会诊，确定了手术方案。据悉，宁夏互联网医院计划建设运营好"银川市统一预约挂号平台"；依托宁夏医科大学总医院在全区的线下服务能力，联合建设宁夏互联网医院；承接好宁夏健康谷建设，聚集一批互联网医疗健康企业，构建宁夏大健康产业集群。

解读

　　医疗是涉及广大老百姓的民生问题，全民医疗和享受医疗优质资源也是党和国家领导人一直想解决的问题，由于地理和历史的原因，西北地区的医疗条件和医疗资源没有其他地区优越，通过物联网技术构建互联网医疗平台，让西北地区的老百姓也享受到其他地区的优秀医生资源，实现了技术造福人类。

第一节

物联网的起源

　　1991 年，美国麻省理工学院的凯文·艾什顿（Kevin Ashton）教授首次提出物联网的概念。

　　1995 年，比尔·盖茨在《未来之路》中提及"物物互联"，只是当时受限于无线网络、硬件及传感设备的发展，并未引起重视。

　　1999 年，美国麻省理工学院建立了"自动识别中心"（Auto-ID），提出"万物皆可通过网络互联"，阐明了物联网的基本含义，创造性地提出了当时被称作 EPC 系统的物联网构想。早期的物联网是依托射频识别技术的物流网络。

　　2004 年，日本总务省（MIC）提出 u-Japan 计划，该战略力求实现人与人、物与物、人与物之间的连接，希望将日本建设成一个随时、随地、任何物体、任何人均可连接的泛在网络社会。

　　2005 年 11 月 17 日，在突尼斯举行的信息社会世界峰会（WSIS）上，国际电信联盟（ITU）发布的《ITU 互联网报告 2005：物联网》提出了"物联网"的概念。该报告指出，无所不在的"物联网"通信时代即将来临，世界上所有的物体，从轮胎到牙刷、从房屋到纸巾都可以通过互联网主动进行信息交换。射频识别技术、传感器技术、纳米技术、智能嵌入技术将得到更加广泛的应用。

　　2006 年，韩国确立了 u-Korea 计划，该计划旨在建立无所不在的社会（Ubiquitous Society），在民众的生活环境里建设智能型网络（如 IPv6、BcN、USN）和各种新型应用（如 DMB、Telematics、RFID），让民众可以随时随地享有科技智慧服务。2009 年，韩国通信委员会出台了《物联网基础设施构建基本规划》，将物联网确定为新增长动力。

　　2008 年，欧洲智能系统集成技术平台（EPoSS）在《物联网 2020》报告中分析预测了未来物联网的发展阶段。

2009 年，欧盟执委会发表题为《欧盟物联网行动计划》的物联网行动方案，描绘了物联网技术应用的前景，并提出要加强对物联网的管理、完善隐私和个人数据保护、提高物联网的可信度、推广标准化、建立开放式的创新环境、推广物联网应用等行动建议。

2009 年，日本政府 IT 战略本部制定了日本新一代的信息化战略《i-Japan 战略 2015》，该战略旨在到 2015 年让数字信息技术如同空气和水一般融入每一个角落，聚焦电子政务、医疗保健和教育人才三大核心领域，激活产业和地域的活性并培育新产业，以及整顿数字化基础设施。

2009 年 1 月 28 日，时任美国总统的奥巴马与美国工商业领袖举行了一次"圆桌会议"。作为仅有的两名代表之一，IBM 首席执行官彭明盛首次提出"智慧地球"这一概念，建议政府投资新一代的智慧型基础设施。当年，美国将新能源和物联网列为振兴经济的两大重点。

2009 年 8 月，无锡市率先建立了"感知中国"研究中心，中国科学院、运营商、多所大学在无锡建立了物联网研究院。物联网被正式列为国家五大新兴战略性产业之一，写入了《2010 年国务院政府工作报告》，物联网在中国受到了全社会极大的关注。大力发展物联网产业已成为今后一项具有国家战略意义的重要决策。

2009 年 9 月 11 日，"传感器网络标准工作组成立大会暨'感知中国'高峰论坛"在北京举行，其工作组汇聚了中国科学院、中国移动等国内传感网主要的技术研究和应用单位，积极开展传感网标准制定工作，深度参与国际标准化活动，通过标准化为产业发展奠定坚实的技术基础。

现在，我国传感网标准体系已形成初步框架，向国际标准化组织提交的多项标准提案也被采纳。物联网还被列为《国家中长期科学与技术发展规划纲要（2006—2020 年）》和"新一代宽带移动无线通信网"重大专项中的重点研究领域，所有这些都表明了我国对物联网的重视。

经过发展，物联网被称为继计算机、互联网之后，世界信息产业的第三次浪潮。

第二节

物联网的发展现状

伴随万物互联的物联网时代的推进，数以百亿甚至千亿设备接入网络，掀起新一轮的信息科技革命，物联网市场规模日益扩大。《2020 年移动经济报告》指出，全球物联网收入在未来几年将增加三倍以上，由 2019 年的 3 430 亿美元（人民币 2.4 万亿元），增长到 2025 年的 1.1 万亿美元（人民币 7.7 万亿元）。

一、全球物联网行业发展现状

（一）全球物联网连接数量

统计数据显示，2014—2020 年全球物联网设备数量高速增长；2015 年，全球物联网设备连接数量高达 52 亿个，2020 年为 126 亿个，据 GSMA（全球移动通信系统协会）预测，2025 年全球物联网设备（包括蜂窝及非蜂窝）连接数量将达到 252 亿个，如图 2-1 所示。"万物物联"成为全球网络未来发展的重要方向。

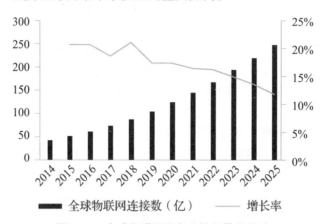

图 2-1　全球物联网设备连接数量及预测

资料来源：佚名.2019—2025 年全球及中国物联网行业连接数及市场规模预测.（2020-03-06）[2021-02-08]. https://www.chyxx.com/industry/202003/840444.html.

（二）2018 年全球物联网技术成熟度曲线

物联网技术成熟度曲线如图 2-2 所示。

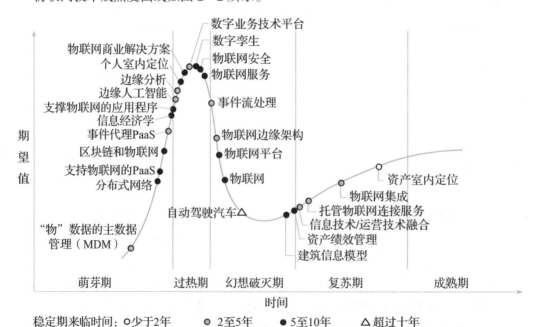

图 2-2　物联网技术成熟度曲线（截至 2019 年 7 月）

资料来源：佚名.Gartner：2019 年物联网技术成熟度曲线.（2019-09-18）[2021-02-08]. https://www.secrss.com/articles/13760.

从图 2 - 2 可以看出：

（1）"物联网技术"已进入了幻想破灭期。物联网有助于推动大多数企业进行业务转型，但在实施基于物联网的业务解决方案时，企业仍需解决成本、复杂性及扩展等方面的难题。

（2）"物联网业务解决方案"即将接近过热期顶峰。企业目前实施的物联网解决方案大多是实现特定结果的单点解决方案，例如预测性维护。但此类物联网解决方案应进一步与企业系统集成，这样才能优化业务决策，创造更多价值。

（3）"数字孪生"处于过热期顶峰。数字孪生使企业能够推动数字商业模式，例如卓越的资产利用率、数据货币化的新方法。

（4）"物联网平台"还存在众多技术问题（如数据的提取、安全和集成挑战）和业务问题（如持续的供应商炒作、人力限制和进度挑战）。

（三）全球维度的物联网发展

从全球范围来看，目前产业物联网与消费性物联网基本同步发展，但双方的发展驱动力有所不同。产业物联网作为价值经济，发展驱动力在于解决和优化工业、能源、交通等行业各个环节以及企业的相关发展问题；消费性物联网作为体验经济，发展驱动力在于推出对现有生活有实质性提升的产品。据 GSMA 预测，2018—2025 年，产业物联网连接数将实现 3.7 倍增长，消费性物联网连接数将实现 2.1 倍增长。

二、国内物联网行业发展现状

从产业规模来看，我国物联网近几年保持较高的增长速度。2013 年，我国物联网产业规模达到 5 000 亿元，同比增长 36.9%，其中传感器产业突破 1 200 亿元，RFID 产业突破 300 亿元；2014 年，我国物联网产业规模突破 6 000 亿元，同比增长 24%；截至 2015年年底，随着物联网信息处理和应用服务等产业的发展，我国物联网产业规模增至 7 500亿元，"十二五"期间年复合增长率达到 25%。

"十三五"以来，我国物联网市场规模稳步增长，到 2018 年，我国物联网市场规模达到 1.43 万亿元。根据工信部提供的数据显示，截至 2018 年 6 月底，全国物联网终端用户已达 4.65 亿户。未来物联网市场上涨空间可观。2014—2019 年我国物联网市场规模如图 2 - 3 所示。

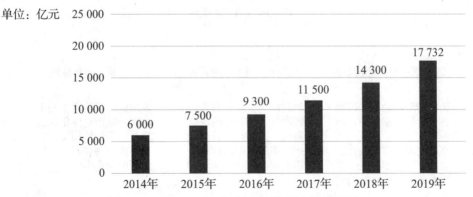

图 2 - 3　2014—2019 年我国物联网市场规模统计

资料来源：佚名. 2020 年物联网行业市场规模预测及未来发展方向分析.（2020 - 04 - 26）[2021 - 02 - 08]. https://www.chyxx.com/industry/202004/856244.html.

2017年1月，工信部发布《信息通信行业发展规划物联网分册（2016—2020年）》，明确指出我国"物联网正进入跨界融合、集成创新和规模化发展的新阶段"，并对各项指标制定了发展目标。

截至2019年6月底，我国已经设立了江苏无锡、浙江杭州、福建福州、重庆南岸区、江西鹰潭5个具有物联网特色的国家新型工业化产业示范基地，主要分布在东部地区，并在"十三五"期末达到10个具有物联网特色的国家新型工业化产业基地。

从国内来看，当前阶段，政策驱动的物联网应用落地快于企业自发的物联网应用需求，而企业自发的物联网应用需求快于消费者自发的物联网需求。相对于国外其他市场，国内的物联网应用落地节奏差别较大，政策驱动型的物联网应用远快于国外市场，如图2-4所示。

图 2-4　我国物联网三大应用主线驱动力对比

三、物联网应用三大主线：消费性、生产性、智慧城市

物联网应用三大主线渐现，国内外发展各具特色。当下物联网应用三大主线即消费性物联网、生产性物联网、智慧城市物联网逐渐显现，如图2-5所示。消费性物联网来源于经济的需求侧，主要指物联网与移动互联网相融合的移动物联网，创新高度活跃，孕育出可穿戴设备、智能硬件、智能家居、车联网、健康养老等规模化的消费类应用；生产性物联网来源于经济的供给侧，主要指物联网与工业、农业、能源等传统行业的深度融合，成为行业转型升级所需的基础设施和关键要素；智慧城市物联网的发展进入新阶段，基于物联网的城市立体化信息采集系统正加快构建，智慧城市成为物联网应用集成创新的综合平台。

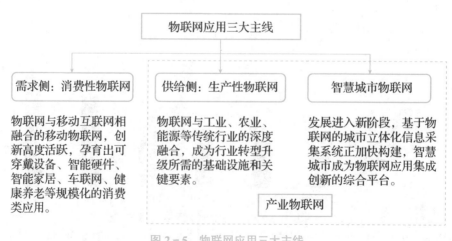

图 2-5　物联网应用三大主线

从全球范围看，消费性物联网与生产性物联网基本同步发展；从国内现状看，政策驱动的物联网应用，如涉及国家支柱产业（工业、能源等）的生产性物联网和涉及公共事务与安全的智慧城市物联网的发展进程已远远快于海外市场。

（一）消费性物联网热点迭起

消费性物联网已深入人们的衣食住行。消费性物联网经历了单品、入口、交互等多个推动后，通过产业界数年来的努力，不再仅限于向家庭和个人提供消费升级的新产品，而已开始对人们的衣食住行等各方面产生作用。

消费性物联网的驱动因素有：

（1）产品软硬件技术升级。新技术优化产品用户体验，提升市场表现。

（2）开放的产业生态构建。巨头构建产业生态，推广自家物联网产品及平台化服务，拟合各类智能终端统一入口，实现互联互通，促进市场发展。

（3）创业环境的持续优化。当前物联网产品开发已形成成套标准化组件，且融资渠道丰富，可帮助创意团队、初创企业快速实现产品转化，提升市场活力。

（二）生产性物联网成就新驱动

供需对接充分，产业积极渗透。在市场需求方面，传统产业需要通过物联网解决行业痛点、拓展市场空间、推动转型升级；在技术供给方面，物联网需要专有网络、边缘计算、区块链等新技术的支撑。电信运营商、设备厂商、互联网企业等联合上下游构建产业生态，加速向传统产业应用领域的渗透。

（1）智能工厂全面提升企业内部的生产率。打通设备、生产线和运营系统，获取数据，实现提质增效、决策优化。主要适用于电子信息、家电、医药、航空航天、汽车、石化、钢铁等行业。

（2）智能产品/服务/协同延伸了企业外部的价值链。打通企业内外部价值链，实现产品、生产和服务的创新和增值。主要适用于家电、纺织、服装、家具、工程机械、航空航天、汽车、船舶等行业。

（3）面向开放的工业物联网生态平台运营。汇聚协作企业、产品、用户等产业链资源，实现向平台运营的转变。主要适用于装备、工程机械、家电、航空航天等行业。

（三）智慧城市物联网全面升温

随着国家网络强国战略、大数据战略、"互联网＋"行动计划的实施和"数字中国"建设的不断发展，我国城市建设被赋予了新的内涵和新的要求，这不仅推动了传统城市向智慧城市的演进，更为智慧城市建设带来了前所未有的发展机遇。

智慧城市物联网直击城市管理痛点，满足城市发展的真实需求，如智能安防、智慧环保、智能交通等，创新建设及运营模式以吸引社会资本投入，降低部署成本。城市LPWAN网络覆盖逐步完善，应用方案不断成熟，据 Io TAnalyst 统计的 1 600 个应用案例，智慧城市物联网已超过工业物联网成为物联网最热应用领域。

一些新一轮规划已将智慧城市物联网应用作为其重要的组成内容，《河北雄安新区规划纲要》提出"与城市基础设施同步建设感知设施系统，形成集约化、多功能监测体系"；《天津市智慧城市建设"十三五"规划》提出"打造信息网络泛在互联的感知城市"，推进建设全面覆盖、动态监控、快速响应的城市感知体系。

"数字孪生"城市以物联网应用为支撑。"数字孪生"由工业扩展到城市，引领智慧城市发展新方向，需要多系统、大规模、高集成的物联网应用为支撑，构建物理世界和虚拟世界信息交互、无缝连接的桥梁。

物联网对人们活动的影响

如今，物联网已经成为一种流行的生活方式，人们通过物联网可以更快、更方便地获取自己想要的信息，这种方式大大提高了人们在生活和工作上的效率。现阶段的服务行业、交通系统、健康护理、信息监测、日常购物与其他有关领域都已渗透了物联网手段。由此可见，物联网将会给人们的日常生活和日常管理带来较大的影响。

轻触一下电脑或者手机的按钮，即使在千里之外，你也能了解到某件物品的状况、某个人的活动情况。打开手机软件发送一个控制信号，你就能够打开远距离或近距离的空调；如果有人非法进入你的住宅，你还会收到自动电话报警。如此智能的场景，已不是科幻大片中才有的情形，物联网除了可以控制生活上的智能家电外，还能提供费用支付、参观预约、手机话费查询及缴纳、水电燃气费缴纳、彩票投注、航空订票等多种服务。物联网正在融入我们的生活。

在美国旧金山，一位年轻的工程师希望利用能够监测心率、呼吸和睡眠周期的传感器来"优化"他的生活。在丹麦哥本哈根，一辆行驶中的公交车每两分钟将其位置和乘客数量传输到市政交通信息网络，从而有效规划前方三个交叉路口的信号灯时间，让司机畅通无阻。在菲律宾达沃，一个可旋转的网络摄像头俯瞰着快餐店的仓库，监视着进进出出的人们。这就是我们所谓的"物联网"——将所有不同的设备通过网络连接在一起。物联网用途广泛，遍及智能交通、环境保护、公共安全、智能家居等方面，但物联网的最大价值是提高和改善人们的生活质量，以下是物联网对人们活动产生影响的几个方面。

一、无人驾驶

随着物联网的发展，各大企业都在积极研发无人驾驶汽车（如图 2-6 所示），该汽车依靠车身内部、外部的各种传感器、摄像头进行数据传输与接收，并协助卫星定位、网络传输、大数据分析等技术实现自我运作。无人驾驶汽车离我们的生活越来越近。在无人驾驶技术绝对成熟的情况下，无人驾驶比有人驾驶更安全。"驾驶员"可以做自己的事情，并不需要像以往一样，专心致志地驾驶汽车而无法完成其他工作。这

图 2-6　无人驾驶汽车

会解放驾驶员的身心，他们可以在汽车行驶过程中工作、看书、陪同家人，充分利用路上的时间。一方面，无人驾驶技术会通过大数据分析绕道行驶，如果无法绕行，也会严格按照交规谦让行驶，避免了人为插队等行为的发生。另一方面，汽车的普及早已导致私家车保有量过大，一线城市不得不出台各类限行政策防止拥堵。无人驾驶技术未来也会出现在公共交通工具上，而且更加完善，到时候肯定会有更多的人选择无人驾驶的公共交通工具出行。

二、智能穿戴产品

　　智能穿戴是物联网应用的一大热点。2013 年，谷歌发布的谷歌眼镜引爆了可穿戴市场。智能穿戴是移动互联网、物联网时代的关键入口，是连接人和物的"钥匙"。智能手表、智能手环等穿戴产品（见图 2-7）一经问世便引起众多消费者的关注，其功能体现在语音关怀、健康监测等方面。

图 2-7　智能穿戴产品

　　智能穿戴产品并非狭义上的人体可穿戴设备，而是覆盖各行业的智能化未来。其市场涵盖了医疗、保健、游戏、娱乐、音乐、时尚、交通、教育等，甚至还有动物、宠物的智能穿戴设备，农业、畜牧业、林业的可穿戴设备。

　　随着大数据和人工智能的发展，未来医疗智能穿戴将有更多的潜在市场。健康是生命的本源。人们越来越注重健康，生活变得数字化。记录每天行走的步数、消耗的卡路里，安排减肥的运动量；记录心率、睡眠情况来改善睡眠质量。智能穿戴把人体静态、动态的生命体态特征进行数据化，为医疗提供科学依据。个性、优质的医疗服务将会成为一种趋势，智能穿戴设备可提供实时健康检测和远程医疗服务，这将会颠覆人们对传统医疗设备的认识。

三、智能家居

　　智能家居是近几年来物联网技术应用最广泛的领域之一，通过将与家居生活有关的硬件集成，构建高效、舒适、便捷的家庭生活环境。可以说，物联网已经以多样化的形式不断渗透我们的生活，改变着我们的家庭生活方式。例如，根据物联网公司生产出的智能化牙刷（见图 2-8），可随时监控口腔问题；物联网公司推出的智能化洗脸仪器，可查看脸部皮肤状态；物联网公司推出的智能衣柜，可根据天气、行程，搭配出合适的衣服。

图 2-8　部分智能家居产品

四、智能出行

公共汽车是人们出行的重要交通工具，物联网公司为此打造智能公交系统。物联网公司利用网络通信、卫星定位及电子控制等手段，整合电子站牌展示、IC 卡收费、公交管理等系统，既可监控公交车运行情况、公交车到达时间等，又大大有利于人们出行，节约了时间。

另外，共享单车已在很多城市中经常被使用，共享单车公司利用嵌入车体的终端感应器和卫星定位技术，可以为用户定位各单车位置，了解单车运行情况。人们出行时可利用共享单车公司提供的软件进行查询，可随时查看单车位置。物联网公司的这一举措既方便了人们的生活，又带来了经济利益。

智能出行设备如图 2-9 所示。

图 2-9 智能出行设备

五、智慧医疗

早在 2004 年，物联网技术便开始应用于医疗行业，当时美国食品药品监督管理局（FDA）采取了大量实际行动促进 RFID 的实施和推广，政府相关机构通过立法，规范 RFID 技术在药物的运输、销售、防伪、追踪体系中的应用。美国医院采用基于 RFID 技术的新生儿管理系统，利用 RFID 标签和阅读器，确保新生儿和儿科病人的安全。2008 年底，IBM 提出了"智慧医疗"概念，设想把物联网技术充分应用到医疗领域，实现医疗信息互联、共享协作、临床创新、诊断科学和公共卫生预防等。

智慧医疗也是近些年才兴起的专有医疗名词，是物联网技术应用的新领域。人们通过利用最先进的物联网技术，联通各种诊疗仪器、硬件设备，实现患者与医务人员、医疗机构、医疗设备之间的互动，逐步达到信息化，构建一个有效的医疗信息平台，如图 2-10 所示。

在不久的将来，医疗行业将融入更多人工智慧、传感技术等，使医疗服务走向真正意义的智能化，推动医疗事业的繁荣发展。在我国新医改的大背景下，智慧医疗正在走进寻常百姓的生活。

随着人均寿命的提高、出生率的下降和人们对健康的关注，现代社会的人们需要更好的医疗系统。这样，远程医疗、电子医疗就非常急需。借助于物联网/云计算技术、人工智能的专家系统、嵌入式系统的智能化设备，可以构建起完善的物联网医疗体系，使全民平等地享受顶级的医疗服务，减少由于医疗资源缺乏，导致看病难、医患关系紧张、事故频发等现象。

六、智能家庭安防产品

家庭安防是社会安防的一个重要部分，现代家庭越来越关注家庭安全问题，安防产品不再是"高高在上"的高端技术，物联网技术将赋予它更为"亲民、低调"的形象，不断入驻普通百姓家庭。我们较为熟知的家庭安防产品有家庭智能摄像头、窗户传感器、烟雾监测器等，如图2-11所示，人们通过智能监控设备可以在手机上实时查看家里的情况。同时，多种智能警报设备的接入，可大大提升家庭安防水平。

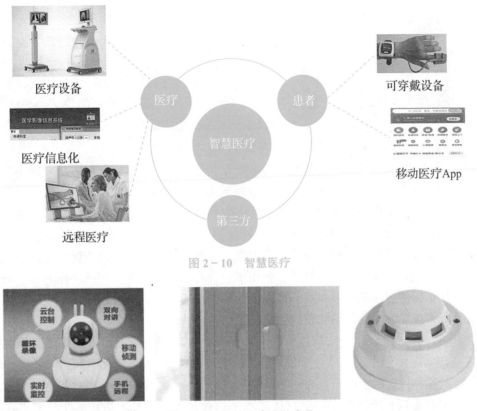

图 2-10 智慧医疗

图 2-11 智能家庭安防产品

例如，在智能家庭安防的视频安防监控系统中，物联网技术主要体现为对视频感知系统的应用，视频感知系统是物联网感知体系最重要的组成部分，物联网通过前端感知系统的系统采集，经过传输网络的数据汇总，进而实现海量感知数据的应用。同时也可促进安防系统逐步从单纯的安防监控向行业安全和可视化管理方面转变，系统架构也从简单孤立的系统向与业务密切相关的综合性管理平台演变。

七、智能 VR 体验

虚拟现实（Virtual Reality，VR）技术的出现掀起了一股新热潮，物联网技术进步飞速，使得虚拟现实更趋大众化、实体化，智能 VR 如图 2-12 所示。例如，IMAX 在它们第一个 VR 体验中心提供目前世界上沉浸感最理想的 VR 体验，它们提供了开放环境下的多人 VR 体验，访问者可以和朋友一道在虚拟世界探

图 2-12 智能 VR

索、竞技。根据应用场景的不同，VR 可以扩展更多设备以适应不同的应用环境，如 VR 与现场直播（如体育比赛、音乐会）的结合等。随着科技的成熟，VR 与物联网设备的结合可以同时提升虚拟和现实的体验，如智能家居的体验等。

物联网对企业的影响

物联网的发展将对企业，特别是小企业产生特别深远的影响，伴随着物联网出现的是与物联网相关的大量商机。未来几年，企业将成为物联网解决方案的执行者，而这将为选择全心全意迎合这个增长趋势的企业创造巨大的利益。

物联网目前广泛应用于智能家居、智能控制、智能城市、智能农业等领域。它可以减少浪费，提高能源效率。根据现状可以发现，一些行业将从物联网发展中受益，如制造业、运输、金融、农业、零售、物流、公用事业、石油、天然气、国防、保健等。物联网将在未来几年提供更多的商业机会，诸如低成本网络连接、高速移动应用、低成本传感器和大量投资等市场驱动因素是物联网快速采用和发展的催化剂。

没有一种方法可以详细地描述物联网的作用，它因行业不同而不同，无论是在系统类型还是在实际用例中，在某一个领域，物联网与物联网之间还有不同。为了更好地理解物联网对各种行业的影响，福布斯与英特尔进行了合作，对物联网项目进行了调查。

通过调查发现，金融服务、医疗保健和制造业是物联网技术应用的领导者，在许多情况下，它们将物联网功能与强大的先进分析或人工智能技术连接起来。在金融服务行业，有近六成的高管表示自己的公司拥有完善的物联网项目，在医疗保健机构，该比例为55%。在制造业和金融服务业，物联网系统的增长最为明显，在这些行业中，有47% 和42% 的高管表示，在过去几年里，他们的网络技术应用增长超过了10%。以下是通过调查分别总结的物联网对不同企业的影响。

一、物联网对通信企业的影响

对于通信供应商和其他通信企业来说，移动革命正在强调向物联网方向的转变。在调查中，大约有 53% 的通信公司要么将物联网嵌入到它们的业务流程中，要么在关键业务领域拥有该项业务。在通信公司中，最流行的物联网数据来源包括音频设备（45%），其次是移动电话（42%）。最普遍的应用是预防性维护（44%），其次是提高员工的生产力工具（40%）。此外，超过三分之一的通信供应商在应用计算机视觉和分析方法的前沿，以更好地理解和预测客户行为，以及资产的生存能力。大约有 38% 的人表示已经在他们所在的企业中实现了可视化分析。

二、物联网对能源企业的影响

能源企业倾向于在石油和天然气田等偏远地区开展业务，这需要持续监控。在能源领域，近一半的企业表示，它们要么在选定的功能／业务领域实施了物联网技术，要么进行了广泛的物联网部署。主要的数据来源包括机器（49%）和机器人（46%）。能源企业正转向通过物联网来监控资产表现（45%）、提高客户的体验（43%）、提高整体效率（40%）。大约34%的人报告说已经在他们的企业中深入地部署了可视化分析。例如，配备摄像头的无人机可以帮助企业监控生产场地和设施的安全，在它们发生危险之前发现异常情况。

三、物联网对金融服务机构的影响

金融服务机构具有高度的安全意识，因此越来越依赖于摄像头和其他视觉传感器网络，以确保其设施的可行性。金融服务机构在物联网部署中处于领先地位，58%的调查对象拥有一定程度的物联网部署能力。这一领域的企业在视觉分析的采用方面也遥遥领先，51%的企业表示，它们已经开发并具备了使用与人工智能和分析系统相连接的摄像头和视觉传感器的能力。移动电话是金融服务机构的主要终端选择，另外还有相机和传感器。尽管金融服务机构在物联网领域有多个目标，但最明显的是需要扩大其网络的连接（31%），同时使用物联网作为确保更高安全水平的工具（30%）。

四、物联网对医疗保健企业的影响

在医疗保健领域，人们不仅关心患者在病床上的体验，还包括在候诊室、急诊室和商务办公室的体验。医疗保健机构以其特有的物联网方式领先，55%的机构拥有相当强大的物联网部署。在医疗保健领域，音频设备和移动电话是最重要的设备，在该领域有46%的受访者提到了这两种设备。员工监控是最流行的（41%），还有监控设施和增强客户体验（每种被使用的比例都达到了38%）。其中57%的企业也使用视觉分析技术来提高它们的客户服务水平和病人护理水平。

五、物联网对制造企业的影响

制造企业比其他行业的企业更依赖重型机械来生产产品，因此对理解这些机器的性能有浓厚的兴趣。制造产业组织有一系列的机会，通过计算机视觉技术来管理和跟踪货物的移动，提升与人工智能增强系统之间的关联性，这些系统的预测甚至可以在事件发生之前进行纠正。总的来说，与其他行业组织相比，制造企业看到了物联网行业的最大转变。大多数制造企业表示，51%的人"强烈同意"物联网为他们的公司开辟最新的业务线。此外，29%的制造企业高管表示，他们的物联网设施使他们能够提供更多的新产品或服务，其中29%的人拥有通信设备，而51%的制造商要么是选择的商业领域得到了物联网的支持，要么是它们在整个组织中广泛部署。52%的制造企业表示它们也有可视化的分析能力，能够实时监控资产和产品。移动电话和计算机系统是制造企业物联网数据的主要来源（分别为48%和47%），该领域的主要用例是预防性维护（51%）和提高生产力（49%）。

六、物联网对零售企业的影响

在零售企业，不同的销售楼层彼此之间有不同的情况，利用物联网可对消费者的行为和反应进行研究、评估。调查中，53% 的人在某种程度上使用可视化分析，从而更好地理解客户的偏好和行为。物联网数据来源包括计算机系统（51%）和传感器（47%）。对于零售企业来说，主要的用例是支持业务转换（44%），并通过增强虚拟现实（43%）提供培训。

七、物联网对交通运输业的影响

交通运输是关于运输和物流的领域，物联网系统在管理这些能力方面发挥了作用。在与交通相关的组织中，约有一半的企业表示，它们要么正在进行部门级别的物联网工作，要么是正在它们的企业中进行部署。最重要的用例是提高生产率（40%）以及物流监测和路由（40%）。46% 的运输公司在它们的物联网工作中有一定程度的视觉分析。例如，可以在铁轨上放置摄像机和传感器，以监测车轮的磨损情况，或者货车的异常情况。

正如这些例子所证明的，每个行业都有可能从物联网技术中获益。物联网也在悄悄地改变着每一个企业。

第五节

物联网的产业链和商业模式

一、物联网的产业链

（一）物联网产业链的基本组成

物联网产业链中包括设备提供商（前端和终端设备、网络设备、计算机系统设备提供商等）、软件提供商、方案提供商、应用开发商、网络提供商、业务运营商和用户，如图 2 - 13 所示。

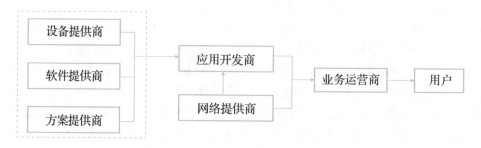

图 2 - 13　物联网产业链的基本组成

在物联网发展初期，业务的推动以终端设备提供商为主。终端设备提供商通过获取行业客户需求，寻求应用开发商根据需求进行业务开发；网络提供商（电信运营商）提供网络服务，方案提供商将整体解决方案提供给业务使用方或业务应用方。这种终端设备厂商推动型模式，虽然能够适时满足客户对终端设备多样化的需求，但由于市场零星，缺乏规模化发展的条件，市场比较混乱，业务功能比较单一。特别是对于系统可靠性、安全性要求较高的行业应用，应用该模式很难保障整体质量。随着产业规模的进一步扩大，物联网发展面临产业规划和统筹发展的问题，其中包括技术规划、业务发展规划。因此，在政府引导和鼓励的环境下，利用一定的产业扶持政策，将形成国家统筹指导，需求方主导，科研、设备制造、网络服务等产业链多方通力合作的局面。目前，网络提供商已在推动物联网的发展中发挥了主动的作用，特别是中国电信成立的物联网应用和推广中心、中国移动物联网研究院等在大型网络的通用性和可规模化应用方面发挥了关键作用。但是，物联网目前的大发展除面临技术成熟度问题外，还面临规模和成本问题。例如，传感器网络需要使用数量庞大的微型传感器。据预测，2025 年物联网传感器节点与人口比例为 50∶1，即一个人平均将拥有 50 个节点，其成本已经成为制约物联网初期发展的重要因素。

若采购成本太高，物联网的发展和应用将面临巨大压力；而采购成本压得太低，研发和制造又将失去利润和动力，不利于物联网的长远发展。因此，在推动物联网规模化发展过程中，需从近期利益和长远发展中寻求平衡点。虽然物联网概念下的泛在网络的应用尚需时日，但近期来看，企业提升生产力和竞争力发展的实际需求将有望得到实现。尽管目前物联网技术存在完备性不足、产品成熟度低和成本偏高等诸多制约因素，但在良好外部环境的推动下，点点滴滴的业务必将构建出未来的"泛在网络"。同时，随着 IPv6 技术和5G 的发展与普及，物联网产业将会得到飞速发展。

（二）物联网产业链的具体组成

物联网是涉及多种技术、多个行业和多个环节的复杂技术体系，因此其产业链非常庞杂繁复，如图 2 - 14 所示。

通信模块	RFID		系统设备		电信运营		应用与消费
通信芯片	无线传感器		系统集成		物联网运营		
外部硬件	……		平台和软件集成		……		
上游			中游		下游		消费者

图 2 - 14 物联网产业链

从整体上来看，物联网产业链的上游由通信模块供应商、通信芯片供应商、外部硬件供应商、RFID 和无线传感器供应商等组成，其中 RFID 和无线传感器是一种给物品贴上身份标识和赋予智能感知力的设备。产业链的中游由系统设备商、系统集成商、平台和软件集成商组成，主要是各类设备开发和集成企业。产业链的下游由电信运营商和物联网运营商等组成，其中物联网运营商是海量数据处理和信息管理服务提供商，最终面向应用和消费市场。

物联网产业链可以细分为标识、感知、处理和信息传送四个环节，每个环节的关键分别为 RFID 技术、传感器技术，以及电信运营商和物联网运营商的无线传输网络。

二、物联网的商业模式

（一）物联网应用的商业模式

目前，物联网主要有移动运营商主导运营和系统集成服务商主导运营两种商业模式，而未来的物联网则可能是以下五种商业模式并存：

（1）模式 1：运营商在应用领域选择合适的系统集成商，然后由系统集成商开发业务和提供售后服务，而运营商只负责检验业务运行情况，并代表系统集成商推广业务和进行计费，如图 2-15 所示。在这种模式中，运营商占主导地位，而合作的系统集成商多为小型企业。这种模式是目前运营商进入物联网市场的主流方式。

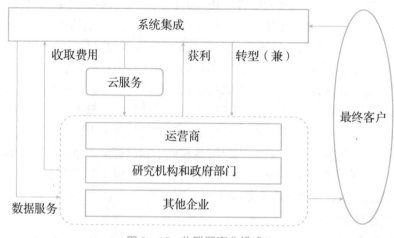

图 2-15　物联网商业模式 1

（2）模式 2：运营商提供网络连接，收取流量费用，系统集成商在其网络上运行业务，如图 2-16 所示。这是目前使用最多的一种商业模式，无论运营商对物联网是否感兴趣，都可以采用这种模式。

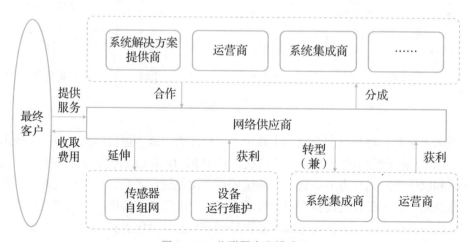

图 2-16　物联网商业模式 2

（3）模式3：运营商直接为已经使用物联网业务的企业提供所需的数据流量，而不通过物联网服务商，如图2-17所示。例如，威瑞森电信直接为通用的OnStar业务提供数据流量，然后收取费用。这种模式适合有实力自行定制物联网业务的大企业。

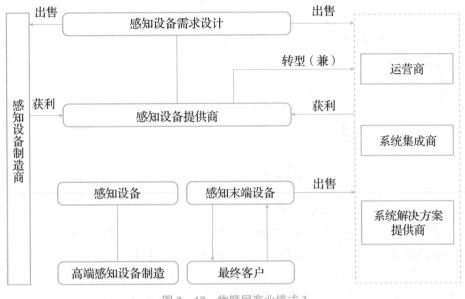

图2-17　物联网商业模式3

（4）模式4：运营商自行开发业务，直接提供给客户，如图2-18所示。运营商制定全套业务和解决方案，直接提供给客户，而不与其他企业合作。

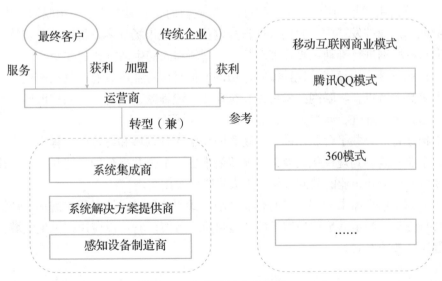

图2-18　物联网商业模式4

（5）模式5：运营商为客户量身定制服务，如图2-19所示。物联网业务范围非常广，运营商提供的业务往往不能满足客户需求，这就需要运营商根据客户的具体需求定制。

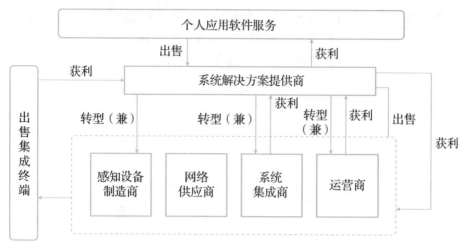

图 2 - 19   物联网商业模式 5

（二）物联网产业运营的商业模式

从当前物联网的应用范围看，我国物联网产业已形成如下几种商业模式：

（1）由政府投资建设买单。目前，我国大部分物联网项目的建设都由政府出资建设，领域基本上在关系物联网发展全局以及重点示范区的一些民生领域和公共服务工程项目上。

（2）增值回收成本模式。这种模式是当前企业采取的主要方式，即公司或企业通过免费向用户提供产品或服务来吸引客户，当客户稳定到一定数量后，通过对产品或服务的升级来回收前期投入的成本。这种商业策略基本上代表着未来数字化网络发展的方向。

（3）运营商主导推动模式。我国三大基础运营商（中国电信、中国联通、中国移动）都投入物联网产业的发展中，它们根据自身定位的客户市场和客户群体的需求特征，在不同的方向对物联网进行推动，直接带动其应用创新和人们生活方式的改变。

（4）行业直接应用模式。这种模式应用的前提是该行业内具有高度标准化、专业性强和业务要求高的特点，物联网技术可以和企业业务流程紧密结合，无须辅助推动就能与企业战略一起完美地推进，如电力、石油、铁路等领域。

（5）构建行业公共平台联动模式。物联网在融入各领域和各行业过程中，必然会有大大小小的企业不能得到规模化发展，这就需要推出一个公共平台的支持和服务，让这些企业借助政府、行业和企业的共同合作，扩大物联网应用市场。

（6）以满足用户需求为切入点的企业推动模式。这种模式针对用户需求，让物联网企业发挥自身优势，制定满足用户需求的智能化服务方案。它可以应用在民生领域，促进社会生活健康高效的发展。

扩展案例

物联网时代下小李的生活片段

在物联网时代，某天，小李心情不好，需要一点时间让自己静一静。她打算驾驶自己的智能汽车去郊外，并在一个滑雪胜地度过周末。但是，她好像得在汽修厂停留一会儿了，因为她的爱车安装的 RFID 传感器发出警告，轮胎可能存在故障。当她经过汽修厂入口的时候，使用无线传感技术和无线传输技术的诊断工具对她的汽车进行了检查，并提示其驶向指定的维修台。这个维修台是由全自动的机器臂装备的。小李离开了自己的汽车去喝咖啡，饮料机知道小李对加冰咖啡的喜好，当她利用自己的互联网手表安全付款之后，饮料机立刻倒出咖啡。她喝完咖啡，一对新的轮胎已经安装完毕，并且集成了 RFID 标记，以便检测压力、温度和形变。这时，机器向导提示小李注意轮胎的隐私相关选项。汽车控制系统里存储的信息本来是为汽车维护准备的，但是在有 RFID 阅读器的地方，旅程的线路也能被阅读。因为小李不希望任何人知道自己的动向，所以她选择隐私保护来防止未授权的追踪。

驾车离开汽修厂后，小李去了最近的购物中心购物，她想买一款新的嵌入媒体播放器和具有气温校正功能的滑雪衫。小李要去的滑雪胜地使用无线传感器网络来监控雪崩的可能性，这样就保证了小李的安全。在某处需要安全检查的地方，小李没有停车，因为她的汽车里包含了她的驾照信息和护照信息，已经自动传送到相关系统了。忽然，小李在自己的太阳镜上接到了一个视频电话请求。她选择了接听，看到她的家人有急事，询问她的行踪，她马上发布指令要求导航系统禁用隐私保护，这样她的家人就能找到她的位置直接过来了。

案例思考

（1）讨论物联网技术的应用给小李的生活带来的便利性。

（2）上网搜索智能交通的相关资料，讨论智能交通系统的功能和作用。

本章小结

随着万物互联的物联网时代的推进，数以百亿甚至千亿设备接入网络，掀起新一轮的信息科技革命，物联网市场规律日益扩大。物联网用途广泛，遍及智能交通、环境保护、公共安全、智能家居等方面，但物联网的最大价值是提高和改善人们的生活质量，如无人驾驶、智能穿戴产品、智能家居、智能出行、智慧医疗、智能 VR 体验等。与此同时，物联网对通信企业、能源企业、金融服务机构、医疗保健企业、制造企业、零售企业、交通运输业也会产生不同影响。此外，本章还介绍了物联网的产业链和商业模式。

思考与练习

1. 简要概括物联网的发展现状。
2. 简述物联网对人们活动的影响，举例说明其中的一个应用场景。
3. 简述物联网对企业的影响，并举例说明。
4. 物联网产业链的基本组成有哪些？
5. 物联网的商业模式有哪几种类型？

03

第三章
传感器与传感器网络

思维导图

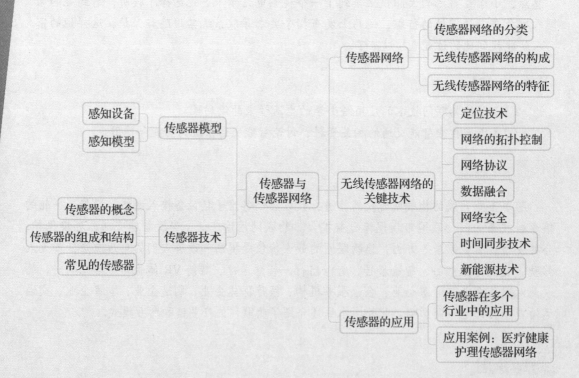

知识目标

（1）理解感知模型。

（2）掌握传感器的概念和组成。

（3）了解常见的传感器。

（4）掌握传感器网络的分类。

（5）了解无线传感器网络的关键技术。

（6）了解传感器在各个领域的应用。

能力目标

（1）能够辨识常用的传感器类型。

（2）能够列举出传感器网络的几个关键技术。

（3）能够列举传感器在各个领域的应用案例。

思政目标

了解传感器在南水北调、风力发电中的应用，感受社会主义优越性，坚定社会主义理想信念。

案例导入

聪明的咖啡壶

1991 年，剑桥大学特洛伊计算机实验室的科学家们在工作时，要下两层楼梯到楼下看咖啡煮好了没有，这让工作人员觉得很烦恼。

为了解决这个麻烦，他们编写了一套程序，并在咖啡壶旁边安装了一个便携式摄像机，镜头对准咖啡壶，利用计算机图像捕捉技术，以 3 帧／秒的速率传递到实验室的计算机上，以方便工作人员随时查看咖啡是否煮好，省去了上下楼的麻烦。

1993 年，这套简单的本地"咖啡观测"系统又经过其他同事的更新，以 1 帧／秒的速率通过实验室网站连接到了因特网上。没想到的是，仅仅为了查看"咖啡煮好了没有"，全世界的因特网用户蜂拥而至，近 240 万人点击过这个名噪一时的"咖啡观测"网站。

此外，还有数以万计的电子邮件发送到剑桥大学旅游办公室，希望能有机会亲眼看看这个聪明的咖啡壶。具有戏剧效果的是，这只被全世界观看的咖啡壶因为网络而闻名，最终也通过网络销售找到了归宿。

资料来源：佚名. 几个故事讲透物联网的有趣世界.（2020 - 03 - 13）[2021 - 02 - 08]. https://www.sohu.com/a/379903501_202311.

案例点评

未来的物联网会是一种什么状态呢？大到汽车，小到纽扣，都可能会被植入传感器和智能芯片，然后进行联网，并被其他物或者人所感知，以便获取它的状态或进行控制与被控制。这些物体状态的获知都离不开感知设备。

思政园地

中国的南水北调工程是一次工程学上的壮举，令全世界叹为观止。这一项目共开凿了 3 条人工运河，每条长度超过 1 000 千米，3 条运河如今分处于不同的完成阶段，负责把水从中国多雨的南方地区运到干旱的北方地区。

南水北调的中线工程，一直由庞大到令人惊叹的物联网网络默默监控。1 400 千米的水道上散布着 10 万多个传感器，连接着丹江口水库与京津两地。这些传感器一直在扫描中线运河的结构，跟踪水质和流速，同时监视运河的"入侵者"们——无论是人类还是动物。

这一物联网工程规划始于 2012 年。杨旸和他的团队，包括中国科学院张武雄博士，他们花了两个星期的时间勘察了运河全段，对需求做出评估。

他们发现了许多严峻的挑战。运河流经的区域属于地震多发区，自然灾害非常容易损害基础设施，需要人为控制水流以避免浪费水资源，还需要定期检查水质，以确保污染物或毒素不会进入城市饮用水供应系统。在一些地区，当地村民会爬上篱笆钓鱼或在水中游泳，这些行为都有安全隐患。

杨旸及其团队将面临的挑战分为三大类：基础设施、水质和安全。经过一番讨论后，他们决定在运河沿线安装 130 多种不同类型的联网传感器。基础设施传感器被嵌入运河附近的土地中、混凝土护坡和桥梁中，以及用来控制水流的 50 座水坝中，用来测量应力、应变、振动、位移、土压力和渗水等参数。

这些传感器带来了一个问题：收集到数据之后，如何将它们发送出去？虽然运河的一些路段可以用光纤互联网来连通，但不是所有区域都能如此，且一些地方位置偏远，那里的蜂窝网络服务时好时坏，或根本就不存在。为了解决这个问题，杨旸和他的团队开发了智能网关（Smart Gateway），从本地传感器连续接收数据，然后使用当前可得的任何信号将其传输到云服务器。这种云服务器可能是光纤、以太网、2G、3G、4G、Wi-Fi 或 ZigBee。

张武雄说："智能网关可以学习与云服务器连接的可用性。在成功传输一次之后，它在下一次就会跟踪该网络，不成功再尝试使用另一个网络。"

智能网关会定期向最近的服务器发送数据，可能是运河沿线的 47 个区域分支服务器中的任何一个。在正常情况下，传输时间间隔为 5 分钟、32 分钟或每天 1 次，这取决于该地区的位置和水资源情况。如果发生地震或化学品泄漏等特殊事件，数据将被即时、连续地发送到云端。数据将在云端被存储起来，或被转发到 5 个管理服务器中的任意一个，最终到达北京的主服务器中心。

资料来源：机器之能．一千四百公里与十万传感器：南水北调背后的智能化力量．（2018－01－13）[2021－03－08]．https://baijiahao.baidu.com/s?id=1589440030987825549&wfr=spider&for=pc.

解读

南水北调工程是一次工程学上的壮举，其复杂和难易程度是前所未有的，建成后可以解决北方的缺水问题，然而，如何对工程的基础设施、水质和安全进行监测是建成后运营的一个难点。杨旸及其团队在困难面前敢于挑战，通过运用物联网技术对水渠进行监控，最终用技术和智慧克服了诸多困难，保障了南水北调的安全运营。

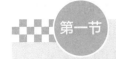

传感器模型

感知识别是物联网发展和应用的基础，RFID 技术、传感和控制技术、短距离无线通信技术是感知层的主要技术。例如，RFID 技术作为一项先进的自动识别和数据采集技术，已经成功应用到生产制造、物流管理、公共安全等各个领域。粘贴和安装在设备上的 RFID 标签和用来识别 RFID 信息的扫描仪、感应器都属于物联网的感知层。

一、感知设备

物联网与以往的 Web 服务不同，设备在其中担任着重要的作用。设备指的是一种"物"，它上面装有一种名为传感器的电子零件，并与网络相连接。例如人们经常使用的智能手机和平板电脑就是设备的一种。家电产品、手表和伞等，只要能满足上述条件，就是设备，这些设备具有两个作用：感测和反馈。

（一）感测的作用

感测指的是搜集设备本身的状态和周边环境的状态并通知系统，这里说的状态类似在智能家居中，房门的开闭状态、房间的温度和湿度、房间里面有没有人等，这些都属于感知的范畴。设备是利用传感器这种电子零件来实现感测的。打个比方，如果伞上有用于检测其开合的传感器并可以连接网络，那么伞的开合状态就可以被感测到，利用这一点就能调查出是否在下雨。在这种情况下，如果一个地区有多把伞打开，就可以推测出该地区正在下雨；反过来，就能推断出大多数伞都合着的地区没有下雨。除此之外，还可以通过雨伞上面的温度和湿度传感器搜集到当时的温度和湿度等信息。

（二）反馈的作用

设备的另外一个作用是接收从系统发来的通知，显示信息或执行指定操作。系统会基于从传感器处搜集到的信息进行一些反馈，并针对现实世界采取行动。例如，通过"可视化""推送通知""控制"等方式实现设备之间的反馈和交流。

用户通过"可视化"操作就能使用电脑和智能手机上的 Web 浏览器浏览物联网服务搜集到的信息。虽然最终采取行动的是用户，如利用房间的当前温度和湿度可视化，人就能进一步通过控制空调系统来把环境控制在最适宜的条件下。

利用"推送通知"，系统就能检测到"物"的状态和某些活动，并将其通知给设备。例如，从服务器给用户的智能手机推送通知，使其显示消息。如果你去逛超市，推送通知能告诉你冰箱的牛奶过了保质期，洗涤用品用完了，那么人们的生活就更方便了。

利用"控制"，系统可以直接控制设备的运转，而无须借助人工。假设在某个夏天的傍晚，你正在从离家最近的车站往家走，你的智能手机会用 GPS（全球定位系统）确定你现在的位置和前进的方向，用加速度传感器把你的步速通知给物联网服务，物联网服务就能分析出你正在回家的路上，进而从你的移动速度预测你到家的时间，然后发出指示调节家里空调的温度并令其运转。当你回到家的时候，家里的温度就已经很舒服了。

二、感知模型

如果从信息系统的分层结构来看，依据信息的获取、传输、处理和应用的不同环节，物联网的体系结构由低到高可分为四层，即感知控制层、数据传输层、数据管理层和应用决策层。这种分层方法符合物联网结构划分，为研究者们所普遍接受。

在物联网的体系结构中，感知层是底层最核心的部分，也是其他层的基础，感知控制层的主要功能是感知和识别物体。它由各种具有感知能力的设备组成，包括传感器、定位器、芯片、摄像头、通信模组和各种感知类智能设备等随时随地通过感知、测量、监控等途径获取物体信息的设备；还包括 GPS/GIS（全球定位系统／地理信息系统）、T2T 等多种（物到人、物到物）终端，传感器网络和传感器网关等无线接入设备。所以说，感知控制层是直接强调物联网中"物"的层面，"物"可以定义为可获取各类信息的终端，如传感器、二维码标签识读器、RFID、手机、PC、摄像头、电子望远镜、GPS 终端等。最终，随着技术的发展，可以感知到人类所需各种信息的终端，都会被纳入感知控制层。

而在众多的感知设备和技术中，传感器技术在感知层中扮演着最基础、最广泛的角色，下面以传感器感知为例来探讨物联网中的感知模型。

（一）传感检测模型

传感技术是把各种物理量转变成可识别的信号量的过程，检测是指对物理量进行识别和处理的过程。从狭义角度来看，传感器是一种将测量信号转换成电信号的变换器。从广义角度来看，传感器是指在电子检测控制设备输入部分中起检测信号作用的器件。通常，传感器输出的电信号（如电压和电流）不能在计算机中直接使用和显示，而是借助模数转换器（A/D 变换器）将这些信号转换为计算机能够识别和处理的信号。只有经过变换的电信号，才容易显示、存储、传输和处理。为此，把能够感受到规定的被测量，并按照一定的规律再将其转换成可用输出信号的元器件或装置，称为传感检测装置。

传感检测模型的功能结构如图 3-1 所示。它包括传感器和信号变换电路（如模数转换器）两大部分。其中，传感器输出电量有很多种形式，如电压、电流、电容、电阻等，输出信号的形式由传感器的原理确定。通常，传感器由敏感元件、转换元件和换电路组成。其中，敏感元件是指传感器中能直接感受或响应被测量的部分，转换元件是指传感器中能

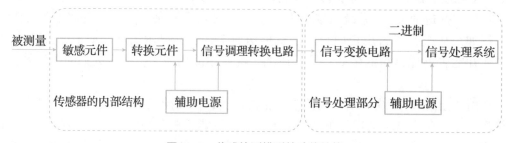

图 3-1　传感检测模型的功能结构

将敏感元件感受或响应的被测量转换成适于传输或测量的电信号的部分。由于传感器输出信号一般都很微弱，需要有信号调理转换电路进行放大、运算调制等，且信号调理转换电路以及传感器的工作必须有辅助的电源，因此信号调理转换电路以及所需的电源都应作为传感器的一部分。

（二）传感器组成的感知结构

以传感器为主进行感知的识别层由传感器节点接入网关组成，智能节点感知信息（温度、湿度、图像等），并自行组网传递到上层网关接入点，由网关将搜集到的感应信息通过网络层提交到后台处理。当后台对数据处理完毕后，发送执行命令到相应的执行机构，完成对被控/被测对象的控制参数调整或发出某种提示信号以实现对其远程监控。传感器组成的感知结构如图 3-2 所示。

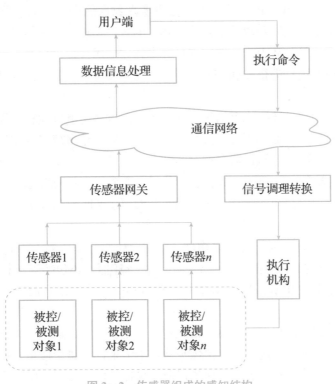

图 3-2　传感器组成的感知结构

第二节

传感器技术

随着人们对物理世界的建设与完善、对未知领域与空间的拓展，人们需要的信息来源、种类、数量不断增加，这对信息的获取方式提出了更高的要求。在人类历史发展的很长一段时间内，人类是通过视觉、听觉、嗅觉等方式感知周围环境的，这是人类认识世界的基本途径。然而，依靠人类自身的感觉器官来研究自然现象和生产规律是远远不够的。为了获取更多的信息，人类需要借助传感器。

一、传感器的概念

传感技术是物联网感知层核心技术之一，其本身就是一门多学科交叉的现代科学与工程技术，主要研究如何从自然信源获取信息，并对之进行处理（变换）和识别。传感技术的核心即传感器，还涉及通过传感器感知信息的处理和识别，及其应用中的规划设计、开发、组网、测试等活动。

作为传感技术的实现系统，传感器是负责实现物联网中物与物、物与人信息交互的必要组成部分。传感器能够获取物联网中"物"的各种物理量、化学量、生物量，并将其转换成供处理的电信号，从而为感知物理世界中物体的属性提供信息采集的来源。离开传感器对被测物体原始信息进行准确获取和转换，无论多么精确的测试与控制，都是一叶障目、不见泰山。

传感器能够将物理量转换成电信号，代表了物理世界与电气设备世界的数据接口。传感器需测量的对象包括温度、压力、流量、位移、速度等越来越多的物理量。物联网感知层除了有传感器，还需要与执行器和控制器结合，通过通信模块与网关互联或先行组网与网关互联，包括传感网、工业总线等，它们共同实现智能化、网络化感知。

在物联网中，从感知对象能够提取的"物"的数据或信息形式，主要包含以下三种：

（1）单一数据采集。例如，采集物理、化学、生物等单一技术获取数据的专用传感器，如压力、流量、位移、速度、振动、温湿度、pH 值，还包括通过核辐射传感器和生物传感能够检测的辐射值和气味、浓度等各种传感器，这些是人们容易直接想到的"感知器"。

（2）感官信息的延伸与扩展。感官信息包括听觉、视觉、触觉、味觉、嗅觉等能够感知或采集的信息。以视觉为例，视频摄像头从根本上来说也属于信息采集的设备，其采集到的是一种视频信息，同样代表了一些描述监控目标的信息数据。由于视频数据可以包含全方位和角度、多层次和维度的信息，比任何普通专用物理传感器所采集到的信息量要大得多，因此，摄像头是最重要的感知器之一。音频感知也是如此，例如，人工智能在语义识别中的应用，需要采集语音、语义、语调，并联系上下文来理解。

（3）感知信息的智能处理和挖掘。音视频、振动等一些采集到的原始信息，使用智能技术对它们进行分析和内容提取（如智能视频分析、车牌识别、生物识别技术等）也可以视为一种感知器。只不过从视频、音频、图像数据中挖掘出的信息，能够使信息更利于理解。人工智能算法能够有效提高辨识能力或分辨程度。

总之，对于物联网来说，只要是处于网络前端节点，以提取一定的信息或数据的技术、器件或产品，都可以视为广义传感器中的一种，它是物联网存在的数据来源和基础。

二、传感器的组成和结构

传感器是一种以一定精度把被测量（主要是非电量）转化为与之有确定关系、便于应用的某种物理量（主要是电量）的测量装置。这一描述确立了传感器的基本组成及结构。

（一）传感器的组成

由于电子技术、微电子技术、电子计算机技术的迅速发展，使电量具有了易于处理、便于测量等特点，因此传感器一般由敏感元件、转换元件和信号调理转换电路三部分组成，有时还加上辅助电源，其基本组成如图 3-3 所示。

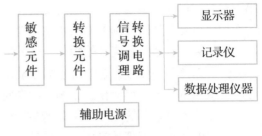

图 3-3 传感器的基本组成

（1）敏感元件。

敏感元件直接感受被测量，并输出与被测量成确定关系的某一物理量。

（2）转换元件。

转换元件是传感器的核心元件，它以敏感元件的输出为输入，把感知的非电量转换为电信号输出。转换元件本身可作为一个独立的传感器使用，这样的传感器一般称为元件传感器，其结构如图 3-4 所示。例如，电阻应变片在做应变测量时，就是一个元件传感器，它直接感受被测量——应变，输出与应变有确定关系的电量——电阻变化。

转换元件也可以不直接感受被测量，而是感受与被测量成确定关系的其他非电量，再把其他非电量转换为电量。这时转换元件本身不作为一个独立的传感器使用，而是作为传感器的一个转换环节。在传感器中，尚需要一个非电量（同类的或不同类的）之间的转化环节。这一转换环节需要由另外一些部件（敏感元件等）来完成，这样的传感器通常称为结构传感器，如图 3-5 所示。

图 3-4 元件传感器　　　　　　　图 3-5 结构传感器

（3）信号调理转换电路。

信号调理转换电路将上述电路参数接入转换电路，便可转换成电量输出。实际上，有些传感器很简单，仅由一个敏感元件（兼作转换元件）组成，它感受被测量时直接输出电量，如热电偶。有些传感器由敏感元件和转换元件组成，没有信号调整转换电路。有些传感器的转换元件不止一个，要经过若干次转换，较为复杂，大多数是开环系统，也有些是带反馈的闭环系统。

（二）传感器的结构

传感器的结构取决于传感器的设计思想，而传感器设计的一个重点是选择信号的方式，把选择出来的信号的某一个方面性能在结构上予以具体化，以满足传感器的技术要求。

（1）选择固定信号方式的传感器直接结构。

选择固定信号方式的传感器采用直接结构形式。这种传感器是由一个独立的敏感元件和其他环节构成，直接将被测量转换为所需输出量。

（2）选择补偿信号方式的传感器补偿结构。

在设计某些传感器时，面临两种变量：一种是需要的被测量，另一种是不希望出现而又存在的某种影响量（通常称为干扰量）。假设被测量和影响量都起作用时的变化关系为第一函数，仅仅是影响量起作用时的变化关系为第二函数。对于被测量来说，如果影响量的作用效果是叠加的，则可取两函数之差；如果影响量的作用效果是乘积递增的，则可取两函数之商，可消除影响量的影响，这种信号方式称为补偿方式。

（3）选择差动信号方式的传感器差动结构。

使被测量反向对称变化，影响量同向对称变化，然后取其差，就能有效地将被测量选择出来，这就是差动信号方式。其结构特点是把输入信号加在原理和特征一样的两个敏感元件上，但在信号调理转换中，是传感元件的输出对输入信号（被测量）反向变换，对环境、内部条件变化（影响量）同向变换，并且以两个敏感元件输出之差为总输出，从而有效地抵消环境、内部条件变化带来的影响。

（4）选择平均信号方式的传感器平均结构。

平均信号方式来源于误差分析理论中对随机误差的平均效应和信号（数据）的平均处理，在传感器结构中，利用两个相同的转换元件同时感受被测量，则传感器的输出为各元件输出之和，而随机误差则减小为单个元件的误差。

（5）选择平衡信号方式的传感器闭环结构。

一般由敏感元件、转换元件组成的传感器均属于开环传感器。这种传感器和相应的信号调理转换电路、显示分析仪器等构成开环测试系统。在开环传感器中，尽管可以采用补偿、差动、平均等结构形式，有效地提高自身性能，但仍然存在两个问题：第一，在开环测试系统中，各环节之间是串联的，环节误差存在累积效应，要保证总的测试准确度，就需要降低每一环节的误差，因此提高了对每一环节的要求；第二，随着科技和生产的发展，对传感器技术提出了更高的要求，传感器乃至整个测试系统的静态特性、动态特性、稳定性、可靠性等需要同时具有较高性能，而采用开环测试系统很难满足这一要求。

依据测量学中的零示法测量原理，选择平衡信号方式，采用环式传感器结构，可有效地解决上述问题。闭环传感器采用控制理论和电子技术中的反馈技术，极大地提高了性能。同开环传感器相比较，闭环传感器在结构上增加了一个由反向传感器构成的反馈环节。

三、常见的传感器

传感器是感知物质世界的"感觉器官"，用来感知信息采集点的环境参数。传感器可以感知热、力、光、电、声、位移（位置、加速度、手势、语音）等信号，为传感网的处理和传输提供最原始的信息。传感器的类型多样，可以按照测量方式、输出信号类型、用途、应用场合、材料、制造工艺等方式进行分类，见表 3-1。

常见的传感器只是一种用于检测周围环境物理变化的装置，它将感受到的信息转换成电信号的形式输出。常见的传感器有如下几种。

表 3 - 1　传感器的分类

分类标准	类别
测量方式	接触式测量传感器、非接触式测量传感器
输出信号类型	模拟式传感器、数字式传感器
用途	可见光视频传感器、红外视频传感器、温度/湿度传感器、加速度传感器、气敏传感器、化学传感器、声学传感器、压力传感器、振动传感器、磁性传感器、电学传感器
应用场合	军用传感器、民用传感器、军民两用传感器

（一）温度/湿度传感器

温度/湿度传感器测算周围环境的温度/湿度，将结果转换成电信号。温度传感器使用热敏电阻、半导体温度传感器和温差电偶等来实现温度检测。热敏电阻主要是利用各种材料电阻率的温度敏感性，用于设备的过热保护和温控报警等。半导体温度传感器利用半导体器件的温度敏感性来测量温度，成本低廉且线性度好。温差电偶则是利用温差电现象，把被测端的温度转换为电压和电流的变化，由不同金属材料构成的温差电偶，能够在比较大的范围内测量温度。例如，空调上就包含了多个温度传感器来检测环境的温度。

湿度传感器主要包括电阻式和电容式两个类别。电阻式湿度传感器也称为湿敏电阻，利用氯化锂、碳、陶瓷等材料的电阻率的湿度敏感性来探测湿度。电容式湿度传感器也称为湿敏电容，利用材料的介电系数的湿度敏感性来探测湿度。温度/湿度传感器普遍用于测量家庭、工厂、温室大棚等室内环境参数。

（二）力觉传感器

力觉传感器能够计算施加在传感器上的力度并将结果转换成电信号。常见的有片状、开关状压力传感器，在受到外部压力时会产生一定的内部结构的变形或位移，进而转换为电特性的改变，产生相应的电信号。还有一类是能够通过气压测定海拔高度的传感器。

（三）加速度传感器

加速度传感器可计算施加在传感器上的加速度并将结果转换成电信号。常用在智能手机和健身追踪器等智能终端上。

（四）光传感器

光传感器可以分为光敏电阻和光电传感器两个大类。光敏电阻主要利用各种材料的电阻率的光敏感性来进行光探测。光电传感器主要包括光敏二极管和光敏三极管，这两种器件的原理都是利用半导体器件对光照的敏感性。光敏二极管的反向饱和电流在光照的作用下会显著变大，而光敏三极管在光照时，其集电极、发射极导通。此外，光敏二极管和光敏三极管与信号处理电路也可以集成在一个光传感器的芯片上。不同种类的光传感器可以覆盖可见光、红外线、紫外线等不同波长范围的传感应用。

（五）测距传感器

测距传感器测算传感器与障碍物之间的距离，一般通过照射红外线和超声波等，搜集反射结果，根据反射结果来测量距离，并把结果转换为电信号。其中的照射手段还包括能够扫描二维平面的激光测距仪，常用于汽车等交通工具，如倒车雷达就是利用了测距传感器。

（六）磁性传感器

磁性传感器是利用霍尔效应制成的一种传感器，所以也称为霍尔传感器。霍尔效应是指：把一个金属或者半导体材料薄片置于磁场中，当有电流流过时，由于形成电流的电子在磁场中运动而受到磁场的作用力，使材料中产生与电流方向垂直的电压差。可通过测量霍尔传感器所产生的电压来计算磁场强度。结合不同的结构，磁性传感器能够间接测量电流、振动、位移、速度、加速度、转速等。

（七）微机电传感器

微机电系统（MEMS）是由微机械加工技术和微电子技术相结合而制成的集成系统，它包括微电子电路（IC）、微执行机构和微传感器，多采用半导体工艺加工。目前，已经出现的微机电器件包括压力传感器、加速度计、微陀螺仪、墨水喷嘴和硬盘驱动头等。微机电系统的出现体现了当前的器件微型化发展趋势。比较常见的有微机电压力传感器、微机电加速度传感器和微机电气体流速传感器等。

纳米技术和微机电系统技术的应用使传感器的尺寸减小，精度大大提高。MEMS 技术的目标是把信息获取、处理和执行集成在一起，使之成为真正的微电子系统。这些装置把电路和运转着的机器装在一个硅芯片上，对于传统的电子机械系统来说，MEMS 不仅是真正实现机电一体化的开始，更为传感器的感知、运算、执行等打开了物联网微观领域的大门，如血管内的微型机器人。

（八）生物传感器

生物传感器的工作原理是生物能够对外界的各种刺激做出反应。生物传感器是对生物物质敏感并将其浓度转换为电信号进行检测的仪器。智能交互技术中的电子鼻、电子舌就是利用了生物传感器技术。

（九）智能传感器

智能传感器是具有一定信息处理能力或智能特征的传感器。例如，具有复合敏感功能，自补偿和计算功能，自检、自校准、自诊断功能，信息存储和传输（双向通信）等功能，并具有集成化特点。

通常把智能传感器的智能称为嵌入式智能，其特点是具备微处理器这一硬件。嵌入式微处理器具有低功耗、体积小、集成度高和嵌入式软件的高效率、高可靠性等优点，在人工智能技术的推动下，共同构筑物联网的智能感知环境。随着嵌入式智能技术的发展，信息物理系统（Cyber-Physical Systems，CPS）在自动化与控制领域内被认为更接近物联网。它是利用计算机对物理设备进行监控与控制，融合了自动化技术、信息技术、控制技术和网络技术，注重反馈与控制过程，实现了对物体的实时、动态的控制，并提供相应的服务。

第三节

传感器网络

传感器网络是由许多在空间上分布的自动装置组成的一种计算机网络，这些装置使用传感器互相协作地监控不同位置的物理或环境状况（如温度、声音、振动、压力、运动或污染物）。传感器网络的发展有助于物联网实现信息感知能力的全面提升。

一、传感器网络的分类

单一点的传感器信息，不能体现一定区域内动态性、全局性、矢量性的特征，只有多个传感器网络的连接才能构成一个立体的三维世界。

如果将传感器组网，就能够协作地实时监测、感知和采集网络分布区域内的各种环境或监测对象的信息，并对这些信息进行处理，获得详尽而准确的信息，传送给需要这些信息的用户，这能够从物体单一属性的采集走向复合属性的采集，从单点信息的采集走向多点信息的采集，从单一信息的理解走向多源信息的综合理解，传感技术就走向了系统化、智能化、网络化感知，于是出现了能够协作地感知、采集和处理一定地理区域中感知对象信息的传感器网络。传感器网络分为有线传感器网络和无线传感器网络。

（一）有线传感器网络

早期的传感器网络有分布式压力测算系统、热能抄表系统和测距系统等总线型传感器网络，传感器节点之间往往是通过有线方式进行通信联络并组成网络，通过共同协作来监测各种物理量和事件。这种由大量传感器节点构成的传感器网络，是物联网感知层的基础技术之一。

（二）无线传感器网络

现在谈到的传感网指的是无线传感器网络，无线传感器网络（Wireless Sensor Network，WSN）指的是由大量的、静止的或移动的传感器节点以自组织和多跳的方式构成无线网络，目的是以协作的方式感知、采集、处理和传输网络覆盖区域内被感知对象的信息，并把这些信息发送给用户。WSN 的发展是随着传感器技术的发展而逐渐发展起来的，20 世纪 70 年代出现了将传感器点对点的传输信号，连接至传感器控制器构成传感器网络的雏形，称为第一代传感器网络；随着智能化传感器、MEMS/NEMS（纳机电系统）传感器的问世，传感器具有了获取多种信息的综合处理能力，通过与传感器控制器相连，构成了有综合处理能力的网络，称为第二代传感器网络；从 20 世纪末开始，现场总线技术开始应用于传感器，并用其组建智能化传感器网络，大量应用的多功能传感器、数字技术，以及使用无线技术连接等，形成了无线传感器网络。

WSN 一般由随机分布的节点通过自组织的方式构成网络，节点集成传感器、数据处理单元和通信模块，借助于传感器测量环境中的热、红外、声呐、雷达和地震波等信号，综合探测光强度、信号强度、移动速度和方向等参数。在通信方式上，可以采用无线、红外和光等多种形式，但一般认为短距离的无线低功率通信技术最适合传感器网络使用。在结构上，通常包括传感器节点（Sensor Node）、汇聚节点（Sink Node）和管理节点。在技术上，包括定位、拓扑控制、数据融合、安全与同步等。

传感器网络综合了传感器技术、嵌入式计算技术、现代网络及无线通信技术、分布式处理技术等，能够通过各类集成化的微型传感器协作地实时监测、感知和采集各种环境或监测对象的信息，通过嵌入式系统对信息进行处理，并通过随机自组织无线通信网络以多跳中继方式将所感知的信息传送到用户终端，从而真正实现"无处不在的计算"理念。

二、无线传感器网络的构成

无线传感器网络是一种全新的信息获取平台，能够将实时采集和监测的对象信息发送到网关节点，在网络分布区域内实现目标的检测与跟踪，有着广阔的应用前景。无线传感器网络与有线传感器网络相比，具有安装位置不受任何限制，摆放灵活，且无须布线，不用电缆线，降低了成本，提高了系统可靠性，安装和维护非常简便等优点。

ITU（国际电信联盟）是最早进行传感网标准化的组织之一。ISO/IEC（国际标准化组织/国际电工委员会）、JTC1（联合技术委员会）也成立了传感网标准化工作组（WG7）。我国成立的国家传感器网络标准化工作组也积极参与国际传感网标准化工作。近几年，随着蓝牙、6LoWPAN、ZigBee 等各种短距离通信技术的发展，无线传感器网络逐步得到推广应用，推动了物联网中物与人、物与物、人与人的无障碍交流。

在无线传感器网络结构（见图 3-6）中，大量传感器节点随机部署在检测区域内部或附近，节点检测数据沿着其他传感器节点逐跳传输，经过多跳后路由到汇聚节点，最后通过互联网或卫星到达管理节点。管理节点对传感器网络进行配置和管理，发布检测任务和搜集检测数据。这些节点能够通过自组织方式构成网络，检测的数据沿着其他传感器节点逐跳地进行传输，在传输过程中检测数据可能被多个节点处理。

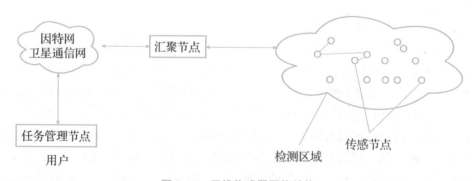

图 3-6 无线传感器网络结构

传感器节点是一个嵌入式的微型系统，供其工作的电池能量有限，处理能力、存储能力和通信能力都不强。每个传感器节点不但可以充当传统网络的终端，还可以用作路由器，在搜集本地信息和处理数据的同时，还需对其他节点的数据进行编解码并转发，并协作其他节点完成一些特定的任务。传感器节点通常由四个基本单元组成：传感器模块（由传感器和模数转换功能模块组成）、处理器模块（由嵌入式系统构成，包括 CPU、存储器、嵌入式操作系统等）、无线通信模块和能量供应模块。此外，可以选择的其他功能模块包括定位系统、运动系统和发电装置等。

汇聚节点比传感器节点具有更多能量，数据的处理、存储的容量和通信能力比较强，它可以与传感器节点、其他网络连接和管理节点进行通信，起到了多种通信协议之间的"翻译"作用，将无线传感器网络和外部管理网络沟通起来。汇聚节点更多的是关注处理数据和转换通信协议，不具备传感功能。

三、无线传感器网络的特征

传感器网络是集成了检测、控制和无线通信的网络系统，节点数目较为庞大（上千甚至上万），节点分布较为密集；由于环境影响和能量耗尽，节点更容易出现故障；环境干扰和节点故障易造成网络拓扑结构的变化。通常情况下，大多数传感器节点是固定不动的。另外，传感器节点具有的能量、处理能力、存储能力和通信能力等都十分有限。传统无线网络的首要设计目标是提供高服务质量和高效带宽利用，其次才考虑节约能源；而传感器网络的首要设计目标是能源的高效利用，这也是传感器网络与传统网络最重要的区别之一。

无线传感器网络的特征如下：

（1）无线传感器网络包括了大面积的空间分布。例如在军事应用方面，可以将无线传感器网络部署在战场上跟踪敌人的军事行动，智能化的终端可以被大量地装在子弹或炮弹壳中，在目标地点撒落下去，形成大面积的监视网络。

（2）能源受限制。网络中每个节点的电源是有限的，网络大多工作在无人区或者对人体有伤害的恶劣环境中，更换电源几乎是不可能的事，这势必要求网络功耗要小以延长网络的寿命，而且要尽最大可能地节省电源消耗。

（3）网络自动配置和自动识别节点。这包括自动组网、对入网的终端进行身份验证、防止非法用户入侵。相对于那些布置在预先指定地点的传感器网络而言，无线传感器网络可以借鉴 Ad-Hoc（点对点）方式来配置，当然前提是要有一套合适的通信协议，保证网络在无人干预的情况下自动运行。

（4）网络的自动管理和高度协作性。在无线传感器网络中，数据处理由节点自身完成，这样做的目的是减少无线链路中传送的数据量，只有与其他节点相关的信息才在链路中传送。以数据为中心的特性是无线传感器网络的又一个特点，由于节点不是预先计划的，而且节点位置也不是预先确定的，这样就有一些节点由于发生较多错误或者不能执行指定任务而被中止运行。为了在网络中监视目标对象，配置冗余节点是必要的，节点之间可以通信和协作，共享数据，这样可以保证获得被检视对象比较全面的数据。

对用户来说，向所有位于观测区内的传感器发送一个数据请求，然后将采集的数据送到指定节点处理，可以用一个多播路由协议把消息送到相关节点，这需要一个唯一的地址表，对于用户而言，不需要知道每个传感器的具体身份号，所以可以用以数据为中心的组网方式。

无线传感器网络的关键技术

无线传感器网络是多学科高度交叉的一个前沿热点领域，其体系结构如图 3-7 所示。由于无线传感器网络包含了网络通信、传感器节点组网以及网络与网络之间的协同、链接等内容，因此无线传感器网络涉及技术众多，下面仅列举部分关键技术。

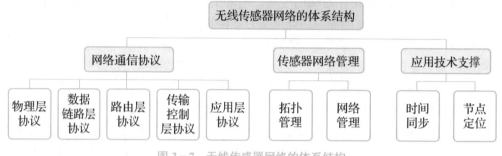

图 3-7　无线传感器网络的体系结构

一、定位技术

节点定位是指利用有限的已知节点的位置，确定其他节点的位置，并在系统中相互对应建立起一定的空间关系。定位是无线传感器网络完成特定任务的基础。在某个区域内监测发生的事件，位置信息在节点所采集的数据中是必不可少的。而无线传感器网络的节点大多数都是随机布放的，节点事先无法知道自己的位置，少数节点通过搭载 GPS 或者是使用其他技术手段获得自己的位置。因此，在部署后，节点需要通过某种机制才能获得自己的位置以满足应用的需求。

二、网络的拓扑控制

传感器网络管理主要是对传感器节点自身的管理以及用户对传感器网络的管理，即拓扑管理和网络管理。其中，无线传感器网络能够自动生成网络拓扑的意义有两点：一是在满足了网络连通度的情况下，实现降低检测区域有效覆盖的代价；二是通过网络的拓扑控制可以使其生成较好的网络拓扑结构，而良好的网络拓扑结构可以提升全局的效率，包括提高链路层协议和路由协议的效率，为上层的数据融合等应用奠定基础，有利于整个网络的负载均衡，节省能量。

三、网络协议

由于传感器网络节点的硬件资源有限和拓扑结构的动态变化，因此网络协议不能太复杂但又要高效。目前，研究的重点是网络层协议和数据链路层协议。网络层的路由协议决定检测信息的传输路径。数据链路层的介质访问控制用来构建底层的基础结构，控制传感器节点的通信过程和工作模式。

四、数据融合

无线传感器网络中的节点采集和搜集到的数据信息是存在冗余的，若把这些带有冗余数据的信息直接传送给用户，不但会产生庞大的网络流量，而且会消耗大量的能量；此外，网络通信流量的分布是不均衡的，检测点附近的节点容易因为能量的快速消耗而失效。因此，在搜集信息的过程中，本地节点可以进行适当而有效的数据融合，减少数据冗余信息，节省能量。但数据融合也会产生一些问题，例如，增加了网络的平均延迟，降低了网络的健壮性等。

五、网络安全

如何确保数据传输过程的安全是无线传感器网络研究中重点考虑的问题之一。网络需要实现诸如完整性鉴别、消息验证、安全管理、水印技术等一些安全机制，以保证任务部署和执行过程的机密性和安全性。因为传感器网络节点的计算、能量和通信能力都很有限，在考虑安全性的同时需要兼顾节点的能耗、计算量和通信开销，尽可能在安全性和计算量开销上保持一定的平衡。

六、时间同步技术

时间同步技术负责调整协同工作的节点与本地时钟同步，也是无线传感器网络重要的支撑技术之一。无线传感器网络的通信协议和绝大多数应用要求节点的时钟必须时刻保持同步，这样多个传感器的节点才能相互配合、协同工作以完成检测任务。另外，节点的休眠和唤醒也要求时间同步。

七、新能源技术

传感器往往依靠自身电池或者太阳能来进行供电，而太阳能的供电效率和可靠性都无法满足要求，目前比较理想的途径是研究无线电能传输技术和高性能锂电池技术，定期对传感器进行远程充电，以大规模延长传感器的使用时间。据报道，通过近场磁共振、远场传递能量实现无线电力传输的技术正走向应用。

第五节

传感器的应用

随着电子计算机、生产自动化、现代信息、军事、交通、化学、环保、能源、海洋开发、遥感、宇航等科学技术的发展，人们对传感器的需求量与日俱增，其应用已渗入国民经济的各个部门以及人们的日常生活之中。可以说，从太空到海洋，从各种复杂的工程系统到人们日常生活的衣食住行，都离不开各种各样的传感器。

一、传感器在多个行业中的应用

（1）传感器在工业检测和自动控制系统中的应用。

在石油、化工、电力、钢铁、机械等加工工业中，传感器在各自的工作岗位上担负着相当于人们感觉器官的作用，它们每时每刻按需要完成对各种信息的检测，再把大量测得的信息通过自动控制、计算机处理等进行反馈，用以进行生产过程、质量、工艺管理与安全方面的控制。

（2）传感器在汽车上的应用。

传感器在汽车上的应用已不仅局限于对行驶速度、行驶距离、发动机旋转速度和燃料剩余量等有关参数的测量。由于汽车交通事故的不断增多和汽车尾气对环境的危害，传感器在一些新的设施，如汽车安全气囊系统、防盗装置、防滑控制系统、防抱死装置、电子变速控制装置、排气循环装置、电子燃料喷射装置及汽车"黑匣子"等中都得到实际应用。可以预测，随着汽车电子技术和汽车安全技术的发展，传感器在汽车领域的应用将会更为广泛。

（3）传感器在家用电器上的应用。

传感器已在现代家用电器中得到普遍应用，譬如，在电子炉灶、自动电饭锅、吸尘器、空调、电子热水器、热风取暖器、风干器、报警器、电熨斗、电风扇、游戏机、电子驱蚊器、洗衣机、洗碗机、照相机、电冰箱、电视机和家庭影院等方面都得到了广泛应用。

（4）传感器在机器人上的应用。

传感器使现代机器人"获得"了视觉、听觉、嗅觉，进一步实现了机器人拟人化的设计目标。

（5）传感器在医疗及人体医学上的应用。

应用医用传感器可以对人体的表面和内部温度、血压及腔内压力、血液及呼吸流量、肿瘤、脉波及心音、心脑电波等进行高准确度的诊断。

（6）传感器在环境保护方面的应用。

地球的大气污染、水质污染和噪声已严重地破坏了地球的生态平衡和人们赖以生存的环境，这一现状已引起世界各国的重视。为保护环境，利用传感器制成的各种环境检测仪器正在发挥着积极的作用。

（7）传感器在航空航天方面的应用。

为了解飞机或火箭等飞行器的飞行轨迹，并把它们控制在预定的轨道上，就要使用传感器进行速度、加速度和飞行距离等的测量。要了解飞行器飞行的方向，就必须掌握它的飞行姿态，飞行姿态可以使用红外水平线传感器陀螺仪、阳光传感器、星光传感器和地磁传感器等进行测量。

（8）传感器在遥感技术上的应用。

所谓遥感技术，简单地说就是从飞机、人造卫星、宇宙飞船和船舶上对远距离的广大区域的被测物体及其状态进行大规模探测的一门技术，一般运用传感器对物体的电磁波的辐射、反射特性进行探测。

二、应用案例：医疗健康护理传感器网络

基于无线传感器网络的医疗健康护理系统主要由无线医疗传感器节点（体温、脉搏、血氧等传感器节点）、若干具有路由功能的无线节点、基站、PDA、具有无线网卡的便携式计算机或台式计算机等组成，如图 3 - 8 所示。

基站负责连接无线传感器网络与无线局域网和以太网，负责无线传感器节点和设备节点的管理。传感器节点和路由节点自主形成一个多跳的网络。

佩戴在监护对象身上的监测体温、脉搏、血氧等传感器节点通过无线传感器网络向基站发送数据。基站负责体温、脉搏、血氧等生理数据的实时采集、显示和保存。若条件允许，其他监护信息如监护图像、安全设备状态等也可以传输到基站或服务器。

（1）可穿戴医疗传感器节点。

医疗应用一般需要非常小的、轻量级的和可穿戴的传感器节点。为此，专门为医疗健康护理开发了专用的可穿戴医疗传感器节点。

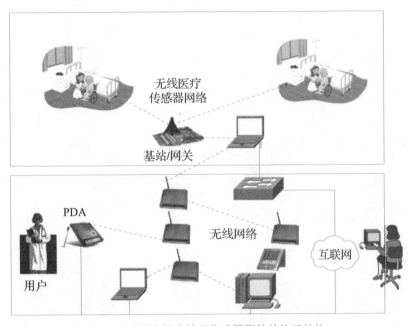

图 3 - 8　医疗健康护理传感器网络的体系结构

（2）医疗健康护理基站软件系统。

基站软件系统接收无线传感器网络采集的医疗健康护理数据，提供向无线传感器网络发布查询和管理命令的功能，实时、动态图形化显示医疗健康护理数据，提供历史健康护理传感数据的查询与变化趋势分析。当数据超出正常范围时，生成报警信息，向主管医生报警。通过无线网络和移动终端设备（PDA 等）进行交互，完成数据的实时共享和无线传感器网络的远程控制，维护和管理 PDA 终端、医疗健康护理传感器节点、护理对象及用户等信息。

本章小结

在物联网中，传感器与传感器网络是物联网感知层的重要组成部分，主要用来采集周围的各种信息，可以感知周围的温度、湿度、速度等信息。本章介绍了传感器模型，包括感知设备和感知模型；阐述了传感器的概念和传感器的组成，并介绍了常见的传感器；本章对传感器网络也做了具体介绍，分别从传感器网络的分类和无线传感器网络的构成进行了详细说明；随后，列出了无线传感器网络的一些关键技术。

思考与练习

1. 什么是传感器？简述传感器的组成和结构。
2. 请说出常用的传感器及其功能。
3. 简述传感器网络的分类和无线传感器网络的构成。
4. 列举几项无线传感器网络中的关键技术。
5. 举例说明传感器在一些领域中的应用。

04

第四章

标识与定位技术

思维导图

知识目标

（1）了解物联网的标识体系。

（2）掌握常用的物联网标识技术。

（3）了解常用的生物识别技术。

（4）掌握 GPS 定位的原理和应用。

（5）了解 GIS 定位的原理和应用。

（6）了解蜂窝网络定位技术和其他定位技术。

能力目标

（1）能够列举出常用标识技术的应用案例。

（2）能够描述 GPS 定位的具体应用步骤。

（3）能够描述 GIS 技术在具体应用中的作用。

思政目标

了解我国北斗卫星导航系统的先进之处，增强科技自信和民族自信感，培养勤于实践、勇于创新的精神。

案例导入

RFID 技术在格林维尔医院资产跟踪中的应用

格林维尔医院系统横跨 5 个医院设施，共有 1 110 个床位和 32 间手术室，占地约 8 400 平方米，为南卡罗来纳州的市民提供服务。在该医院的 7 500 名员工中，约有 1 000 名医生。每年，这些医生执行超过 33 000 次住院和门诊手术中大约 5 200 万美元的费用，约占整个系统总费用的一半。

在这种规模下，昂贵的手术器械（探针）和其他设备错位或丢失的情况并不少见，因此格林维尔医院的材料服务小组力求最大限度地减少资产损失并减少定位材料的时间。虽然有无线网络，但材料服务执行总监约翰认为这不足以满足医院的所有资产跟踪需求，因此他和他的员工开始研究集成的 Wi-Fi、UHF RFID、条形码和移动计算解决方案。

在 IBSS 公司的技术支持下，医院设计了一个重型 RFID 门户，用于材料车出口到洗衣房和净化室。出口门户包括 RFID 读取器和用于读取标记设备的天线，整个医院部署 UHF RFID 阅读器，利用 IBSS SynTrack 医疗保健解决方案的 RTLS 和 UHF RFID 组合功能，跟踪近 5 000 件移动医疗设备（例如输液泵）。系统为格林维尔员工提供了掌上电脑和应用软件，可以定位和映射任何类型的标记资产，然后通过 RTLS 技术和 ThingMagic Astra 读卡器进行跟踪。通过位置和利用率信息的组合，系统生成详细的能说明资产使用和历史的定制报告。

资料来源：佚名.RFID 技术在格林维尔医院手术室中的资产跟踪部署解决方案.（2020-01-05）[2021-02-08]. https://www.sohu.com/a/403896336_100154973.

案例点评

格林维尔医院通过 RFID 技术对昂贵的手术器材进行标识和跟踪，医生可以通过系统对器材状态及时调用，不但解决了器材的丢失问题，还节省了寻找器材的时间，提高了医院的工作效率。

思政园地

北斗卫星导航系统

北斗是中国自己的卫星导航系统，与美国的 GPS 等并列为全球四大卫星导航系统。据悉，北斗虽然被认为产业链规模巨大，但目前个人跟踪占据了 85% 的份额，而作为专业行业应用的授时、海用、测绘、军用类业务占据份额较少，只有 8%。至于通信领域，则进展迅速。

近日，中国移动副总经理赵大春就介绍了一些令人振奋的消息：

一是建成了全球规模最大的 5G+ 北斗高精度定位系统。中国移动依托现有 5G 基站站址，在全国范围内建设超过 4 000 座北斗地基增强基准站，建成全球规模最大的 5G+ 北斗高精度定位系统，已面向 31 个省（自治区、直辖市）的广大区域提供高精度定位服务。

二是融合应用场景稳步拓展，应用示范效果初显。比如 5G+ 北斗高精度定位技术可以通过与大数据、云计算、物联网等其他技术相配合，融入国家核心基础设施，已在监测和检测、自动驾驶、测量测绘、智慧港航等场景中得到应用。

三是行业生态初步建立。5G+北斗融合应用正在进入千行百业，包括交通运输、测量测绘、防灾减灾、公共安全、农业生产等领域。

2020年6月，北斗卫星导航系统第55颗卫星（北斗三号系统地球静止轨道卫星）发射成功，并已完成在轨测试、入网评估等工作，于近日正式入网，使用测距码编号61提供定位导航授时服务。

2020年7月，首批北斗三号国际标准也发布，这对北斗移动通信国际标准化推进意义重大。

中国卫星导航定位协会发布的《2020中国卫星导航与位置服务产业发展白皮书》显示，2019年，我国卫星导航与位置服务产业总体产值达到将近3 450亿元，较2018年增长14.4%。

资料来源：韩丽. 中国移动透露已建成全球规模最大5G+北斗高精度定位系统.（2021-03-08）[2021-03-08]. https://new.qq.com/rain/a/20210308A00F4E00.

标识技术

在物联网中，标识就是为了识别而给"物"起名字的技术。只不过，有时人们看到的是代表一串字符的图案，有时是只有读写器能够感觉到的电子标签，有时是全球唯一的一个"指针"。标识与识别技术是物联网感知层的核心技术之一，它通过"起名"使"物"在感知层加入物联网。

物联网中用标识代表连接对象，具有唯一数字编码或可辨特征，识别分别是数据采集技术和特征提取技术，标识编码和特征的唯一性、统一性在物联网应用体系中至关重要。

物联网的标识技术主要包括物联网标识体系和自动识别技术。

一、物联网标识体系

目前，物联网技术领域存在不同的标识体系和标准，主要分为以下几大类：

（1）国际标准：由国际标准化组织（International Standards Organization，ISO）、国际电工委员会（International Electrotechnical Commission，IEC）负责制定。

（2）国家标准：由各个国家的相关政府机构与权威组织制定，我国的国家标准由工业和信息化部、国家标准化管理委员会负责制定。

（3）行业标准：由国际、国家的行业组织制定。例如，国际物品编码协会（EAN International）与美国统一代码委员会（Uniform Code Council，UCC）制定的用于物体识别的 EPC 标准。

此外，还有涉及道德、伦理、健康、数据安全、隐私等的规范。

(一) ISO 标识体系

ISO 制定的标准主要是为了确保协同工作的进行、规模经济的实现、工作实施的安全性以及其他许多方面。目前，应用在物联网领域中的比较成熟的是 RFID 标准。

RFID 标准化的主要目的在于通过制定、发布和实施标准，解决编码、通信、空中接口和数据共享等问题，最大限度地促进 RFID 技术及相关系统的应用。ISO/IEC 已出台的 RFID 标准主要关注基本的模块构建、空中接口、涉及的数据结构及实施问题。具体可以分为技术标准、数据内容标准、一致性标准和应用标准。

RFID 标准涉及的主要内容如下：

（1）技术（接口和通信技术，如空中接口、防碰撞方法、中间件技术、通信协议）。

（2）一致性（数据结构、编码格式和内存分配）。

（3）电池辅助及与传感器的融合。

（4）应用（如身份识别、动物识别、物流、追踪、门禁等，应用往往涉及有关行业的规范）。

目前，在我国常用的两个 RFID 标准为用于非接触智能卡的两个 ISO 标准：ISO 14443 和 ISO 15693。

(二) GS1 标识体系

全球统一标识系统（Globe Standard 1，GS1）是由国际物品编码协会开发、管理和维护，在全球推广应用的一套编码及数据自动识别标准。

GS1 系统主要包含三部分内容：编码体系、可自动识别的数据载体、电子数据交换标准协议。

GS1 系统的应用领域非常广泛，是供应链管理及商务信息化的基石。将 GS1 系统应用于商业零售、物流管理、产品追溯、电子商务、物联网建设等领域，可有效解决贸易伙伴间信息交换和共享的问题，促进商品的贸易流通，提高管理效率。

(三) IEEE 标识体系

美国电气和电子工程师协会（Institute of Electrical and Electronics Engineers，IEEE）是一个国际性的电子技术与信息科学工程师的协会，是世界上最大的专业技术组织之一。

IEEE 被国际标准化组织授权为可以制定标准的组织，设有专门的标准工作委员会，有 30 000 名义务工作者参与标准的研究和制定工作，每年制定和修订 800 多个技术标准。

IEEE 制定的标准内容有电气与电子设备、试验方法、元器件、符号、定义和测试方法等。

物联网中涉及的 802.15.4 协议，即 IEEE 用于低速无线个人域网（LR-WPAN）的物理层和媒体接入控制层规范。

(四) IPv6 与 6LoWPAN 标识体系

1. IPv6

IPv6 是 Internet Protocol Version 6 的缩写，其中 Internet Protocol 译为互联网协议。IPv6 是互联网工程任务组（Internet Engineering Task Force，IETF）设计的用于替代现行版本 IP 协议（IPv4）的下一代 IP 协议。目前，IP 协议的版本号是 4（简称为 IPv4），它的下一个版本就是 IPv6。IPv6 所拥有的地址容量是 IPv4 的约 8×10^{28} 倍。这样可以解决网络

地址资源数量不足的问题，IPv6 可扩展到任意事物之间的对话，它不仅可以为人类服务，还可服务于众多硬件设备，如家用电器、传感器、远程照相机、汽车等。

2. 6LoWPAN

6LoWPAN 标准是基于 IEEE 802.15.4 以实现 IPv6 通信。6LoWPAN 的最大优点是低功率支持，几乎可运用到所有设备，包括手持设备和高端通信设备；它的内部植有 AES-128 加密标准，支持增强的认证和安全机制。

6LoWPAN 进一步扩展了 IP 连接功能，实现了新型协议间的互操作，尤其是 802.15.4 协议间，如 ZigBee 与 SP100.11a。在 6LoWPAN 标准下，几乎所有类型的低功耗无线设备均可加入 IP 家族，与 Wi-Fi、以太网及其他类型设备具有平等地位。

二、自动识别技术

自动识别（Auto Identification）与数据采集联系在一起，形成自动识别技术（Auto Identification and Data Capture，AIDC）。自动识别技术就是应用一定的识别装置，通过被识别物品和识别装置之间的接近活动，自动地获取被识别物品的相关信息，并提供给后台的计算机处理系统来完成相关后续处理的一种技术。它是以计算机技术和通信技术的发展为基础的一门综合性科学技术。当今信息社会离不开计算机，而正是自动识别技术的崛起，才提供了快速、准确地进行数据采集和输入的有效手段，解决了由于计算机数据输入速度慢、错误率高等造成的"瓶颈"问题。因而，自动识别技术作为一种革命性的高新技术，已经迅速为人们所接受。目前，自动识别技术主要有以下几种。

（一）条码识别技术

条码是由宽度不同、反射率不同的条（黑色）和空（白色）按照一定的编码规则编制而成，用于表达一组数字或字母符号信息的图形标识符。如图 4-1 所示，分别为条形码和二维码。

图 4-1　条形码与二维码

条码识别技术是指利用光电转换设备对条码进行识别的技术。条码识别技术是在计算机应用中产生并发展起来的，其优点主要体现在输入速度快、可靠性高、采集信息量大、灵活实用、可携带与可复印、寿命长、不可更改等方面，因此其广泛应用于商业、邮政、图书管理、仓储、工业生产过程控制、交通等领域。

（二）光学字符识别技术

光学字符识别（Optical Character Recognition，OCR）是指利用电子设备（例如扫描仪、数码相机）检查纸上打印的字符，通过检测暗、亮的模式确定其形状，然后用字符识别方法将形状翻译成计算机文字的过程。即针对印刷体字符，采用光学的方式将纸质文档中的文字转换成为黑白点阵的图像文件，并通过识别软件将图像中的文字转换成文本格式，供文字处理软件进一步编辑加工的技术。光学字符识别技术的应用如图 4-2 所示。

图4-2　光学字符识别技术应用

（三）磁条（卡）和智能卡识别技术

磁条（卡）是一种卡片状的磁性记录介质，利用磁性载体记录字符与数字信息，用来标识身份或其他用途。

智能卡是一种大小和普通名片相仿的塑料卡片，内含一块直径1厘米左右的硅芯片，具有存储信息和进行复杂运算的功能。它被广泛地应用于电话卡、金融卡、身份识别卡以及移动电话、付费电视等领域，如图4-3所示。

图4-3　智能卡

磁条（卡）和智能卡识别技术主要包括硬件技术、软件技术及相关业务技术等。硬件技术一般包含半导体技术、基板技术、封装技术、终端技术及其他零部件技术等，而软件技术一般包括应用软件技术、通信技术、安全技术和系统控制技术等。

（四）生物识别技术

生物识别技术主要是指通过人类生物特征进行身份认证的一种技术。生物特征一般包括身体特征和行为特征，身体特征包括指纹、静脉、掌型、视网膜、虹膜、人体气味、脸型、血管、DNA、骨骼等，行为特征则包括签字、语音、行走步态等。生物识别系统对生物特征进行取样，提取其唯一的特征并转化成数字代码，并进一步将这些代码组成特征模板，当人们同识别系统交互进行身份认证时，识别系统通过将获取的特征与数据库中的特征模板进行比对，以确定二者是否匹配，从而决定接受或拒绝。理想生物特征系统如图4-4所示。

（五）射频识别技术

射频识别（Radio Frequency Identification，RFID）技术又称无线射频识别技术，它使用无线电波不接触快速信息交换和存储技术，通过无线通信结合数据访问技术，连接数据库系统，实现非接触式的双向通信，从而达到识别的目的，在识别系统中，通过电磁波实现电子标签的读写与通信。图 4 - 5 为 RFID 的一种电子标签。

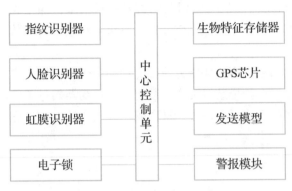

图 4 - 4　理想生物特征系统　　　　　　图 4 - 5　**RFID** 的一种电子标签

RFID 技术广泛应用在非接触数据采集和交换的场合，而由于 RFID 标签具有可读写能力，因此对于需要频繁改变数据内容的场合尤为适用。

第二节

条码技术

一、条码技术概述

条码技术是条码识别技术的简称，其核心是条码符号。这是一种十分有效的技术，它能方便地被机器识读，以便提供准确、及时的信息，满足供应链管理中各环节信息采集和录入的需要，从而改进业务操作，提高工作效率。目前，条码技术已被广泛应用在订单输入、生产流程控制、质量控制、仓库管理、送货与收货、物品追踪、运输路线管理和售货点作业等方面。

条码中黑色的"条"是对光线反射率较低的部分，白色的"空"是对光线反射率较高的部分。这些条和空组成的数据表达了相应的信息，并能用特定的设备识读，转换成与计算机兼容的二进制和十进制信息。

条码可分为一维条码和二维条码。一维条码即通常所说的传统条码，包括商品条码（EAN 条码和 UPC 条码）和物流条码（EAN-128 码、ITF 码、39 码、库德巴条码）。二维条码从结构上分为两类，一类由矩阵代码和点代码组成，其数据是以二维空间的形态编码的，如 QR Code、Data Matrix 等；另一类包含重叠的或多行条码符号，其数据以成串的数据行显示，重叠的符号标记法有 PDF417、Code49、Code l6K 等。

二、条码技术的原理

条码技术通常包括：研究如何把计算机所需要的数据用条码符号表示出来，即条码的编码技术和印刷技术；研究如何把条码符号所表示的数据转变成计算机可自动采集的数据，即条码的识读技术。

制作条码符号，首先要有编码规则，然后采用多种印刷方法或专用的条码印刷机印刷出条码。而阅读条码符号所含的数据，需要一个扫描装置和译码装置。当扫描器扫过条码符号时，根据光电转换原理，条和空的宽度就变成了电流波，被译码器译出，转换成计算机可读数据。

三、条码技术的优点

（1）输入速度快。与键盘输入相比，条码输入的速度是键盘输入的 5 倍，并能实现即时数据输入。

（2）采集信息量大。利用传统的一维条码一次可采集几十位字符的信息，二维条码则可以携带数千个字符的信息，并有一定的自动纠错能力。

（3）灵活实用。条码标识既可以作为一种识别手段单独使用，也可以和有关识别设备组成一个系统实现自动化识别，还可以和其他控制设备连接起来实现自动化管理。

（4）可靠性高。键盘输入数据出错率为三百分之一，利用光学字符识别技术的出错率为万分之一，而采用条码技术的误码率低于百万分之一。

（5）标签易于制作。对设备和材料没有特殊要求。

（6）识别设备操作容易。不需要特殊培训，且设备也相对便宜。

四、条码技术的缺点

（1）扫描器必须"看见"条码才能读取它，这表明人们通常必须将条码对准扫描器才有效。

（2）如果印有条码的横条污损、脱落或被撕裂，就无法扫描这些商品。

（3）人们认为唯一的产品识别信息对于某些商品非常必要，而条码只能识别制造商和产品名称，不具有唯一性。例如，牛奶纸盒上的条形码都一样，故无法辨别哪一盒牛奶最先超过有效期。

作为一种比较廉价、实用的技术，一维条码和二维条码在今后一段时间还会在各个行业中得到一定的应用。

条码表示的信息很有限，在使用过程中需要用扫描器以一定的方向近距离进行扫描，所以满足不了未来物联网中动态、快读、大数据量以及有一定距离要求的数据采集应用要求，因此需要采用基于无线技术的射频识别。

RFID 技术

一、RFID 技术概述

RFID 是一种非接触式的自动识别技术，是利用无线射频方式对电子标签或射频卡进行读写并获取相关数据，从而达到识别目标和数据交换的目的。

二、RFID 技术的分类

RFID 按使用频率的不同分为低频（LF）、高频（HF）、超高频（UHF）、微波（MW），相对应的代表性频率分别为低频 135kHz 以下、高频 13.56MHz、超高频 860 ～ 960MHz、微波 2.4GHz 和 5.8GHz。

RFID 按照能源的供给方式不同分为无源 RFID、有源 RFID 和半有源 RFID。无源 RFID 读写距离近，价格低；有源 RFID 可以提供更远的读写距离，但是需要电池供电，成本要更高一些，适用于远距离读写的应用场合；半有源 RFID 集成了有源 RFID 和无源 RFID 的优势，作为一种特殊的标示物其在平时处于休眠状态不工作，不向外界发出 RFID 信号，只有在其进入低频激活器的激活信号范围时，标签被激活后，才开始工作。

三、RFID 系统的基本组成

完整的 RFID 系统由读写器（Reader）、电子标签（Tag）和数据管理系统三部分组成，如图 4 - 6 所示。

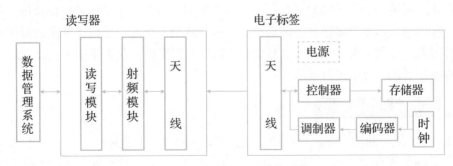

图 4 - 6 射频识别系统的组成

（一）读写器

读写器一般由射频模块、读写模块和天线组成。

1. 射频模块

射频模块由射频振荡器、射频处理器、射频接收器和前置放大器组成。射频模块可发射和接收射频载波。射频载波信号由射频振荡器产生并被射频处理器放大。该射频载波通过天线发射，射频模块将天线接收的从标签反射回来的载波解调后传给读写模块。

2. 读写模块

读写模块一般由放大器、译码及纠错电路、微处理器、时钟电路、标准接口及电源组成，它可以接收射频模块传输的信号，译码后获得标签内信息，或将要写入标签的信息译码后传给射频模块，完成写标签操作。

3. 天线

天线是发射和接收射频载波信号的设备。在确定的工作频率和带宽条件下，天线发射由射频模块产生的射频载波，并接收从标签发射或反射回来的射频载波。

（二）电子标签

电子标签一般由天线、调制器、编码器、时钟、存储器和控制器组成。时钟把所有电路功能时序化，以便存储器中的数据在精确的时间内传输至读写器。存储器中的数据是应用系统规定的唯一性编码，在标签安装到识别对象（如车辆、集装箱、动物等）前就已写入。数据读出时，编码器对存储器中存储的数据编码，调制器接收由编码器编码后的信息，并通过天线将此信息发射/反射至读写器。数据写入时，由控制器控制，将天线接收到的信号解码后写入存储器。

通常，电子标签具有如下功能：

（1）具有一定容量的存储器，用来存储被识别对象的信息。

（2）在一定工作环境及技术条件下，标签数据能被读出或写入。

（3）数据信息编码后，工作时可传输给读写器。

（4）可编程，且一旦编程后，永久性数据不能再修改。

（5）具有确定的使用期限，使用期限内无须维修。

（6）维持对识别对象的识别及相关信息的完整。

（7）对于有源标签，通过读写器能显示出电池的工作状况。

（三）数据管理系统

射频识别系统会有多个读写器，每个读写器要同时对多个电子标签进行操作，并要实时处理数据信息，这就需要数据管理系统。数据管理系统通过协助使用者完成对读写器的指令操作以及对中间件的逻辑设置，逐级将 RFID 原子事件转化为使用者可以理解的业务事件，并使用可视化界面进行展示。

四、RFID 技术的主要特点

RFID 技术是一种非接触式全自动识别技术，早在 20 世纪 30 年代，美军就将该技术应用于飞机的敌我识别。到了 20 世纪 90 年代，RFID 技术才开始逐渐应用于社会的各个领域。其基本原理是利用电磁信号和空间耦合（电感或电磁耦合）的传输特性实现对象信息的无接触传递，从而实现对静止或移动的物体或人员的非接触自动识别。与传统的条码技术相比，RFID 技术具有以下特点：

（1）快速扫描。利用条码技术，一次只能有一个条码接受扫描，而 RFID 阅读器可同时辨识读取数个 RFID 标签。

（2）体积小型化、形状多样化。RFID 在读取上并不受尺寸与形状限制，不需要为了读取精确度而要求纸张的尺寸和印刷品质。此外，RFID 标签可以向小型化与多样化形态发展，以应用于不同产品。

（3）抗污染能力和耐久性好。传统条码的载体是纸张，因此容易受到污染，但 RFID 标签对水、油和化学药品等物质具有很强的耐受能力。此外，因为条码是附于塑料袋或外包装纸箱上，所以特别容易折损。RFID 卷标是将数据存在芯片中，因此可以免受污损。

（4）可重复使用。现今的条码印刷后就无法更改，RFID 标签则可以重复地新增、修改、删除存储的数据，方便信息的更新。

（5）可穿透性阅读。在被覆盖的情况下，RFID 能够穿透纸张、木材和塑料等非金属或非透明的材质，并能够进行穿透性通信。而条码扫描机必须在近距离且没有物体遮挡的情况下，才可以辨读条码。

（6）数据的记忆容量大。一维条码的容量通常是 50B，二维条码最大的容量为 2 000B～3 000B，RFID 最大的容量则有兆字节数。随着记忆载体的发展，RFID 的数据容量也有不断扩大的趋势。未来物品所需携带的资料量会越来越大，对 RFID 卷标所能扩充容量的需求也相应增加。

（7）安全性高。由于 RFID 承载的是电子式信息，其数据内容可由密码保护，因此其内容不易被伪造及篡改。

近年来，RFID 因其所具备的远距离读取、高存储量等特性而备受瞩目。它不仅可以帮助一个企业大幅提高货物、信息管理的效率，还可以让销售企业和制造企业互联，从而更加准确地接收反馈信息，控制需求信息，优化整个供应链。

五、RFID 技术的应用

（一）高速公路自动收费及交通管理

高速公路自动收费系统是 RFID 技术最成功的应用之一，如图 4-7 所示。射频卡安装在车的挡风玻璃后面，天线架设在道路的上方，距收费口 50～100 米处，当车辆经过天线时，完成对通过车辆的信息读取，从而完成收费。RFID 技术在高速公路自动收费上的应用能够充分体现它非接触识别的优势，让车辆高速通过收费站的同时自动完成收费，可同时解决交通拥堵的问题。

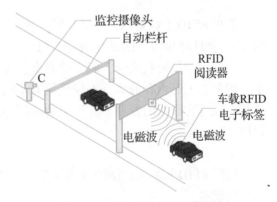

图 4-7　高速公路自动收费系统

此外，利用 RFID 技术可实时跟踪车辆，通过交通控制中心网络在各个路段向司机报告交通状况，指挥车辆绕开堵塞路段，并用电子地图实时显示交通状况。这样既可使交通流向均匀，大大提高道路利用率，又可用于车辆特权控制，在信号灯处给警车、应急车辆和公共汽车等行驶特权，还可以自动查处违章车辆，记录违章情况。另外，应用 RFID 技术，公共汽车站可实时跟踪指示公共汽车到站时间及自动显示乘客信息，能给乘客带来很大的方便。用 RFID 技术能使交通的指挥自动化和法制化，有助于改善交通状况。

（二）门禁保安

门禁保安系统可应用射频卡进行身份识别，如工作证、出入证、停车卡、饭店住宿卡和旅游护照等，目的都是识别人员身份、安全管理和收费，可以简化出入手续、提高工作效率，一卡还可以多用。人员佩戴一张封装成 ID 卡大小的射频卡，进出入口有一台读写器，人员出入时自动识别身份，非法闯入会有报警，门禁保安系统示例如图 4-8 所示。

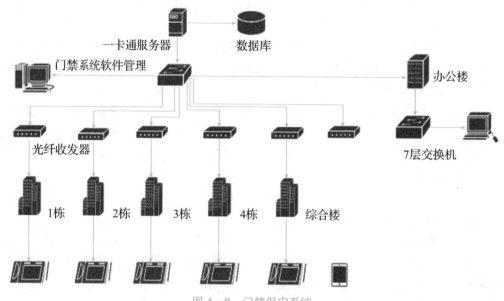

图 4-8 门禁保安系统

（三）RFID 卡收费

使用 RFID 卡收费既方便又快捷，甚至不用打开包，在读写器前摇晃一下，就能完成收费，还可以同时识别几张卡并进行收费。

目前，会员制收费卡、职工就餐卡、商店收费卡、电话卡和储蓄卡等均可使用射频卡。射频卡上有内存分区，不同区域有不同的安全级别，可以在各种应用中使用，互不干扰。随着物联网的发展，各种卡的应用会统一到一张卡上，人们手持一张卡即可到处使用。

（四）生产线自动化

应用 RFID 技术可在生产流水线上实现自动控制和监视，提高生产率，改进生产方式和节约成本。

例如，宝马汽车公司在装配流水线上应用射频卡，以便最大可能地大量生产用户定制的汽车。宝马汽车的生产是基于用户提出的要求式样而生产的，用户可以从上万种内部和外部选项中选定自己喜欢的车的颜色、引擎型号和轮胎式样等。这样一来，汽车装配流水线就得装配上百种式样的宝马汽车，如果没有一个高度组织的、复杂的控制系统，则很难完成这样复杂的任务。宝马汽车公司就在其装配流水线上配备 RFID 系统，使用可重复使用的射频卡。该射频卡上带有详细的汽车配置要求，且每个工作点处都有读写器，这样可以保证各个流水线都毫不出错地完成装配任务。

（五）仓储管理

将 RFID 技术用于智能仓库货物管理，能有效进行仓库里与货物流动有关信息的管理，不但能增加一天内处理货物的件数，还能查看这些货物的一切信息。射频卡一般贴在货物通过的仓库大门边上，读写器和天线都放在叉车上，每个货物都贴有条码，所有条码信息都存储在仓库的中心计算机里，所有货物的有关信息都能在计算机里查到。当货物被装走并运往别地时，由另一个读写器识别并告知计算中心它被放在哪个拖车上，这样管理中心可以实时了解已经生产了多少产品和发送了多少产品，并可自动识别货物，确定货物的位置。

传统仓库人工盘点较累且易出错

应用RFID进行仓储管理，只需轻轻一扫即可自动化完成

（六）汽车防盗

汽车防盗系统也是应用 RFID 技术。由于已经开发了足够小的射频卡，能够封装到汽车钥匙当中并含有特定码字，只要在汽车上装有读写器即可使用。当钥匙插到点火器中时，读写器能够辨别钥匙的身份。如果读写器接收不到射频卡发送来的特定信号，汽车的引擎就不会发动。用这种电子验证的方法，汽车的中央计算机也能防止短路点火。

射频卡还可应用于寻找丢失的汽车。在城市的各主要街道路线处埋设 RFID 的天线系统，只要车辆带有射频卡，路过任何天线读写器时，该汽车的 ID 号和当时的时间就会被自动记录，并被返回到城市交通管理中心的计算机中。除了在城市街道埋设天线外，警察还可以开动若干辆带有读写器的流动巡逻车，以便监测车辆的行踪。如果车辆被盗，就能方便快捷地被找回。

（七）防伪

将射频识别技术应用在防伪领域有其自身的技术优势。防伪技术本身要求成本低，但却很难伪造。射频卡的成本就相对较低，而芯片的制造需要建立芯片工厂，使伪造者望而却步。射频卡本身具有内存，可以储存、修改与产品有关的数据，利于销售商使用，而且射频卡体积小，便于产品封装。如电脑、激光打印机和电视等产品都可使用射频卡进行防伪。

建立严格的产品销售渠道是防伪的关键。利用射频识别技术，厂家、批发商和零售商之间可以使用唯一的产品号来标识产品的身份。生产过程中，在每件产品中封装射频卡，卡上记载唯一的产品号，批发商和零售商用厂家提供的读写器就可以检验产品的合法性。

（八）电子物品监视系统

电子物品监视系统即 EAS 系统，其目的主要是防止商品盗窃。该系统配置的 RFID 内存容量仅为 1B，即开或关。该系统包括贴在物体上的射频卡和商店出口处的扫描器，射频卡在安装时被激活，接近扫描器将会被探测到，随即报警。货物被购买之后，射频卡由销售人员用专用工具拆除（典型的应用是在服装店里，如图 4 - 9 所示），或者用磁场使射频卡失效或破坏其本身的电特性。

（九）畜牧管理

RFID 技术在畜牧管理中的发展起步于赛马的识别，将用小玻璃封装的射频卡植于动物皮下，以便识别赛马。射频卡大约 10 毫米长，内有一个线圈，约 1 000 圈的细线绕在铁氧体上，读写距离是十几厘米。RFID 技术从识别赛马发展到标识牲畜，牲畜的识别为现代化管理牧场提供了非常好的方法，如图 4-10 所示。

图 4-9　电子物品射频卡设备

图 4-10　畜牧管理射频卡

（十）运动计时

在马拉松比赛中，由于比赛人员太多，有时第一个出发的运动员与最后一个出发的运动员离开起跑线的时间能相隔 40 分钟，如果没有一个精确的计时装置，就会造成不公平的竞争。射频卡可应用于马拉松比赛的精确计时。运动员在自己的鞋带上系上射频卡，在比赛的起跑线和终点线处放置带有微型天线的小垫片，当运动员越过此垫片时，计时系统接收运动员所带的射频卡发出的 ID 号，并记录当时的时间。这样每个运动员都有自己的起始时间和结束时间，降低了不公平竞争的可能性。

第四节

生物识别技术

随着信息技术的发展，身份识别的难度和重要性越来越突出。密码、IC 卡等传统的身份识别方法由于易忘记和丢失、易伪造、易破解等局限性，已不能满足当代社会的需要。基于生物特征的身份识别技术由于具有稳定、便捷、不易伪造等优点，近几年已成为身份识别的热点。

一、生物识别技术概述

基于生物特征的电子身份识别是指通过对生物体（一般特指人）本身的生物特征来区分生物体个体的电子身份识别技术。

目前，特征识别研究领域非常广，主要包括指纹、脸、虹膜、语音、手掌纹、视网膜、体形等生理特征识别；按键力度、签字、声音等行为特征识别；还有基于生理特征和行为特征的复合生物识别。这些特征识别技术是实现电子身份识别最重要的手段之一。物联网应用领域内，生物识别技术广泛应用于电子银行、公共安全、国防军事、工业监控、城市管理、远程医疗、智能家居、智能交通和环境监测等各个行业。

生物识别技术的基础主要是计算机技术和图像处理技术。随着各种先进的计算机技术、图像处理技术和网络技术的广泛应用，使得基于数字信息技术的现代生物识别系统迅速发展起来。所有的生物识别系统都包括采集、解码、比对和匹配等几个处理过程。

二、常用的生物识别技术

（一）指纹识别技术

指纹识别技术利用人的指纹特征对人的身份进行认证，是目前所有生物识别技术中技术最为成熟、应用最为广泛的生物识别技术。

指纹是人们与生俱来的身体特征，大约在 14 岁以后，每个人的指纹就已经定型，不会因继续成长而改变。指纹具有唯一性，世界上不会有相同指纹的两个人。指纹识别技术发展到现在，已经完全实现了数字化。在检测时，只要将摄像头提取的指纹特征输入处理器，通过一系列复杂的指纹识别算法的计算，并与数据库中的数据相对照，很快就能完成身份识别过程。时至今日，通过识别人的指纹来进行身份认证的这门技术，广泛应用于指纹付款、指纹门禁、指纹考勤、指纹键盘、指纹鼠标、指纹手机、指纹锁等多个方面。

1. 指纹付款

德国一家公司研发的"指纹付款"软件，是一套只需刷指纹便可完成付账的软件。这种便捷的刷指纹付账服务已在德国西南部一些超市、酒吧甚至学校食堂推广。我国的支付宝、微信等也早已使用指纹进行付款，既方便又安全。目前，指纹付款已得到了广泛的应用。

2. 指纹门禁

指纹门禁系统是采用高科技的数字图像处理、生物识别和 DSP 算法等技术，利用指纹来进行身份安全识别，为用户提供安全可靠的加密手段，用于门禁安全、进出人员识别控制的新一代门禁系统。

3. 指纹考勤

与其他用指纹识别的设备一样，企业在使用指纹考勤前要对每一位员工的指纹信息进行采集。只要手指在指纹识别器上轻轻一按，指纹考勤器通过对比之前采集到的信息和数据库内的指纹信息，即可瞬间记录下员工的考勤信息。

4. 多模生物识别技术

与数字密码识别技术相比，指纹识别具有一个最大的缺点，那就是一旦当事人的生物特征被盗窃或仿制，则很难像改变密码一样更改自身的特征。因此，能复制反而会引发更大问题。多模生物识别技术可以解决这种单一模式生物识别系统的问题。多模生物识别是指采用生物识别的多模特征融合技术进行身份识别，可同时识别多个生物特征。例如，同时识别人的脸和指纹，或是识别多个手指上的指纹等。

（二）人脸识别技术

人脸识别是能够根据人的面部特征来进行身份识别的技术，一般分为基于标准视频的识别和基于热成像技术的识别。基于标准视频的识别能够通过普通摄像头记录下被拍摄者眼睛、鼻子、嘴的形状及相对位置等面部特征，然后将其转换成数字信号进行身份识别。而基于热成像技术的识别能够通过标准格式的图像、视频进行局部特征提取。视频面部识别是一种常见的身份识别方式，此方面研究的热点是人脸视频（图像）结构化信息的采集与应用。

广义的人脸识别实际包括构建人脸识别系统的一系列相关技术，包括人脸图像采集、人脸定位、人脸识别预处理、身份确认和身份查找等；而狭义的人脸识别特指通过人脸进行身份确认或者身份查找的技术或系统。

人脸识别技术的应用有：

（1）企业、住宅安全和管理。如人脸识别考勤系统、人脸识别防盗门等。

（2）电子护照及身份证。这或许是未来规模最大的应用，国际民用航空组织（ICAO）已确定，从 2010 年起，其 118 个成员必须使用机读护照，人脸识别技术是首推识别模式，该规定已经成为国际标准。中国的电子普通护照也早在 2012 年 5 月正式签发启用。

（3）公安、司法和刑侦。如利用人脸识别系统和网络，在全国范围内搜捕逃犯。

（4）自助服务。如银行的自动提款机，当用户的卡片和密码被盗后，就会存在被他人冒取现金的风险，如果同时应用人脸识别技术，就会减少这种情况的发生。

（5）信息安全。如计算机登录、电子政务和电子商务。目前，在电子商务中，交易全部在网上完成，电子政务中的很多审批流程也都搬到了网上。而交易或者审批的授权大都是靠密码来实现的，如果密码被盗，就无法保证安全。但是如果使用生物特征，就可以做到当事人在网上的数字身份和真实身份统一，从而大大增加电子商务和电子政务系统的可靠性。

（6）高铁站验票。高铁站启用了人脸识别进站系统，乘客再也不用排长队等待人工检票，这不仅给乘客提供了极大地便利，更增加了安全性。

（三）眼球与虹膜识别技术

随着由感知、网络和应用紧密联系而成的物联网时代的到来，指纹、面部、DNA、眼球与虹膜等人体不可消除的生物特征正逐步取代密码、钥匙，成为保护个人和组织信息安全、预防"罪与恶"的精确识别技术。

在利用人眼特征进行识别的技术中，眼球与虹膜识别是比较容易混淆的概念。人眼由瞳孔晶状体、虹膜、巩膜、视网膜等组成。虹膜位于巩膜和瞳孔之间，包含最丰富的纹理信息，占据总面积的 65%；巩膜即眼球外围的白色部分，约占总面积的 30%。虹膜，也就是我们常说的"黑眼珠"；巩膜，也就是我们常说的"眼白"部分。

虹膜识别技术因其精确性、防伪性、稳定性和唯一性，被认为是更"高级"的识别方式，那么，它的原理是什么呢？虹膜识别的具体过程如下：

首先是采集信息，用虹膜采集设备记录虹膜信息，将虹膜中的信息分成多个量化特征点，将这些虹膜信息编码存入数据库中；其次是识别，一般用可以发射红外光源的相机对准眼睛，自动通过内置算法聚焦虹膜区域，扫描人的虹膜信息；最后将虹膜信息转为编码后与数据库中的信息比对，最终识别身份。

虹膜识别的应用场景有很多。在信息安全领域，越来越多的设备开始支持虹膜识别，在微软的 Win10 系统中可以选择虹膜识别代替密码，手机等移动设备也都支持虹膜解锁。在教育和考试方面，虹膜识别可以认证考生身份，是反作弊的一大利器。在考勤方面，虹膜考勤识别迅速，无须接触，可以大幅提高考勤的准确度与工作效率。

虹膜识别相较于常用的指纹识别具有诸多优势。虹膜识别的精确度高，仅仅有百万分之一的误识率，远远低于指纹识别；虹膜的录入迅速，一般的指纹识别需要多次按压，录入过程烦琐，而虹膜的录入只需一秒到几秒钟；虹膜可以进行远距离识别，不用直接接触即可完成，方便快捷；虹膜还有细微的动态特性，这些动态特征使伪造虹膜变得几乎不可能。

（四）语音识别技术

语音识别技术就是让机器通过识别和理解过程把语音信号转变为相应的文本或命令的技术。与机器进行语音交流，让机器明白人在说什么，这是人们长期以来梦寐以求的事情。中国物联网校企联盟形象地把语音识别比作"机器的听觉系统"。

语音识别技术主要包括特征提取技术、模型训练技术和模式匹配技术三个方面。

语音信号中含有丰富的信息，但如何从中提取出对语音识别有用的信息呢？利用特征提取技术就可完成，它对语音信号进行分析处理，去除对语音识别无关紧要的冗余信息，获得影响语音识别的重要信息。

模型训练是指按照一定的准则，从大量已知模式中获取表征该模式本质特征的模型参数，而模式匹配则是根据一定准则，使未知模式与模型库中的某一个模型获得最佳匹配。

语音识别所应用的模型训练和模式匹配技术主要有动态时间归正技术（DTW）、隐马尔可夫模型（HMM）和人工神经网络（ANN）。

语音识别的应用领域非常广泛，常见的应用系统有：语音输入系统，相对于键盘输入方法，它更符合人们的日常习惯，也更自然、更高效；语音控制系统，即用语音来控制设备的运行，相对于手动控制来说更加快捷、方便，可以用在诸如工业控制、语音拨号系统、智能家电、声控智能玩具等许多领域；智能对话查询系统，根据用户的语音进行操作，为用户提供自然、友好的数据库检索服务，例如家庭服务、宾馆服务、旅行社服务系统、订票系统、医疗服务、银行服务、股票查询服务等。

在车联网应用中，使用语音可以和汽车进行交互，例如，车里有个功能叫语音唤醒，你跟它说一句"你好"，它就会把语音界面调出来可供使用。又如，使用导航软件时，只要你说"导航到×××"，汽车就会根据你的语音进行判断，从而完成导航操作。智能语音交互有着更安全和更方便的优势，目前这一应用在很多汽车上都进行了推广和应用，后期如何让智能语音交互系统真正实现情感化、智能化，语音理解和认知智能将成为新的着力点。

GPS 技术和 GIS 技术

位置感测技术是物联网感知人和物体位置及其移动，进而研究人与人、人与物在一定环境中的地理位置、相对位置、空间位置关系的一门重要技术。无线通信技术的成熟与发展，推动了物联网时代的到来，与此同时，越来越多的应用领域都需要实现网络中的位置感测。

一、GPS 技术

（一）GPS 概述

全球定位系统（Global Positioning System，GPS）是一种以人造地球卫星为基础的高精度无线电导航的定位系统，它在全球任何地方以及近地空间都能够提供准确的地理位置、车行速度和精确的时间信息。GPS 自问世以来，就以其高精度、全天候、全球覆盖、方便灵活吸引了众多用户。

（二）GPS 的组成

全球定位系统由三个部分组成，即空间卫星部分、地面监控部分和用户部分，如图 4-11 所示。

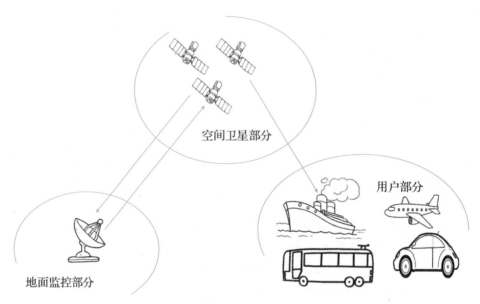

空间卫星部分

用户部分

地面监控部分

图 4-11　GPS 的组成

1. 空间卫星部分

GPS 卫星的主体呈圆柱形，两侧有太阳能帆板，能自动对日定向。太阳能电池为卫星提供工作用电。每颗卫星都配备多台原子钟，可为卫星提供高精度的时间标准。卫星上带有燃料和喷管，可在地面控制系统的控制下调整自己的运行轨道，如图 4-12 所示。

GPS 卫星的基本功能是：

（1）接收并存储来自地面控制系统的导航电文。

（2）在原子钟的控制下自动生成测距码和载波。

（3）将测距码和导航电文调制在载波上播发给用户。

（4）按照地面控制系统的命令调整轨道，调整卫星钟，修复故障或启用备用件以维护整个系统的正常工作。

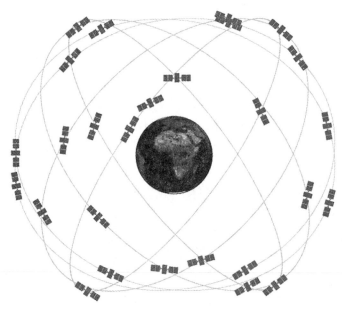

图 4 – 12　空间卫星部分

2. 地面监控部分

　　地面监控部分的主要任务是完成对 GPS 卫星信号的连续观测，并将搜集的数据和当地气象观测资料一并处理后传送到主控站。主控站将监测站的观测资料联合处理，推算卫星的星历、卫星钟差和大气修正参数，并将这些数据编制成导航电文送到注入站；注入站将主控站编制的导航电文、计算出的卫星星历和卫星钟差的改正数等注入相应的卫星。

3. 用户部分

　　用户部分主要由 GPS 接收机、硬件和数据处理软件、微处理机和终端设备组成。GPS 接收机由主机、天线和电源组成，其主要任务是捕获、跟踪并锁定卫星信号；对接收的卫星信号进行处理，测量出 GPS 信号从卫星到接收机天线间传播的时间；译出 GPS 卫星发射的导航电文，实时计算接收机天线的三维位置、三维运动速度和钟差。

（三）GPS 的原理

　　GPS 卫星可连续向用户播发用于进行导航定位的测距信号和导航电文，并接收来自地面监控部分的各种信息和命令以维持系统的正常运转；地面监控部分跟踪 GPS 卫星，对其进行距离测量，确定卫星的运行轨道及卫星钟改正数，进行预报后，再按规定格式编制成导航电文，并通过注入站送往卫星；地面监控部分还能通过注入站向卫星发布各种指令，调整卫星的轨道及时钟读数，修复故障或启用备用件等；用户则用 GPS 接收机来测定从接收机至 GPS 卫星的距离，并根据卫星星历所给出的空间位置等信息求出自己的三维位置、三维运动速度和钟差等参数。

（四）GPS 的特点

　　（1）全球、全天候连续不断的导航定位能力。GPS 能为全球任何地点或近地空间的各类用户提供连续的、全天候的导航定位能力，满足多用户使用。

　　（2）定位精度高，观测时间短。利用 GPS 定位时，在 1 秒内可以取得几次位置数据，这种近乎实时的导航能力对于高动态用户来说具有很大的意义，同时能为用户提供连续的三维位置、三维运动速度和钟差等信息。

(五) GPS 的应用

GPS 的应用范围广泛,在导航、跟踪、精确测量等方面都有很重要的应用。在定位导航方面,GPS 的使用对象主要是汽车、船舶、飞机等运动物体,如船舶远洋导航和进港引水、飞机航路引导和进场降落、汽车自主导航定位、地面车辆跟踪和城市智能交通管理等。此外,对于警察、消防及医疗等部门的紧急救援、追踪目标和个人旅游及野外探险的导引等,GPS 也具有得天独厚的优势。在日常生活中,GPS 还可以用于人身受到攻击危险时的报警,特殊病人、儿童的监护与救助,生活中遇到各种困难时的求助等。使用时只需按动带有移动位置服务的 GPS 手机按钮,警务监控中心和急救中心在几秒内便可获知报警人的位置并提供及时的救助。

GPS 除了已广泛应用于民用领域外,在军事领域,GPS 也从当初的为军舰、飞机、战车、地面作战人员等提供全天候、连续实时、高精度的定位导航,扩展到成为目前精确制导武器复合制导的一种重要技术手段。

(六) 全球四大 GPS 系统

1. 美国全球定位系统

目前,美国的 GPS 技术比较成熟,而且应用广泛。

20 世纪 70 年代,美国国防部为了给陆、海、空三大领域提供实时、全天候和全球性的导航服务,并进行情报收集、核爆监测和应急通信等一些军事目的,开始研制"导航卫星定时和测距全球定位系统",简称全球定位系统。1973 年,美国国防部开始设计、试验。1989 年 2 月 4 日,第一颗 GPS 卫星发射成功,到 1993 年年底建成了实用的 GPS 网,并开始投入商业运营。经过 20 余年的研究试验,耗资 300 亿美元,到 1994 年 3 月,全球覆盖率高达 98% 的 24 颗 GPS 卫星星座已经布设完成,美国的全球定位系统包括绕地球运行的 24 颗卫星(21 颗运行、3 颗备用),它们均匀分布在 6 个轨道上。每颗卫星距离地面约 1.7 万千米。

美国地面监控部分包括 1 个主控站、3 个注入站和 5 个监控站。

2. 北斗卫星导航系统

北斗卫星导航系统(BeiDou Navigation Satellite System,BDS)是我国自行研制的全球卫星导航系统,也是继 GPS、GLONASS 之后的第三个成熟的卫星导航系统。北斗卫星导航系统和美国的 GPS、俄罗斯的 GLONASS、欧盟的 Calileo 系统并称全球四大卫星导航系统。

从 1994 年起,北斗卫星导航系统启动建设。自 2000 年开始,我国 20 多年间在西昌卫星发射中心共组织了 44 次北斗卫星发射任务,利用长征三号甲系列运载火箭,先后将 4 颗北斗一号试验卫星、55 颗北斗二号和北斗三号组网卫星送入预定轨道。其中,北斗一号包括 3 颗地球静止轨道卫星(GEO)和 1 颗备份卫星。北斗二号包括 5 颗地球静止轨道卫星、5 颗倾斜地球轨道卫星(IGSO)和 4 颗中圆地球轨道卫星(MEO)用于组网,还有备份、试验等 6 颗卫星,北斗二号总共发射了 20 颗卫星。北斗三号系统于 2009 年启动建设,2020 年完成星座部署,标称星座一共有 30 颗卫星。这 30 颗卫星,包括 24 颗中圆地球轨道卫星、3 颗地球静止轨道卫星和 3 颗倾斜地球同步轨道卫星。在正式开展星座组网之前,北斗三号还发射了 5 颗试验卫星进行技术验证,因此北斗三号总共发射的卫星数量是 35 颗。

北斗三号系统由 "3GEO+3IGSO+24MEO" 构成的混合导航星座继承了有源服务和无源服务两种技术体制，为全球用户提供基本导航（定位、测速、授时）、全球短报文通信和国际搜救服务，同时可为我国及周边地区用户提供区域短报文通信、星基增强和精密单点定位等服务。

北斗卫星导航系统地面端包括主控站、注入站和监测站等若干个地面站。用户端包括北斗用户终端以及与其他卫星导航系统兼容的终端。北斗卫星导航系统可在全球范围内全天候、全天时为各类用户提供高精度、高可靠的定位、导航、授时服务，并兼具短报文通信能力。

3. GLONASS 系统

俄罗斯的 GLONASS（格洛纳斯）开发于 1993 年的苏联时期。GLONASS 与 GPS 类似，也由空间卫星部分、地面监控部分和用户部分组成。空间卫星部分主要由 24 颗卫星组成，均匀分布在三个近圆形的轨道面上，每个轨道面有 8 颗卫星，轨道高度 19 100 千米，运行周期 11 小时 15 分，轨道倾角比 GPS 略大，为 64.8 度。地面监控部分以及用户部分均与 GPS 差不多。

目前，GLONASS 与 GPS 最主要的不同之处是信号结构。GLONASS 采用的是频分多址（FDMA）技术，即在不同的载波频率上用相同的码来广播导航信号。GLONASS 由各自的轨道信号频率区分，有 24 个间隔点，以 1 ~ 24 命名。而 GPS 采用的是码分多址（CDMA）技术，所有 GPS 卫星的载波频率是相同的，均由各自的伪随机码（PRN）区别开来，它的伪随机码为 1 ~ 32，使用其中的 24 个。

4. Calileo 系统

欧盟的 Calileo（伽利略）系统是世界上第一个基于民用的全球卫星导航系统，是欧盟为了打破美国的 GPS 在卫星导航定位这一领域的垄断而开发的全球卫星导航系统，有欧洲版 "GPS" 之称。

Calileo 系统的空间卫星部分是由分布在三个轨道上的 30 颗中高度圆轨道卫星构成，卫星分布在三个高度为 23 616 千米、倾角为 56 度的轨道上，每个轨道有 9 颗工作卫星外加 1 颗备用卫星，备用卫星停留在高于正常轨道 300 千米的轨道上，Calileo 系统能使任何人在任何时间、任何地点准确定位，误差不超过 3 米。

与美国的 GPS 相比，Galileo 系统更先进，也更可靠。美国 GPS 提供的卫星信号，只能发现地面约 10 米长的物体，而 Galileo 系统的卫星则能发现 1 米长的目标。

二、GIS 技术

（一）GIS 概述

地理信息系统（Geographic Information System，GIS）这一术语是 1963 年由罗杰·汤姆林森提出的，于 20 世纪 80 年代开始走向成熟。目前，人们对 GIS 没有统一的定义，但基本上可以从以下三方面考虑：

（1）GIS 使用的工具：计算机软、硬件系统。

（2）GIS 研究对象：空间物体的地理分布数据及属性。

（3）GIS 数据建立过程：采集、存储、管理、处理、检索、分析和显示。

地理信息系统的主要特征是存储、管理、分析与位置有关的信息，因此也可以这样定义：GIS 是多种学科交叉的产物，它以地理空间数据为基础，采用地理模型分析方法，适时地提供多种空间的和动态的地理信息，是一种为地理研究和地理决策服务的计算机技术系统。

地理信息系统的主要作用是将表格型数据（无论它来自数据库、电子表格文件还是直接在程序中输入）转换为地理图形显示，然后对显示结果浏览、操作和分析。其显示范围可以从洲际地图到非常详细的街区地图，显示对象包括人口、运输线路和其他内容。

（二）GIS 的组成

地理信息系统由五个主要部分构成，即硬件、软件、数据、人员和方法。

（1）硬件。硬件是指操作 GIS 所需的一切计算机资源。目前，GIS 软件可以在很多类型的硬件上运行，从中央计算机服务器到桌面计算机，从单机到网络环境。

（2）软件。软件是指 GIS 运行所必需的各种程序。主要包括计算机系统软件和地理信息系统软件两部分。地理信息系统软件提供存储、分析、显示地理信息的功能和工具。主要的软件部分有：输入和处理地理信息的工具，数据库管理系统工具，支持地理查询、分析和可视化显示的工具，容易使用这些工具的图形用户界面（GUI）。

（3）数据。数据是 GIS 最基础的组成部分。空间数据是 GIS 的操作对象，是现实世界经过模型抽象的实质性内容。一个 GIS 应用系统必须建立在准确合理的地理数据基础上。数据来源包括室内数字化和野外采集，以及其他数据的转换。数据包括空间数据和属性数据，空间数据的表达可以采用栅格和矢量两种形式。空间数据表现了地理空间实体的位置、大小、形状、方向和几何拓扑关系。

（4）人员。人是地理信息系统中重要的构成要素，GIS 不同于一幅地图，它是一个动态的地理模型，仅有系统软硬件和数据还不能构成完整的地理信息系统，需要人进行系统组织、管理、维护和数据更新、系统扩充完善及应用程序开发，并采用空间分析模型提取多种信息。

（5）方法。这里的方法主要是指空间信息的综合分析方法，即常说的应用模型。它是在对专业领域的具体对象与过程进行大量研究的基础上总结出的规律的表示。GIS 应用就是利用这些模型对大量空间数据进行分析综合来解决实际问题的，如基于 GIS 的矿产资源评价模型、灾害评价模型等。

（三）GIS 的主要功能

一个 GIS 应具备五项基本功能，即数据输入、数据编辑、数据存储与管理、空间查询与空间分析、可视化表达与输出。一个典型的 GIS 功能框图如图 4 - 13 所示。

（1）数据输入是建立地理数据库必需的过程。数据输入功能是指将地图数据、物化遥数据、统计数据和文字报告等输入，转换成计算机可处理的数字形式的各种功能。

（2）数据编辑主要包括属性编辑和图形编辑。属性编辑主要与数据库管理结合在一起完成，图形编辑主要包括拓扑关系建立、图形编辑、图形整饰、图幅拼接、图形变换、投影变换、误差校正等功能。

（3）数据存储与管理是 GIS 系统应用成功与否的关键。主要提供空间与非空间数据的存储、查询检索、修改和更新的能力。

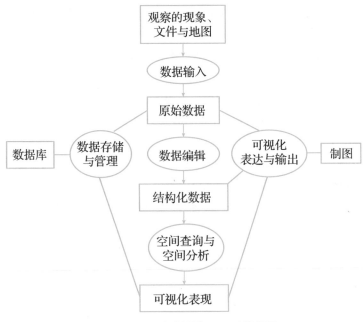

图 4 – 13　一个典型的 GIS 功能框图

（4）空间查询与空间分析是 GIS 的核心，是 GIS 最重要的和最具有魅力的功能，也是 GIS 有别于其他信息系统的本质特征。

（5）可视化表达与输出是 GIS 的重要功能之一，通常以人机交互方式来选择显示的对象与形式，针对图形数据，根据要素的信息密集程度，可选择放大或缩小显示。

（四）GIS 的应用

GIS 的应用包括房地产、公共卫生、犯罪地图、国防、可持续发展、自然资源、景观建筑、考古学、社区规划、运输和物流。地理信息系统也分化出定位服务（LBS）。LBS 使用 GPS，通过所在地与固定基站的关系用移动设备显示其位置（如最近的餐厅、加油站、消防栓）、移动设备（如朋友、孩子、一辆警车）或回传他们的位置到一个中央服务器显示或做其他处理。随着 GPS 功能与日益强大的移动电子（手机、平板电脑、笔记本电脑）整合，这些服务继续发展。如移动 GIS，通过与流动装置的结合，地理信息系统可以为用户提供即时的地理信息。一般汽车上的导航装置都是结合了卫星定位设备（GPS）和地理信息系统的复合系统，它除了一般的地理信息系统的内容以外，还包括各条道路的行车及相关信息的数据库。这个数据库利用矢量表示行车的路线、方向、路段等信息，又利用网络拓扑的概念来确定最佳行走路线。地理数据文件（GDF）是为导航系统描述地图数据的 ISO 标准。汽车导航系统综合了地图匹配、GPS 定位来计算车辆的位置。地图资源数据库也用于航迹规划、导航，并可能还有主动安全系统、辅助驾驶及位置定位服务等高级功能。汽车导航系统的数据库应用了地图资源数据库管理。

（五）网络 GPS-GIS 的发展运用

随着互联网的蓬勃发展，GPS 也进入了网络时代，GPS、GIS 和互联网等各项先进技术结合起来造就了网络 GPS-GIS 的发展应用。

网络 GPS-GIS 是指在互联网上建立起来的一个公共 GPS-GIS 监控平台，它同时融合了卫星定位技术、地理信息技术、数字移动通信技术和国际互联网技术等。

网络 GPS-GIS 综合了互联网与 GPS-GIS 的优势与特色，一方面利用互联网实现无地域限制的跟踪信息显示，另一方面，又可通过设置不同权限做到信息的保密。

网络 GPS-GIS 的特点包括以下几个方面：

（1）功能更多、精度更高、覆盖面更广，在全球任何位置均可进行车辆的位置监控工作，充分保障网络 GPS 所有用户的要求都能够得到满足。

（2）定位速度更快。

（3）信息传输采用公用数字移动通信网，具有保密性高、系统容量大、抗干扰能力强、漫游性能好和移动业务数据可靠等优点。

（4）构筑在互联网上的公共平台，具有开放度高、资源共享程度高等优点。

第六节

蜂窝网络定位技术和其他定位技术

定位技术广泛应用于交通工具（汽车、船舶、飞机等）的导航、大地测量、摄影测量、探险、搜救等领域，以及人们的日常生活（人和物的跟踪、休闲娱乐）。在物联网中，物体具体定位主要包括卫星定位、无线电波定位、传感器节点定位、RFID 定位、蜂窝网定位等。

GPS 定位作为一种传统的定位方法，仍是目前应用最广泛、定位精度最高的定位技术。相对而言，GPS 定位成本高（需要终端配备 GPS 硬件）、定位速度慢（GPS 硬件初始化通常需要 3～5 分钟甚至 10 分钟以上的时间）、耗电多（需要额外硬件自然耗电多），因此在一些定位精度要求不高，但是定位速度要求较高的场景下，并不是特别适合；同时因为 GPS 卫星信号穿透能力弱，在室内使用效果并不是特别好。因此，在物联网系统定位中，除了使用传统的 GPS 定位外，还会采用蜂窝网络定位和其他定位技术。

一、蜂窝网络定位技术

（一）蜂窝网络定位概述

目前，在蜂窝网络中，对移动台的定位需求主要是提供移动台的位置坐标信息和定位精度估计、时间戳等辅助信息，对速度、运动方向等信息还没有明确的要求。蜂窝网络定位技术主要应用于移动通信中广泛采用的蜂窝 GSM 网络。

GSM 网络是由一系列的蜂窝基站构成的，这些蜂窝基站把整个通信区域划分成一个个蜂窝小区。这些小区小则几十米，大则几千米。人们用移动设备在 GSM 网络中通信，实际上就是通过某一个蜂窝基站接入 GSM 网络，然后通过 GSM 网络进行数据（语音数据、文本数据、多媒体数据等）传输。也就是说，在 GSM 网络中通信时，总是需要和某一个蜂窝基站连接，或者是处于某一个蜂窝小区中。GSM 定位就是借助这些蜂窝基站进行定位的。

GSM 蜂窝基站如图 4 - 14 所示，以其定位速度快、成本低（不需要移动终端上添加额外的硬件）、耗电少、室内可用等优势，作为一种轻量级的定位方法，越来越被广泛使用。

北美地区的 E911 系统是目前比较成熟的基于蜂窝网络定位技术的紧急电话定位系统。E911 系统需求起源于 1993 年美国的一起绑架杀人案。受害女孩用手机拨打了 911 电话，但是 911 呼救中心无法通过手机信号确定她的位置。这个事件导致美国联邦通信委员会在 1996 年推出了强制性构建一个公众安全网

图 4 - 14　GSM 蜂窝基站

络的行政性命令，即后来的 E911 系统。E911 系统能通过无线信号追踪到用户的位置，并要求运营商提供主叫用户所在位置，能够精确到 50 ～ 300 米范围。

（二）蜂窝网络定位的原理与方法

在进行移动通信时，移动设备始终是和一个蜂窝基站联系起来，蜂窝基站定位就是利用这些基站来定位移动设备。运营商提供小区定位服务，主要就是应用蜂窝移动通信系统的小区定位技术。蜂窝网络定位精度与 GPS 有一定差距。蜂窝网络定位技术主要包括以下几种。

1. COO 定位

COO（Cell of Origin）定位是最简单的一种定位方法，它是一种单基站定位。这种方法非常原始，就是将移动设备所属基站的坐标设为移动设备的坐标。这种定位方法的精度极低，其精度直接取决于基站覆盖的范围。上述 E911 系统初建时采用的就是这种技术。

2. TOA 定位和 TDOA 定位

要想得到比基站覆盖范围半径更精确的定位，就必须使用多个基站同时测得的数据。多基站定位方法中，最常用的就是 TOA 定位和 TDOA 定位。TOA（Time of Arrival）定位与 GPS 定位方法相似，不同之处是把卫星换成了基站。这种方法对时钟同步精度要求很高，而基站时钟精度远远比不上 GPS 卫星的水平；此外，多径效应也会使测量结果产生误差。基于以上原因，人们在实际中用得更多的是 TDOA 定位方法，不是直接用信号的发送和到达时间来确定位置，而是用信号到达不同基站的时间差来建立方程组求解位置，通过时间差抵消掉了一大部分时钟不同步带来的误差。

3. AOA 定位

TOA 和 TDOA 定位至少需要三个基站才能完成，如果人们所在区域基站分布较稀疏，周围收到的基站信号只有两个，就无法定位。在这种情况下，可以使用 AOA 定位。只要用天线阵列测得定位目标和两个基站间连线的方位，就可以利用两条射线的焦点确定出目标的位置。

蜂窝基站定位的精度不高，其优势在于定位速度快，在数秒之内便可以完成。蜂窝基站定位的一个典型应用就是紧急电话定位，例如，E911 系统就在刑事案件的预防和侦破中大展身手。类似于蜂窝基站定位的技术还有基于无线接入点（Access Point，AP）的定位

技术，例如 Wi-Fi 定位技术。它与蜂窝基站的 COO 定位技术相似，通过 Wi-Fi 接入点来确定目标的位置。原理就是当各种 Wi-Fi 设备寻找接入点时，根据每个 AP 不断向外广播信息，这个信息中就包含自己全球唯一的 MAC 地址。如果用一个数据库记录下全世界所有无线 AP 的 MAC 地址，以及该 AP 所在的位置，就可以通过查询数据库来得到附近 AP 的位置，再通过信号强度来估算出比较精确的位置。这种基于无线接入点和蜂窝基站合用的定位技术应用也较为广泛。

二、其他定位技术

（一）辅助 GPS 定位

辅助 GPS 定位（Assisted Global Positioning System，A-GPS）是一种 GPS 定位和移动蜂窝接入定位技术的结合应用，如图 4-15 所示。通过基于移动通信运营基站的移动接入定位技术可以快速地定位，广泛用于含有 GPS 功能的移动终端上。GPS 通过卫星发出的无线电信号进行定位。在很差的信号条件下，例如在一座城市，这些信号可能会被许多不规则的建筑物、墙壁或树木削弱。在这种情况下，非 A-GPS 导航设备可能无法快速定位。在 A-GPS 系统中，用户终端首先通过运营商基站信息进行快速的初步定位，这样可以先绕开 GPS 覆盖问题，能够降低首次定位时间，实现快速定位。

基于 GPS 和无线通信网络的定位技术有很多，除了基于 AP 和蜂窝网络、GPS 和蜂窝网络、AP 和 GPS 配合定位的技术之外，还有差分 GPS（Differential GPS，DGPS）。DGPS 是一种通过改善 GPS 的定位方式来提高定位精确度的定位系统。其工作方式为采用相对定位的原理，首先设定一个固定 GPS

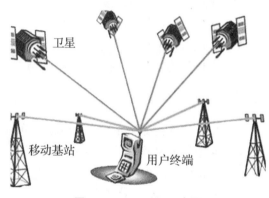

图 4-15　A-GPS 示意图

参考站，地理位置已精密校准，再与 GPS 的接收机所定出的位置加以比较，即可找出该参考站的 GPS 定位误差，再将此误差实况广播给使用者，DGPS 精确度便可提高十几倍，而达到米级。

（二）节点定位

节点定位指的是在无线网络中确定节点的相对位置或者绝对位置。节点定位技术就是指通过一定的方法或手段来确定和获取无线网络中节点位置信息的技术。应用中，节点既可以是无线传感器网络节点，也可以不是无线传感器网络节点。例如 GPS 中的节点、蜂窝网络中的节点或者其他无线网络中的节点。

作为无线传感器网络的关键技术之一，节点定位是特定无线传感器网络完成具体任务的基础。例如，在某个区域内监测发生的事件，感知到的数据很可能因为无法与具体位置关联而失去应用价值，变得毫无意义。例如，在火灾救援时，消防员在接收到火灾的烟雾浓度超标的信号后，只有知道报警点的准确位置才能够顺利地及时展开救援。

提起定位，人们往往首先想到的是测距，然后根据在固定坐标系下的点与点之间的距离，求解方程组，获得位置坐标。实际上，根据定位过程中是否需要测量相邻节点之间的距离或角度信息，可将算法分为距离相关（Range-based）和距离无关（Range-free）定位算法。

1. 距离相关算法

距离相关算法需要测量距离或角度信息，且必须由传感器节点直接测得。节点利用TOA、TDOA、AOA 或基于接收信号强度指示（Received Signal Strength Indicator，RSSI）等测量方式获得信息，然后使用三边计算法或三角计算法得出自身的位置。该类算法要求节点加载专门的硬件测距设备或具有测距功能，需要复杂的硬件提供更为准确的距离或角度信息。典型的算法有 AHLos 算法、Two-StepLS 算法等。

2. 距离无关算法

近年来，相关学者提出了比较适合 WSN 的距离无关算法。距离无关算法是依靠节点间的通信间接获得的，根据网络连通性等信息便可实现定位。由于无须测量节点间的距离或角度等方位信息，降低了对节点的硬件要求，因此更适合于能量受限的无线传感器网络。虽然距离无关算法定位的精度不如距离相关算法，但可以满足大多数的应用，性价比较高。但此类算法依赖于高效的路由算法，且受到网络结构和参考节点位置的制约。典型的距离无关算法有 DV-Hop 算法、质心算法、APIT 算法等。

（三）ZigBee 定位与 Beacon

1. ZigBee 定位

ZigBee 定位是典型的 WSN 节点定位，在待定位区域布设大量的廉价参考节点，这些参考节点间通过无线通信的方式形成一个大型的自组织网络系统，当需要对待定位区的节点进行定位时，在通信距离内的参考节点能快速地采集到这些节点信息，同时利用路由广播的方式把信息传递给其他参考节点，最终形成一个信息传递链并经过信息的多级跳跃回传给终端计算机加以处理，从而实现对一定区域的长时间监控和定位。

2. Beacon 与 iBeacon

蓝牙定位、大气压传感器定位、军用仿生定位、惯导定位均有其优劣。其中，蓝牙信标（Beacon）技术通过测量信号强度进行定位。

蓝牙信标技术由诺基亚最先发起使用，但影响不大。2013 年，苹果发布了基于蓝牙4.0 低功耗协议的 iBeacon 协议，主要针对零售业应用，引起广泛关注。随后，类似的技术平台在各个公司的推动下出现，如高通公司的 Gimble、三星推出的 Proximity、谷歌推出 Eddystone 等。

蓝牙信标定位需要规划和铺设信标网络，不能实现网络侧定位，即不能从服务器主动定位终端，在紧急救援、人员和资产管理等情境下不适用。信标网络维护困难，每个信标的电池使用时间有限，需要人工更换。部分信标产品已经支持电量监控，还能提供 ID 之外的其他信息（如 URL）的发送。除了苹果的 iBeacon 之外，还有 Google 的 Eddystone 和RadiusNetwork 的 AltBeacon 也是基于蓝牙信标的应用规范。

（四）指纹定位

指纹定位是在固定区域利用无线电特征比对从而实现定位的一种技术。Wi-Fi 指纹技术是目前商业化最成熟的大范围室内定位方式之一。

Wi-Fi 指纹是指室内不同位置上各 Wi-Fi 接入点的接收信号强度。通过将终端当前检测到的指纹，与预先采集的各参考点的指纹匹配，即可测算出终端的位置。参考点指纹的预先采集，需要工作人员携带装有专门软件的智能手机，遍历室内的每一处空间。

指纹定位法需要大量人工劳动，信号容易受到流动人群干扰，设备本身存在信号差异性，信号环境可能发生变化，导致精度降低。而广域的三角定位法需要知道热点的坐标，针对室内的很多应用，其精度不够。

Wi-Fi 指纹技术的代表企业包括思科、摩托罗拉等。这些公司的普遍做法是先部署自己专用的 Wi-Fi 网络，再进行指纹采集，主要面向资产管理、人流统计等工业级定位。国内外的一些企业，例如智慧图和 WiFiSLAM（已被苹果公司收购），通过改进的算法来提高定位精度，以满足消费级应用。

本章小结

标识技术是指对物品进行有效的、标准化的编码与标识的技术手段，它是信息化的基础工作，而定位技术是现代高技术武器的核心之一。本章主要讲述了标识与定位技术，首先阐述了物联网标识体系、自动识别技术；接着介绍了条码技术、RFID 技术和生物识别技术；最后介绍了定位技术，其中包括 GPS 技术、GIS 技术、蜂窝网络定位技术和其他定位技术。

思考与练习

1. 阐述 RFID 技术的组成和应用。
2. 常用的物联网标识技术有哪些？
3. 说说你所知道的生活中生物识别技术的例子。
4. 简述 GPS 定位的原理。
5. 举例说明工作或生活中定位技术的应用。

第五章

物联网通信技术

思维导图

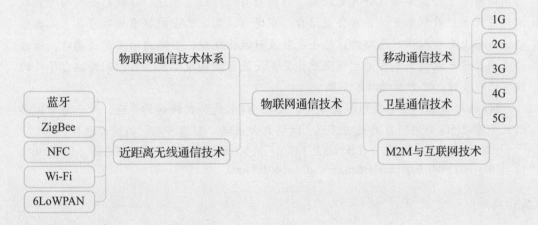

知识目标

（1）理解物联网移动通信技术体系。

（2）掌握几种常用的近距离无线通信技术。

（3）了解移动通信技术的发展和特征。

（4）了解卫星通信技术的特点。

（5）掌握互联网技术的应用。

能力目标

（1）能够概括几种常用的近距离无线通信技术的特征。

（2）能够利用互联网技术进行基础应用。

思政目标

（1）了解华为在5G技术上的成就，感受中国科技的力量，增强科技自信。

（2）就华为被美国制裁而华为未雨绸缪事件，警示我们树立"预则立，不预则废"的思想。

5G 智能公交来了

2019 年 5 月 17 日上午，全球首条在开放道路上试运行的 5G 智能公交线路正式启动。在中国移动 5G 技术的助力与支持下，宇通自动驾驶巴士在郑州郑东新区智慧岛开启自动驾驶，这是河南 5G+ 智慧交通赋能城市的典型案例。

智慧岛 5G 智能公交项目是中国移动河南分公司与宇通客车进行的一次基于 5G 网络传输条件下的自动驾驶公交项目。此条 5G 智能公交路线是全球首条在开放道路运行的无人驾驶公交线路，经由中道东路—平安大道—中道西路—中道东路环线，路程全长约 1.53 千米，媒体记者及现场嘉宾乘坐宇通自动驾驶巴士进行了试乘体验。

在中国移动 5G 网络的加持下，自动驾驶车辆的智能性大大加强。试乘路段上有一系列的行驶场景，如巡线行驶、自主避障、路口同行、车路协同、自主换道、精准进站等。当车辆距离前方信号灯还有 50 米时，记者看到车上显示屏显示的信号灯变灯时间还有十几秒，车辆在计算完距离、时间后自动降低了车速，在红灯亮起的时候精准地在停车线前刹车等待。在公交站台，宇通自动驾驶巴士能够准确地停靠在站台旁边；当路上有行人横穿马路时，巴士也能及时做出反应；当车内的温度过高时，通过语音操控就可以调低车内的空调温度；甚至还能智能调度车辆，当检测到站台等待的乘客比较多时，就会自动加派车辆。

5G 连接未来，智慧交通赋能城市。此次 5G 智能公交线路的开通，预示着中国移动又一重点 5G 应用项目的成功落地，这将大大推动"智慧河南"的建设进程。

资料来源: 佚名. 全球首条在开放道路上试运行的 5G 无人驾驶公交线路正式启动. (2019 - 05 - 18）[2021 - 02 - 08]. http://m.elecfans.com/article/940256.html.

案例点评

5G 技术最令人期待的就是通过与各行各业的融合、渗透，开发出更多的应用，尤其是自动驾驶等移动物联网的应用。此次宇通自动驾驶巴士自动驾驶的成功，中国移动 5G 就承担了网络支撑与保障的重要角色。随着 5G 的发展和广泛应用，在自动驾驶、超高清视频、VR/AR、物联网、健康医疗五大领域的应用将极大地改变人们的工作和生活方式。

思政园地

华为 5G 技术

2021 年 5 月 18 日，在北京联通 & 华为 5G Capital 网络测评发布会上，北京联通、华为以及 6 家第三方媒体共同发布了媒体测评体验日中每条体验路线的 12 个网络指标，其中典型代表"占得上、保持稳、体验优、信号好"4 个指标的平均结果分别为：5G SA 时长驻留比 100%，5G 掉线率 0%，下行低速率占比 0.35%，5G 良好覆盖率 98.75%。其优异的现网测评结果标志着 5G Capital 项目已经进入新的阶段。

北京联通和华为于 2020 年 4 月共同启动 5G Capital 创新项目，经过一年的实践，双方完成了超级上行、200MHz 载波聚合、室内 300MHz 超宽带产品等 8 个关键 5G 技术的率先落地，在相应地区消费者的"上下行、室内外"体验取得了预期的效果。2021 年，如何让每个消费者享受到 5G Capital 的极致体验，打造一张泛在好用的 5G 网络成为新的课题。

北京联通副总经理杨力凡表示："5G Capital 进入了新的阶段，5G Capital 是北京联通和华为共同创建的 5G 创新项目，是通过领先的运营模式和先进的技术手段，并以规模商用为标准的在首都北京打造的全球最卓越的 5G 网络。该项目的特点是只发布现网实现的内容，不发布未来概念及理念。"

解读

5G 时代已经到来。作为物联网主要的组成部分，5G 以强大的网络实现极致用户体验，以先进的软件算法实现最佳网络性能，以智能自治实现最高效的运维。作为 5G 的领导者，华为率先推出了业界标杆 5G 多模芯片解决方案，也是全球首个提供端到端产品和解决方案的公司。我们为我国有这样一家高科技企业而自豪，但是我们也应看到，我们在其他领域还与发达国家存在一定的差距，仍需要我们不断的努力。

第一节　物联网通信技术体系

物联网通信处于物联网架构的中间环节，是基于现有的通信网络和互联网建立起来的，是架设在感知层与应用层之间的桥梁，主要负责信息接入、传输与承载。物联网通信层又可以称为网络层，物联网的网络层综合多种通信技术，实现有线与无线的结合、宽带与窄带的结合、感知网与通信网的结合，将感知层采集到的信息进行汇总、传输，从而将大范围内的信息加以整合，以备处理。网络层的主要核心技术包括 WSN、4G/5G、低速近距离无线通信、ZigBee、IP 承载技术和 M2M 技术等。

一、物联网通信技术体系概述

物联网通信是物联网最重要的基础设施之一，网络层实现物联网的通信和会话功能。网络层在物联网三层模型中连接感知层和应用层，具有强大的纽带作用，高效、稳定、及时、安全地传输上下层的数据。在物联网的网络层存在各种网络形式，通常使用的网络形式如图 5-1 所示。

从物联网的功能实现来看，物联网网络层综合源自感知层的多种多样的感知信息，实现大范围的信息沟通，用以支撑物联网形形色色的应用。如果说物联网的感知层技术是物联网的基础技术，那么物联网的网络层技术就是物联网的主体技术，它以感知层技术为基础，承载着物联网形式多样的应用技术。

图 5-1　网络形式

　　网络层主要实现信息的传递、路由和控制等，从接入方式来看，可分为有线接入和无线接入；从通信距离来看，可分为长距离通信和短距离通信；从依托方式来看，网络层既可以依托公众网络，又可以依托专用网络。公众网络包括电信网、互联网、有线电视网和国际互联网（Internet）等，专用网络包括移动通信网、卫星网、局域网、企业专网等。

　　从结构的角度来看，物联网的网络层可以分为接入层、承载层和应用支撑层等。从技术的角度来看，网络层所需要的关键技术包括长距离有线和无线通信技术、短距离有线和无线接入（包含蜂窝网）技术、IP 技术等网络技术。从功能的角度来看，又可以分为接入网和核心网。接入网的技术标准主要涉及 WSN、IEEE 802.11、IEEE 802.15 等；核心网的技术标准主要涉及 IPv6 技术和移动通信作为物联网承载层的相关技术（M2M 技术、蜂窝物联网）。

　　物联网的网络层担负着极其重要的信息传递、交换和传输的责任，它必须能够满足不同数据对速率、功耗、安全的要求，可靠地获取覆盖区中的各种信息并进行处理，处理后的信息可通过有线或无线方式发送给远端。统一的技术标准加速了互联网的发展，这包括在全球范围进行传输的互联网通信协议（TCP/IP）、路由器协议、终端的构架与操作系统等。

　　物联网通信体系拓扑结构如图 5-2 所示。

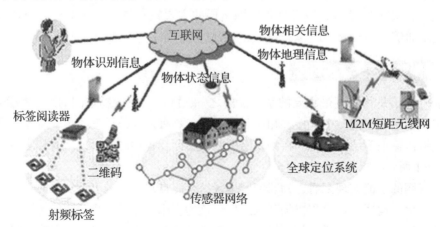

图 5-2　物联网通信体系拓扑结构

二、物联网网络融合技术

物联网本质上是泛在网络，需要融合现有的各种通信网络，并引入新的通信网络。要实现泛在的物联网，异构网络的融合是一个重要的技术问题。

（一）接入与组网技术

物联网的网络技术涵盖泛在接入和骨干传输等多个层面的内容。以互联网协议版本 6（IPv6）为核心的下一代网络，为物联网的发展创造了良好的基础网条件。以传感器网络为代表的末梢网络在规模化应用后，面临与骨干网络的接入问题，并且其网络技术需要与骨干网络充分结合，这些都将面临新的挑战，需要研究固定、无线和移动网及 Ad-Hoc 网技术、自治计算与联网技术等。

（二）通信技术

物联网需要综合各种有线及无线通信技术，其中近距离无线通信技术将是物联网的研究重点。由于物联网终端一般使用工业科学医疗（ISM）频段（免许可证 2.4GHz ISM 频段全世界都可通用）进行通信，大量的物联网设备以及现有的无线网络（Wi-Fi）、超宽带（UWB）、ZigBee、蓝牙等设备均使用该频段，频谱空间将极其拥挤，制约了物联网的实际大规模应用。为提升频谱资源的利用率，让更多物联网业务能实现空间并存，应切实提高物联网规模化应用的频谱保障能力，保证异构物联网的共存，并实现互联、互通、互操作。

（三）"三网融合"技术

"三网融合"又叫"三网合一"（即 FDDX），意指电信网、有线电视网和计算机通信网的相互渗透、互相兼容，并逐步整合成为全世界统一的信息通信网络。"三网融合"是为了实现网络资源的共享，避免低水平的重复建设，形成适应性广、容易维护的高速宽带的多媒体基础平台。其表现为技术上趋向一致，网络层上可以实现互联互通，形成无缝覆盖，业务层上互相渗透和交叉，应用层上趋向使用统一的 IP 协议，在经营上互相竞争、互相合作，朝着提供多样化、多媒体化、个性化服务的同一目标逐渐交汇在一起，行业管制和政策方面也逐渐趋向统一。

三、物联网中的主要网络形式

（一）WSN

无线传感器网络（WSN）是由大量的静止或移动的传感器以自组织和多跳的方式构成的无线网络，以协作地感知、采集、处理和传输网络覆盖地理区域内被感知对象的信息，并最终把这些信息发送给网络的所有者。

无线传感器网络主要由三大部分组成，即节点、传感网络和用户。图 5-3 是无线传感器网络拓扑图，其中，节点一般是通过一定方式覆盖在一定的范围，整个范围按照一定要求能够满足检测的范围；传感网络是最主要的部分，是将所有的节点信息通过固定的渠道进行收集，然后对这些节点信息进行一定的分析计算，将分析后的结果汇总到一个基站，最后通过卫星通信传输到指定的用户端，从而实现无线传感的要求。

（二）互联网

互联网又称网际网络，是网络与网络之间所串连成的庞大网络。这些网络以一组通用的协议相连，形成逻辑上的单一且巨大的全球化网络，在这个网络中有交换机、路由器等网络设备、各种不同的连接链路、种类繁多的服务器和数不尽的计算机等终端。使用互联网可以将信息瞬间发送到千里之外的人手中，它是信息社会的基础。

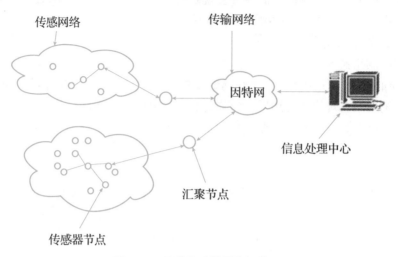

图 5 - 3　无线传感器网络拓扑图

互联网 / 电信网是物联网的核心网络、平台和技术支持。IPv6 的使用清除了可接入网络的终端设备在数量上的限制。

（三）无线宽带网

无线宽带网是对一类用无线电技术实现高速传输数据网络的总称。其中，无线宽带网中最典型的网络就是以 IEEE802.11g 标准构建的宽带 Wi-Fi 网络，它是一个负责在短距离范围之内无线通信接入功能的网络，它的网络连接能力非常强大。无线局域网络是以 IEEE 学术组织的 IEEE802.11 技术标准为基础，也称 Wi-Fi 网络。

Wi-Fi/WiMAX 等无线宽带技术的覆盖范围较广，传输速率较快，为物联网提供高速可靠、廉价且不受接入设备位置限制的互连手段。

（四）无线低速网

物联网是一个万物相连的网络，在网络连接中，不仅有高速的设备联网，也有一些低速的设备联网。高速网络协议用于连接网络中的节点，其特点是快速、容量大，功耗相对较高；而低速网络协议用于连接物联网中的传感、信号采集点，其特点是速度足够，连接广泛，功耗相对较低。

另外，物联网连接的物体，既有智能的，也有非智能的。低速网络协议是为适应物联网中那些要求不高的节点。此类节点一般具有低速率、低通信半径、低计算能力和低能量来源的特点或要求。我们对物联网中各种各样的物体进行操作的前提就是先将它们连接起来，低速网络协议是实现全面互联互通的前提。

无线低速网络协议包括蓝牙、ZigBee、红外等，这些低速网络协议能够适应物联网中要求不高的节点的低速率、低通信半径、低计算能力和低能量来源等特征。

（五）移动通信网

移动通信网是指在移动用户和移动用户之间，或移动用户与固定用户之间的无线通信网。移动通信网是通信网的一个重要分支，由于无线通信具有移动性、自由性，以及不受时间、地点限制等特性，因此广受用户欢迎。在现代通信领域中，它与卫星通信、光通信并列，是三大重要通信手段之一。

　　移动通信网将成为全面、随时、随地传输信息的有效平台。高速、实时、高覆盖率、多元化处理多媒体数据，为"物品触网"创造了条件。

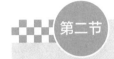

近距离无线通信技术

一、蓝牙技术

（一）蓝牙技术概述

　　蓝牙技术是 5 家大公司——爱立信（Ericsson）、诺基亚（Nokia）、东芝（Toshiba）、国际商用机器公司（IBM）和英特尔（Intel）于 1998 年 5 月联合宣布的一种无线通信新技术。

　　蓝牙技术是一种无线数据和语音通信开放的全球规范，它是基于低成本的近距离无线连接，为固定和移动设备建立通信环境的一种特殊的近距离无线技术连接。

（二）蓝牙技术的特点

　　蓝牙的标准是 IEEE802.15，蓝牙 1.2 版本工作在 2.4GHz 频带，带宽为 lMb/s。以时分方式进行全双工通信，其基带协议是电路交换和分组交换的组合。一个跳频频率发送一个同步分组，每个分组占用一个时隙，使用扩频技术也可扩展到五个时隙。同时，蓝牙技术支持一个异步数据通道或三个并发的同步话音通道，或一个同时传送异步数据和同步话音的通道。每一个话音通道支持 64KB/s 的同步话音，异步通道支持最大速率为 721KB/s、反向应答速率为 57.6KB/s 的非对称连接，或者是 432.6KB/s 的对称连接。蓝牙 4.0 版本的数据速率理论上高达 24MB/s。

　　蓝牙技术的主要特点有：

　　（1）蓝牙技术属于无线通信，适用于多种设备，无须电缆就可以实现多个设备的互联。

　　（2）蓝牙技术的安全性和抗干扰能力强，由于蓝牙技术具有跳频的功能，因此有效避免了 ISM 频带遇到干扰源。

　　（3）蓝牙技术兼容性较好，目前，蓝牙技术已经能够发展为独立于操作系统的一项技术，实现了在各种操作系统中良好的兼容。

（三）蓝牙技术的应用

　　蓝牙技术支持设备短距离通信，能在包括移动电话、PDA、无线耳机、笔记本电脑、相关外设等众多设备之间进行无线信息交换。利用蓝牙技术，能够有效地简化移动通信终端设备之间的通信，也能够成功地简化设备与因特网之间的通信，从而使数据传输变得更加迅速、高效，为无线通信拓宽道路。

蓝牙技术作为一种小范围无线连接技术，能在设备间实现方便快捷、灵活安全、低成本、低功耗的数据通信和语音通信，因此它是目前实现无线个域网通信的主流技术之一。

（四）蓝牙技术应用案例

（1）蓝牙免提通信。

将蓝牙技术应用到车载免提系统中，是最典型的汽车蓝牙应用技术。利用手机作为网关，打开手机蓝牙功能与车载免提系统，只要手机在距离车载免提系统的 10 米之内，都可以自动连接，控制车内的麦克风与音响系统，从而实现全双工免提通话。

（2）蓝牙监控系统对数控系统运行状态进行实时和完整的记录。

蓝牙传输设备作为监控系统主要组成，随时记录数控系统运行状态，并且将数控系统运行期间的任何波动全部传输到储存设备中，利用通信端口上传信息，为数控生产管理人员提供更多参考资料。

（3）医疗监护。

蓝牙技术在医院病房监护中的应用主要体现在病床终端设备与病房控制器，利用主控计算机，上传病床终端设备编号以及病人基本住院信息，为住院病人配备病床终端设备，一旦病人有什么突发状况，利用病床终端设备发出信号，蓝牙技术以无线传送的方式将其传输到病房控制器中。

二、ZigBee 技术

（一）ZigBee 技术概述

ZigBee 这个名字来源于蜂群的通信方式：蜜蜂之间通过飞翔和"嗡嗡"（Zig）地抖动翅膀来交互消息，以便共享食物源的方向、位置和距离等信息。借此意义将 ZigBee 作为新一代无线通信技术的名称。

简单地说，ZigBee 是一种高可靠的无线数字传输网络，类似于 CDMA 和 GSM 网络。ZigBee 数字传输模块类似于移动网络基站，通信距离从标准的 75 米到几百米、几千米，并且支持无限扩展。ZigBee 是一个由可多达 65 000 个无线数字传输模块组成的无线网络平台，在整个网络范围内，每一个网络模块之间可以相互通信，每个网络节点间的距离可以从 75 米向远处无限扩展。

（二）ZigBee 技术的特点

ZigBee 是一种无线连接，可工作在 2.4GHz（全球流行）、868MHz（欧洲流行）和 915MHz（美国流行）3 个频段上，分别具有最高 250KB/s、20KB/s 和 40KB/s 的传输速率，它的传输距离在 10 ~ 75 米，还可以继续增加。作为一种无线通信技术，ZigBee 具有如下特点：

（1）低功耗。由于传输速率低，发射功率仅为 1MW，而且采用了休眠模式，功耗很低。因此，设备非常省电。

（2）时延短。通信时延和从休眠状态激活的时延都非常短，典型的搜索设备时延是 30ms，休眠激活的时延是 15ms，活动设备信道接入的时延为 15ms。

（3）网络容量大。一个星状结构的 ZigBee 网络最多可以容纳 254 个从设备和一个主设备，一个区域内可以同时存在最多 100 个网络，而且网络组成灵活。

（4）安全可靠。ZigBee 提供了基于循环冗余校验（CRC）的数据包完整性检查功能，支持鉴权和认证，采用了 AES-128 的加密算法，各个应用可以灵活确定其安全属性。数据传输采取了碰撞避免策略；每个数据需要确认，如果传输过程中出现问题，可以进行重发。

（三）ZigBee 技术的应用

ZigBee 采用直接序列扩频（DSSS）技术调制发射，用于多个无线传感器组成的网状网络，是一种短距离、低速率、低功耗的无线网络传输技术。新一代的无线传感器网络将采用 802.15.4（ZigBee）协议，主要用于距离短、功耗低且传输速率不高的各种电子设备之间的数据传输，以及典型的有周期性数据、间歇性数据和低反应时间的数据传输。

ZigBee 网络的拓扑结构主要有三种：星状网、网状（Mesh）网和混合网，如图 5-4 所示。

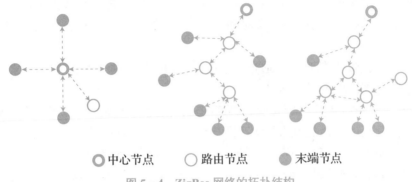

○ 中心节点　　○ 路由节点　　● 末端节点

图 5-4　ZigBee 网络的拓扑结构

星状网由一个个人局域网（PAN）协调点和一个或多个终端节点组成。PAN 协调点必须是完整功能设备（FFD），它负责发起建立和管理整个网络，其他节点（终端节点）一般为精简功能设备（RFD），分布在 PAN 协调点的覆盖范围内，直接与 PAN 协调点进行通信。星状网通常用于节点数量较少的场合。

网状网一般是由若干个 FFD 连接在一起组成，它们之间是完全的对等通信，每个节点都可以与它的无线通信范围内的其他节点通信。网状网中，一般将发起建立网络的 FFD 节点作为 PAN 协调点。网状网是一种高可靠性网络，具有自恢复能力，它可为传输的数据包提供多条路径，若一条路径出现故障，则存在另一条或多条路径可供选择。

网状网可以通过 FFD 扩展网络，组成网状网与星状网构成的混合网。混合网中，终端节点采集的信息首先传到同一子网内的协调点，再通过网关节点上传到上一层网络的 PAN 协调点。混合网适用于覆盖范围较大的网络。

（四）ZigBee 技术应用案例

（1）家庭和建筑物的自动化控制。对照明、空调、窗帘等家具设备进行远程控制，以使其更加节能、便利；应用于烟尘、有毒气体探测器等，可自动监测异常事件以提高安全性。

（2）消费性电子设备。对电视、DVD、CD 机等电器进行远程遥控（含 ZigBee 功能的手机可以支持主要遥控器功能）。

（3）工业控制。利用传感器和 ZigBee 网络，可使数据的自动采集、分析和处理变得更加容易。

三、NFC 技术

（一）NFC 技术概述

近距离无线通信（Near Field Communication，NFC）由飞利浦公司和索尼公司共同开发，是一种非接触式识别和互连技术，利用它可以在移动设备、消费类电子产品、计算机和智能控件工具间进行近距离无线通信。NFC 提供了一种简单、触控式的解决方案，可以让消费者简单直观地交换信息、访问内容与服务。

NFC 将非接触读卡器、非接触卡和点对点（Peer-to-Peer）功能整合在一块单芯片中，为消费者的生活方式开创了不计其数的全新机遇。这是一个开放接口平台，可以对无线网络进行快速、主动设置，它也是虚拟连接器，服务于现有蜂窝状网络、蓝牙和无线 802.11 设备。

（二）NFC 技术的特点

与 RFID 不同，NFC 采用了双向识别和连接技术，在 20 厘米距离内工作于 13.56MHz 频率范围。NFC 最初仅仅是遥控识别和网络技术的合并，但现在已发展成无线连接技术。

与 RFID 一样，NFC 信息也是通过频谱中无线频率部分的电磁感应耦合方式传递，但两者之间还是存在很大的区别。NFC 具有以下特点：

（1）NFC 是一种提供轻松、安全、迅速的通信的无线连接技术，其传输范围比 RFID 小，RFID 的传输范围可以达到几米甚至几十米，但由于 NFC 采取了独特的信号衰减技术，相对于 RFID 来说，NFC 具有距离近、带宽高、能耗低等特点。

（2）NFC 与现有非接触智能卡技术兼容，已经成为得到越来越多主要厂商支持的正式标准。

（三）NFC 技术的应用

NFC 工作频率为 13.56MHz，是工作距离只有 0 ～ 20 厘米（实际产品大部分都在 10 厘米以内）的近距离无线通信技术，允许电子设备通过简单触碰的方式完成信息交换及内容与服务的访问。NFC 技术已逐渐被应用到文件传输、移动支付、公共交通等领域，如图 5-5 所示。随着移动支付的兴起，中国人民银行在 2012 年发布了移动支付标准，NFC 成为非接触支付的技术标准。

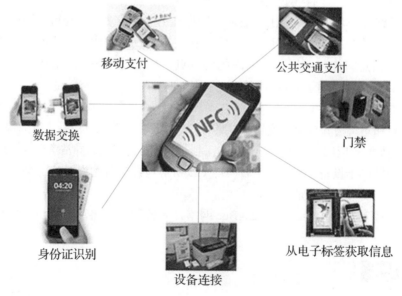

图 5-5　NFC 的应用

NFC 优于红外和蓝牙传输方式。作为一种面向消费者的交易机制，NFC 比红外更快、更可靠且简单得多，不用像红外那样必须严格地对齐才能传输数据。与蓝牙相比，NFC 面向近距离交易，适用于交换财务信息或敏感的个人信息等重要数据；蓝牙能够弥补 NFC 通信距离不足的缺点，适用于较长距离的数据通信。因此，NFC 和蓝牙互为补充，共同存在。

NFC 手机内置 NFC 芯片，是 RFID 模块的一部分，可以当作 RFID 无源标签使用，用来支付费用；也可以当作 RFID 读写器，用作数据交换与采集。

NFC 通过在单一设备上组合所有的身份识别应用和服务，帮助用户解决记忆多个密码的问题，同时保证了数据的安全。有了 NFC，多个设备如数码相机、PDA、机顶盒、计算机、手机等之间的无线互连，彼此交换数据或服务都将有可能实现。

（四）NFC 技术应用案例

（1）在公共交通领域，NFC 手机作为公交卡、地铁票已经得到广泛应用，我国很多城市已陆续开通了该项业务。

（2）电子皮肤温度计，电子皮肤内置了 NFC 技术，用户只需将支持 NFC 技术的手机放近电子皮肤就能读出温度数据。

四、Wi-Fi 技术

（一）Wi-Fi 技术概述

Wi-Fi 是一项基于 IEEE 802.11 标准的无线局域网技术。

1991 年，NCR 公司和 AT&T 公司发明了现在广泛使用 Wi-Fi 标准的前身，用在收银系统，名字为 WaveLAN。澳大利亚的天文学家约翰·沙利文和他的同事开发了 Wi-Fi 技术的关键专利，起初使用在 CSIRO（公共健康科学和工业研究组织）的项目上。1997 年发布了基于 802.11 协议的第一个版本，提供 2MB/s 速率，在 1999 年提高到 11MB/s，使用价值大大提高，随后 Wi-Fi 得以快速发展。

Wi-Fi 有两种组网结构：一对多模式和点对点（Ad-Hoc 或 IBSS）模式。我们最常用的 Wi-Fi 是一对多模式，即一个 AP（接入点）可以有多个接入设备。

Wi-Fi 技术是一种将台式机、笔记本电脑、移动手持设备（如 PDA、手机）等终端以无线方式互相连接的短距离无线电通信技术。

Wi-Fi 联盟主要针对移动设备，规范了基于 IEEE 802.11 协议的数据连接技术，用以支持包括本地无线局域网（WLAN）、个人局域网（PAN）在内的网络。因此，Wi-Fi 常用的协议标准为：

（1）工作于 2.4GHz 频段，数据传输速率最高可达 11MB/s 的 IEEE 802.11b 标准。

（2）工作于 5GHz 频段，数据传输速率最高可达 54MB/s 的 IEEE 802.11a 标准。

（3）工作于 2.4GHz 频段，数据传输速率最高可达 54MB/s 的 IEEE 802.11g 标准。

（4）工作于 2.4GHz/5GHz 频段，数据传输速率最高可达 450MB/s 的 IEEE 802.11n 标准。

（二）Wi-Fi 技术的特点

与其他短距离通信技术相比，Wi-Fi 技术具有以下特点：

（1）覆盖范围广。开放性区域的通信距离通常可达 305 米，封闭性区域的通信距离通常在 76 ~ 122 米。特别是基于智能天线技术的 IEEE 802.11n 标准，可将覆盖范围扩大到 10 平方千米。

（2）传输速率快。基于不同的 IEEE 802.11 标准，传输速率可从 11MB/s 到 450MB/s。

（3）建网成本低，使用便捷。通过在机场、车站、咖啡店、图书馆等人员较密集的地方设置"热点"，即无线接入点 AP，任意具备无线接入网卡的设备均可利用 Wi-Fi 技术实现网络访问。

（4）更健康、更安全。Wi-Fi 技术采用 IEEE 802.11 标准，实际发射功率为 60 ~ 70MW，与 200MW ~ 1W 的手机发射功率相比，辐射更小，更加安全。

（三）Wi-Fi 技术的应用

应用 Wi-Fi 技术，每个接入点通过有线网络互联设备（交换机或者路由器）可连入上层公共网络中。人们平时耳熟能详的"无线路由器"将接入点和路由器两者的功能结合为一体。在一个家庭中，可能有笔记本电脑、台式机、掌上电脑等多种无线网络设备，而往往网络运营商只为每个家庭提供一条有线宽带连接。这时按照 802.11 的架构，将"无线路由器"通过有线连接方式与宽带网络相连，家庭中所有的无线网络设备皆可通过它访问上层网络。

（四）Wi-Fi 技术应用案例

（1）网络媒体。由于无线网络的频段在世界范围内是无须任何电信运营执照的，因此 WLAN 无线设备提供了一个世界范围内可以使用的，费用极其低廉且数据带宽极高的无线空中接口。用户可以在 Wi-Fi 覆盖区域内快速浏览网页，随时随地接听拨打电话。而其他一些基于 WLAN 的宽带数据应用，如流媒体、网络游戏等功能更是值得用户期待。有了 Wi-Fi 功能，人们打长途电话（包括国际长途）、浏览网页、收发电子邮件、下载音乐、传递数码照片等，就无须担心速度慢和花费高的问题。Wi-Fi 技术与蓝牙技术一样，同属于在办公室和家庭中使用的短距离无线技术。

（2）掌上设备。无线网络在掌上设备中的应用越来越广泛，而智能手机就是其中一个。与应用于手机上的蓝牙技术不同，Wi-Fi 具有更大的覆盖范围和更高的传输速率。

（3）日常休闲。目前，Wi-Fi 的覆盖范围在国内越来越广，大部分宾馆、住宅区、飞机场和咖啡厅等区域都有 Wi-Fi 接口。

五、6LoWPAN 技术

（一）6LoWPAN 概述

6LoWPAN 是一种基于 IPv6 的低速无线个域网标准，即 IPv6 over IEEE 802.15.4。6LoWPAN 技术得到学术界和产业界的广泛关注，包括美国加州大学伯克利分校、瑞典计算机科学院以及思科（Cisco）、霍尼韦尔（Honeywell）等企业，并推出了相应的产品。6LoWPAN 协议已经在许多开源软件上实现，比较著名的是 Contiki、TinyOS。

互联网工程任务组（IETF）于 2004 年 11 月正式成立了 IPv6 over LR-WPAN（简称 6LoWPAN）工作组，着手制定基于 IPv6 的低速无线个域网标准，即 IPv6 over IEEE 802.15.4，旨在将 IPv6 引入以 IEEE 802.15.4 为底层标准的无线个域网，其出现推动了短距离、低速率、低功耗的无线个人区域网络的发展。

（二）6LoWPAN 的特点

6LoWPAN 所具有的低功率运行的潜力使它适合应用在手持设备中，而其对 AES-128 加密的内置支持为 6LoWPAN 认证和安全性打下了坚实基础。

IEEE 802.15.4 只规定了物理（PHY）层和媒体访问控制（MAC）层的标准，没有涉及网络层以上的规范。为了满足不同设备制造商的设备间的互联和互操作性，6LoWPAN 工作组建议在网络层和 MAC 层之间增加一个网络适配层，用来完成包头压缩、分片与重组以及网状路由转发等工作。

作为短距离、低速率、低功耗的无线个域网领域的新兴技术，6LoWPAN 以其廉价、便捷、实用等特点，向人们展示了广阔的市场前景。凡是要求设备具有价格低、体积小、省电、可密集分布特征，而不要求设备具有很高传输速率的应用，都可以应用 6LoWPAN 技术来实现。

（三）6LoWPAN 的应用

6LoWPAN 技术的快速发展，使得人们通过互联网实现对大规模传感器网络的控制，并广泛应用于智能家居、环境监测等多个领域成为可能。例如，在智能家居中，可将 6LoWPAN 节点嵌入家具和家电中，通过无线网络与因特网互联，实现智能家居环境的管理。另外，6LoWPAN 还可用于建筑物状态监控、空间探索等方面。因此，6LoWPAN 技术的普及，必将给人们的工作、生活带来极大的便利。

第三节

移动通信技术

移动通信（Mobile Communication）是指通信双方或至少有一方处于运动中，从而进行信息传输和交换的通信方式。移动通信系统包括无线电话、无线寻呼、陆地蜂窝移动通信、卫星移动通信等。移动体之间通信联系的传输手段只能依靠无线通信，因此，无线通信是移动通信的基础，而无线通信技术的发展将推动移动通信的发展。

现代移动通信技术的发展大致经历了五个发展阶段，即：第一代移动通信（1G）——模拟语音，第二代移动通信（2G）——数字语音，第三代移动通信（3G）——数字语音与数据，第四代移动通信技术（4G）和第五代移动通信技术（5G）。

一、移动通信技术概述

（一）移动通信的组成

移动通信是沟通移动用户与固定点用户之间或移动用户之间的通信方式。移动体可以是人，也可以是汽车、火车、轮船、收音机等在移动状态中的物体。

移动通信无线服务区由许多正六边形小区覆盖而成，呈蜂窝状，通过接口与公众通信网（PSTN、ISDN、PDN）互连。移动通信系统包括移动交换子系统（SS）、操作维护管理子系统（OMS）、基站子系统（BSS）和移动台（MS），它是一个完整的信息传输实体，如图 5-6 所示。

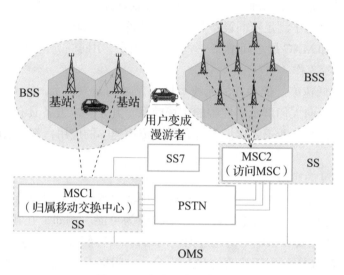

图 5-6　移动通信系统的组成

（二）移动通信的工作方式

从传输方式的角度来看，无线通信分为单向传输（广播式）和双向传输（应答式）。单向传输只用于无线电寻呼系统。双向传输有单工通信、双工通信和半双工通信三种工作方式。

单工通信是指通信双方电台交替地进行收信和发信，根据收、发频率的异同，又可分为同频单工和异频单工。

双工通信是指通信双方电台同时进行收信和发信。

半双工通信的组成与双工通信相似，移动台采用类似单工的"按讲"方式，即按下按讲开关，发射机才工作，而接收机总是工作的。基站工作情况与双工通信完全相同。

（三）移动通信的工作频段

早期的移动通信主要使用 VHF 和 UHF 频段。

第一代移动通信主要用于提供模拟语音业务，系统频段从 450MHz 发展到 900MHz，频道间隔小，提高了信道利用率。第二代移动通信均使用 800MHz 频段（CDMA）和 900MHz 频段（AMPS、TACS、GSM），后来使用 1 800MHz 频段（GSM1 800/DCS1 800），该频段用于微蜂窝系统。第三代移动通信使用 2.4GHz 频段。第四代移动通信我国使用 1 880～2 635MHz 频段。第五代移动通信我国规划使用 3 300～3 600MHz 和 4 800～5 000MHz 频段。

（四）移动通信的组网

蜂窝式组网的目的是解决常规移动通信系统的频谱匮乏、容量小、服务质量差、频谱利用率低等问题。蜂窝式组网理论为移动通信技术的发展和新一代多功能设备的产生奠定了基础。

移动通信采用了无线蜂窝式小区覆盖和小功率发射的模式。蜂窝式组网放弃了点对点传输和广播覆盖模式，把整个服务区域划分成若干个较小的区域（Cell，在蜂窝系统中称为小区），各小区均用小功率的发射机（即基站发射机）进行覆盖，许多小区像蜂窝一样能布满（即覆盖）任意形状的服务地区，如图 5－7 所示。

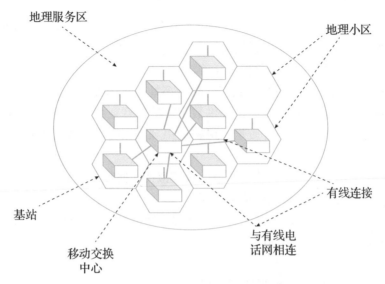

图 5－7　蜂窝小区示意

一个较低功率的发射机可以服务一个蜂窝式小区，在较小的区域内设置一定数量的用户。根据不同制式系统和不同用户密度挑选不同类型的小区。小区的基本类型如下：

（1）超小区：小区半径 $r>20$ 千米，适于人口稀少的农村地区。

（2）宏小区：1 千米 < 小区半径 $r \le 20$ 千米，适于高速公路和人口稠密的地区。

（3）微小区：0.1 千米 < 小区半径 $r \le 1$ 千米，适于城市繁华区段。

（4）微微小区：小区半径 $r \le 0.1$ 千米，适于办公室、家庭等移动应用环境。

当蜂窝式小区用户数增大到一定限度而导致准用频道数不够用时，采用小区分裂将原蜂窝式小区分裂为更小的蜂窝式小区，低功率发射和大容量覆盖的优势十分明显。

二、第一代移动通信

1978 年底，美国贝尔试验室研制成功了全球第一个移动蜂窝电话系统——先进移动电话系统（Advanced Mobile Phone System，AMPS）。5 年后，这套系统在芝加哥正式投入商用并迅速在全美推广，获得了巨大成功。

100 千米范围之内，移动电话系统（IMTS）每个频率上只允许一个电话呼叫；AMPS 允许 100 个 10 千米的蜂窝单元，从而可以保证每个频率上有 10 ～ 15 个电话呼叫。

每一个蜂窝单元有一个基站负责接收该单元中电话的信息，基站连接到移动电话交换局（Mobile Telephone Switching Office，MTSO）。MTSO 采用分层机制：一级 MTSO 负责与基站之间的直接通信，高级 MTSO 则负责低级 MTSO 之间的业务处理。

第一代移动通信主要采用的是模拟技术和频分多址（FDMA）技术。由于受到传输带宽的限制，不能进行移动通信的长途漫游，因此第一代移动通信只能是区域性的。第一代移动通信有多种制式，我国主要采用的是全入网通信系统（Total Access Communications System，TACS）。第一代移动通信有很多不足之处，如容量有限、制式太多、互不兼容、保密性差、通话质量不高、不能提供数据业务和不能提供自动漫游等。

三、第二代移动通信

与第一代移动通信相比，第二代移动通信提供了更高的网络容量，改善了话音质量，增强了保密性，并为用户提供无缝的国际漫游。第二代移动通信具有保密性强、频谱利用率高、能提供丰富的业务、标准化程度高等特点。

第二代移动通信主要采用的是数字的时分多址（TDMA）技术和码分多址（CDMA）技术。主要业务是语音，其主特性是提供数字化的话音业务和低速数据业务。它克服了模拟移动通信系统的弱点，话音质量、保密性得到大大提高，并可进行省内、省际自动漫游。

第二代移动通信替代第一代移动通信完成模拟技术向数字技术的转变，但由于第二代移动通信采用不同的制式，移动通信标准不统一，用户只能在同一制式覆盖的范围内进行漫游，因此无法进行全球漫游，又由于第二代移动通信系统带宽有限，限制了数据业务的应用，因此也无法实现高速率的业务，如移动的多媒体业务。

（一）GSM

GSM 有三种版本，每一种都使用不同的载波频率。最初的 GSM 系统使用 900MHz 附近的载波频率，然后增加了 GSM-1 800，用以支持不断增加的用户数目。它使用的载波频率在 1 800MHz 附近，总的可用带宽大概是 900MHz 附近可用带宽的三倍，并且降低了移动台的最大发射功率。除此之外，GSM-1 800 和最初的 GSM 完全相同。因此，信号处理、交换技术等方面无须做任何改变就可以加以利用。更高的载波频率意味着更大的路径损耗，同时发射功率的降低会造成小区尺寸的明显缩小。这一实际效果同更宽的可用带宽一起使网络容量得到相当大的扩充。

我国参照 GSM 标准制定了自己的技术要求，主要内容有：使用 900MHz 频段，即 890 ～ 915MHz（移动台—基站）和 935 ～ 960MHz（基站—移动台），收发间隔 45MHz；载频间隔 200KHz，每载波信道数 8 个，基站最大功率 300W，小区半径 0.5 ～ 35 千米，调制类型为 GM-SK，传输速率 270KB/s，手机的发射功率约为 0.6W。

（二）CDMA

该模式工作在 800MHz 频段，核心网移动性管理协议采用 IS-41 协议，无线接口采用窄带码分多址（CDMA）技术。CDMA 在蜂窝移动通信网络中的应用容量在理论上可以达到 AMPS 容量的 20 倍。CDMA 可以同时区分并分离多个同时传输的信号。

CDMA 有以下特点：抗干扰性好，抗多径衰落，保密安全性高，容量质量之间可以权衡取舍，同频率可在多个小区内重复使用。

（三）GPRS

通用分组无线服务技术（General Packet Radio Service，GPRS）是 GSM 移动电话用户可用的一种移动数据业务。GPRS 以封包（Packet）方式传输数据，传输速率可提升为 56KB/s ～ 114KB/s。GPRS 通常被描述成"2.5G 通信技术"，它介于第二代移动通信和第三代移动通信技术之间。

四、第三代移动通信

第三代移动通信技术（3G）是指支持高速数据传输的蜂窝移动通信技术。3G 服务能够同时传送声音及数据信息，速率一般在几百 KB/s 以上。第三代移动通信可以提供第二代移动通信的所有信息业务，同时保证更快的速率，以及更全面的业务内容，如移动办公、视频流服务等。

3G 的主要特征是可提供移动宽带多媒体业务，包括高速移动环境下支持 144KB/s 速率，步行和慢速移动环境下支持 384KB/s 速率，室内环境则可达到 2MB/s 的数据传输速率，同时保证高可靠服务质量。

3G 的三大主流标准分别是 CDMA2000、WCDMA 和 TD-SCDMA。

（一）CDMA

码分多址（Code Division Multiple Access，CDMA）具有频谱利用率高、话音质量好、保密性强、掉话率低、电磁辐射小、容量大、覆盖广等特点，可以大量减少投资和降低运营成本。

CDMA 最早由美国高通公司推出，CDMA 也有 2 代、2.5 代和 3 代技术。中国联通推出的 CDMA 属于 2.5 代技术。CDMA 被认为是第三代移动通信技术的首选。

（二）CDMA2000

CDMA2000（Code Division Multiple Access 2000）是一个 3G 移动通信 CDMA 框架标准，是国际电信联盟（ITU）的 IMT-2000 标准认可的无线电接口，也是 2G CDMA One 标准的延伸。根本的信令标准是 IS-2000。

CDMA2000 由美国高通北美公司为主导提出，摩托罗拉、朗讯和三星公司都有参与，CDMA2000 与 WCDMA、TD-SCDMA 不兼容。

（三）WCDMA

宽带码分多址（Wideband Code Division Multiple Access，WCDMA）是一种 3G 蜂窝网络。WCDMA 使用的部分协议与 2G GSM 标准一致。WCDMA 支持高速数据传输和可变速传输，帧长为 10ms，码片速率为 3.84Mcps。

WCDMA 的主要特点有：支持异步和同步的基站运行方式，组网方便、灵活；上、下行调制方式分别为 BPSK 和 QPSK；采用导频辅助的相干解调和 DS-CDMA 接入；可根据不同的业务质量和业务速率分配不同的资源，对于低速率的 32KB/s、64KB/s、128KB/s 业务和高于 128KB/s 的业务，可通过分别采用改变扩频比和多码并行传送的方式来实现多速率、多媒体业务；快速、高效的上、下行功率控制减少了系统中的多址干扰，提高了系统容量，也降低了传输功率。

（四）TD-SCDMA

时分同步码分多址（Time Division Synchronous Code Division Multiple Access，TD-SCDMA）是由我国工业和信息化部电信科学技术研究院提出，与德国西门子公司联合开发。主要技术包括同步码分多址技术、智能天线技术和软件无线技术。它采用 TDD（时分双工）模式，载波带宽 1.6MHz。TDD 是一种优越的双工模式，能使用各种频率资源，能节省未来紧张的频率资源，而且设备成本相对比较低。

五、第四代移动通信技术

第四代移动通信技术以之前的 2G、3G 为基础，在其中添加了一些新型技术，使得无线通信的信号更加稳定，还提高了数据的传输速率，而且兼容性也更平滑，通信质量更高。

（一）4G 网络结构及其关键技术

4G 网络结构可分为三层：物理网络层、融合层、应用网络层。第四代移动通信系统主要是以正交频分复用（OFDM）为技术核心。

OFDM 实际上是多载波调制的一种。其主要思想是：将信道分成若干正交子信道，将高速数据信号转换成并行的低速子数据流，调制到每个子信道上进行传输。

OFDM 技术的特点是网络结构高度可扩展，具有良好的抗噪声性能和抗多信道干扰能力，可以提供无线数据技术质量更高（速率高、时延小）的服务和更好的性能价格比。

（二）4G 通信的特征

（1）通信速度更快。

4G 集 3G 与 WLAN 于一体，具备传输高质量视频图像的能力，其图像质量与高清晰度的电视不相上下。4G 系统能够以 100MB/s 的速度下载，比拨号上网快 2 000 倍，上传的速度也能达到 20Mb/s，并能够满足几乎所有用户对于无线服务的需求。

（2）通信技术更加智能化。

4G 通信技术相较之前的移动信息系统，已经在很大程度上实现了智能化的操作。智能化的 4G 通信技术可以根据人们在使用过程中不同的指令来做出更加准确无误的回应，对搜索出来的数据进行分析、处理和整理，再传输到用户的手机上。4G 使人们不仅可以随时随地通信，还可以双向下载和传递资料、图片、影像，使用网上定位系统可以提供实时地图服务。

（3）兼容性能更友好。

4G 通信技术提高了软硬件的兼容性，减少了软硬件在工作过程中的冲突，让软硬件之间的配合更加默契，同时也在很大程度上避免了故障的发生。4G 通信技术提高了兼容性的一个表现就是人们很少再会遇见卡顿和闪退等多种故障，让人们使用通信设备的过程中更加顺畅。

六、第五代移动通信技术

第五代移动通信技术（5G）是最新一代蜂窝移动通信技术，也是继 4G、3G 和 2G 之后的延伸。5G 的性能目标是高数据速率、减少延迟、节省能源、降低成本、提高系统容量和大规模设备连接。

5G 的主要优势在于，数据传输速率远远高于以前的蜂窝网络，最高可达 10GB/s，比当前的有线互联网要快，比 4G LTE 蜂窝网络快 100 倍。另一个优点是较低的网络延迟（更快的响应时间），低于 1 毫秒，而 4G 为 30 ～ 70 毫秒。由于数据传输更快，5G 网络将不仅仅为手机提供服务，还将成为一般性的家庭和办公网络的提供商。

（一）5G 的特点

（1）峰值速率需要达到 GB/s 的标准，以满足高清视频、虚拟现实等大数据量传输。

（2）接口时延水平在 1ms 左右，满足自动驾驶、远程医疗等实时应用。

（3）超大网络容量，提供千亿设备的连接能力，满足物联网通信。

（4）频谱效率要比 LTE 提升 10 倍以上。

（5）连续广域覆盖和高移动性下，用户体验速率达到 100MB/s。

（6）系统协同化，智能化水平提升，表现为多用户、多点、多天线、多摄取的协同组网，以及网络间灵活地自动调整。

（二）5G 与物联网

物联网让智能的万物连接交互，它需要高速低延迟的信息传输，5G 的传输特性满足了未来物联网万物相连的需求，这也对应了 5G 的未来场景。随着 5G 的普及，真正的广覆盖、大连接把 5G 和物联网深度融合在一起，推动着社会的发展和进步。

5G 技术发展的一个因素就是物物相连的通信需求，在 5G 技术完善之后，需要各大运营商、5G 设备商共同推进 5G 在更广大的范围内使用，并且促进其在相关的场景中应用。

另外，物联网发展势必要借助 5G 网络的信息传输，以信息传输的更低延迟及更高可靠性来满足物联网的物物对话要求。

（三）5G 给人们带来的三大应用场景

5G 给人们带来的三大应用场景如图 5-8 所示。

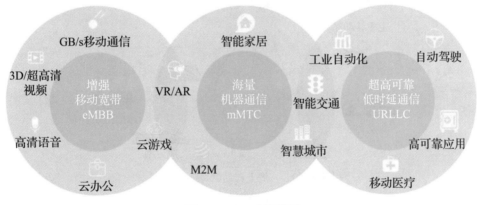

图 5-8　5G 应用场景

在 5G 应用场景中，其表现出的优势如下：

（1）大带宽。快的 4G 移动网络提供的网速约为 75MB/s，相比之下，5G 下载速率的理论值能达到 10GB/s。

（2）低延时。与 4G 相比，5G 的延时要降低很多，延时对数据传输、电话、视频等方面都有不小的影响，除此之外，5G 的最高移动速度可以达到 4G 的 1.5 倍，而最大每平方米的最大连接数也是其百倍。

（3）广连接。5G 可以连接的物联网终端数量将提高到百万级别。5G 将带来光纤般的"零"时延接入率，同时将给网络能效超百倍提升，并把比特成本超百倍降低，拉近了人与万物智能互连的距离，最终实现"万物触手可及"。

卫星通信技术

　　卫星通信是指利用人造地球卫星作为中继站转发无线电信号，在两个或多个地面站之间进行的通信过程或方式。卫星通信属于宇宙无线电通信的一种形式，工作在微波频段。卫星通信是在地面微波中继通信和空间技术的基础上发展起来的。微波中继通信是一种"视距"通信，即只有在"看得见"的范围内才能通信。而通信卫星相当于离地面很高的微波中继站，经过一次中继转接之后即可进行长距离的通信。

一、卫星通信技术概述

　　卫星通信将人造地球卫星作为中继站来转发无线电波，从而实现两个或多个地球站之间的通信，如图5-9所示。

图5-9　卫星通信示意

　　根据能否放大并转发无线电信号，人造地球卫星可分为有源人造地球卫星和无源人造地球卫星。由于无源人造地球卫星反射下来的信号太弱无实用价值，因此人们致力于研究具有放大、变频转发功能的有源人造地球卫星（即通信卫星），从而实现卫星通信。其中绕地球赤道运行的周期与地球自转周期相等的同步卫星具有优越性能，利用同步卫星进行通信已成为主要的卫星通信方式。不在地球同步轨道上运行的低轨卫星多在卫星移动通信中应用。

（一）静止地球轨道（GEO）卫星

　　静止地球轨道卫星，轨道高度大约为36 000千米，成圆形轨道，只要三颗相隔120°且均匀分布的卫星，就可以覆盖全球。卫星在空中起中继站的作用，即把地球站发上来的电磁波放大后再反送回另一地球站，地球站则是卫星系统形成的链路。由于静止地球轨道卫星在赤道上空36 000千米，它绕地球一周的时间恰好与地球自转一周的时间（23小时

56 分 4 秒）一致，从地面看上去如同静止不动一样。三颗相距 120° 的卫星就能覆盖整个赤道圆周，故易于实现越洋通信和洲际通信。最适合卫星通信的频率是 1 ~ 10GHz 频段，即微波频段。新的频段还有 12GHz、14GHz、20GHz 和 30GHz。

（二）移动卫星通信

海事卫星通信（Inmarsat）系统是全球覆盖的移动卫星通信系统作为第三代海事通信卫星，它们分布在大西洋东区和西区、印度洋区和太平洋区。全球覆盖的低轨道移动通信卫星有"铱星"和全球星。"铱星"系统有 66 颗星，分成 6 个轨道，每个轨道有 11 颗卫星，轨道高度为 765 千米，卫星之间、卫星与网关和系统控制中心之间的链路采用 Ka 频段，卫星与用户之间的链路采用 L 频段；全球星由 48 颗卫星组成，分布在 8 个圆形倾斜轨道平面内，轨道高度为 1 389 千米，倾角为 52°。

二、通信卫星的种类

目前，通信卫星的种类繁多，按不同的标准有不同的分类。下面是几种常见的卫星分类：

（1）按卫星的供电方式划分。按卫星是否具有供电系统，可将其分为无源卫星和有源卫星两类。无源卫星是运行在特定轨道上的球形或其他形状的反射体，没有任何电子设备，它是靠其金属表面对无线电波进行反射来完成信号中继任务的。在 20 世纪五六十年代进行卫星通信试验时，曾利用过这种卫星。目前，几乎所有的通信卫星都是有源卫星，一般多采用太阳能电池和化学能电池作为能源。有源卫星装有收、发信机等电子设备，能将地面站发来的信号进行接收、放大、频率变换等其他处理，然后再发回地球。这种卫星可以部分地补偿信号在空间传输时造成的损耗。

（2）按通信卫星的运行轨道角度划分。按卫星的运行轨道角度，可将其分为三类：赤道轨道卫星，指轨道平面与赤道平面夹角为 0° 的卫星；极轨道卫星，指轨道平面与赤道平面夹角为 90° 的卫星；倾斜轨道卫星，指轨道平面与赤道平面夹角在 0° ~ 90° 的卫星。所谓轨道，就是卫星在空间运行的路线。

（3）按卫星距离地面的最大高度划分。按卫星距离地面最大高度的不同，可将其分为三类：低轨道卫星，是指距离地表在 5 000 千米以内的卫星；中间轨道卫星，是指距离地表 5 000 千米 ~ 20 000 千米的卫星；高轨道卫星，是指距离地表 20 000 千米以上的卫星。

（4）按卫星与地球上任一点的相对位置的不同划分。按卫星与地球上任一点的相对位置的不同，可将其划分为同步卫星和非同步卫星。同步卫星是指在赤道上空约 36 000 千米高的圆形轨道上与地球自转同向运行的卫星。非同步卫星的运行周期不等于（通常小于）地球自转周期，其轨道倾角、高度和轨道形状（圆形或椭圆形）因需要而不同。从地球上看，这种卫星以一定的速度在运动，故又称为移动卫星或运动卫星。

三、卫星通信系统的组成

卫星通信系统包括通信和保障通信的全部设备。一般由空间分系统（即通信卫星）、通信地球站、跟踪遥测及指令分系统、监控管理分系统四部分组成，如图 5 - 10 所示。

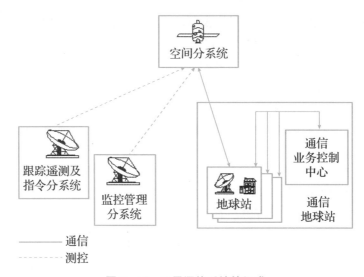

图 5－10　卫星通信系统的组成

（1）空间分系统。通信卫星主要包括通信系统、遥测指令装置、控制系统和电源装置（包括太阳能电池和蓄电池）等几个部分。通信系统是通信卫星上的主体，它主要包括一个或多个转发器，每个转发器能同时接收和转发多个地球站的信号，从而起到中继站的作用。

（2）通信地球站。通信地球站是微波无线电收、发信站，用户通过它接入卫星线路，进行通信。

（3）跟踪遥测及指令分系统。跟踪遥测及指令分系统负责对卫星进行跟踪测量，控制其准确进入静止轨道上的指定位置。待卫星正常运行后，要定期对卫星进行轨道位置修正。

（4）监控管理分系统。监控管理分系统负责对定点的卫星在业务开通前、后进行通信性能的检测和控制，例如对卫星转发器功率、卫星天线增益以及各地球站发射的功率、射频频率和带宽等基本通信参数进行监控，以保证正常通信。

四、卫星通信系统的特点

卫星通信系统以通信卫星为中继站，与其他通信系统相比较，卫星通信系统有如下特点：

（1）通信距离远，且费用与通信距离无关。利用静止卫星，最大的通信距离达 18 100 千米左右。一颗同步通信卫星可以覆盖地球表面的三分之一区域，因而利用三颗同步卫星即可实现全球通信。卫星通信是远距离越洋通信和电视转播的主要手段。

（2）通信容量大，适用多种业务传输。卫星通信使用微波频段，可以使用的频带很宽。一般 C 和 Ku 频段的卫星带宽可达 500 ～ 800MHz，而 Ka 频段可达几个 GHz。一颗卫星可设置多个转发器，故通信容量很大。例如，利用频率再用技术的某些卫星通信系统可传输 30 000 路电话和 4 路彩色电视信号。

（3）有多址连接能力。地面微波中继的通信区域基本上是一条线路，而卫星通信可在通信卫星所覆盖的区域内，使四面八方所有的地面站都能利用这一卫星进行相互间的通信。我们称卫星通信的这种能同时实现多方向、多个地面站之间相互联系的特性为多址连接。

（4）可以自发自收进行监测。发信端地球站同样可以接收到自己发出的信号，从而可以监视本站所发消息是否正确，以及传输质量的优劣。

（5）通信灵活，质量好，可靠性高。卫星通信系统的建立不受地理条件的限制，地面站可以建立在边远山区、海岛、汽车、飞机和舰艇上。通信电波主要在自由（宇宙）空间传播，传输电波十分稳定，而且通常只经过卫星一次转接，其噪声影响较小，通信质量好，通信可靠性可达 99.8% 以上。

（6）具备无缝覆盖能力。利用卫星移动通信，可以不受地理环境、气候条件和时间的限制，建立覆盖全球的海、陆、空一体化通信系统。

（7）具备广域复杂网络拓扑构成能力。卫星通信的高功率密度与灵活的多点波束能力加上星上交换处理技术，可按优良的价格性能比提供宽广地域范围的点对点与多点对多点的复杂的网络拓扑构成能力。

（8）安全可靠。事实证明，当面对抗震救灾或海底光缆故障时，卫星通信是一种无可比拟的重要通信手段。即使将来有较完善的自愈备份或路由迂回的陆地光缆及海底光缆网络，明智的网络规划者与设计师还是能够理解卫星通信作为传输介质应急备份与信息高速公路混合网基本环节的重要性与必要性。

五、太空互联网通信

当互联网都部署在太空时，卫星承载物联网可能会成为承载方式的另一选择。毕竟其优势很明显，只要在能够定位的地方实现上行 / 下行通信，就能够接入物联网，同时位置感测（包括时刻）相当精确。

目前，已有部分国家在规划和实施太空互联网通信，在规划中的太空互联网，可为全球提供语音通话、宽带上网、视频会议等服务。届时无论在地面上还是飞机上，在航船上或是太空中，任何地方都可以登录互联网。

俄罗斯"格洛纳斯"全球卫星导航系统总设计师乌尔利奇奇强调，太空互联网尤其适用于灾区通信、各海域船只联络、危险货物运输监控等方面，其优点在于不会完全依托地球上的某处设施，即使地面发生严重灾难或其他意外，该互联网仍会稳定运行。与俄罗斯正在计划构建太空互联网的进程相比，美国的步伐似乎更快一些。美国思科公司于 2015 年 12 月月初公布了太空互联网路由器实验结果。在该实验中，地面人员成功对一颗在轨商业卫星上的互联网协议路由器进行了首次软件升级。此外，思科公司在没有利用任何地面基础设施路由器的情况下，完成了首次网络电话通话。太空互联网路由器是美国思科公司变革卫星网络计划的一部分。这个计划包括思科 18400 太空路由器、一个用于卫星和相关航天器的耐辐射网络电话路由器。

在太空互联网通信研究和应用中，美国太空探索技术公司（SpaceX）的星链（Starlink）计划更宏伟。2015 年 1 月，马斯克宣布在 2019 年至 2024 年将约 1.2 万颗通信卫星发射到轨道，其中 1 584 颗将部署在地球上空 550 千米处的近地轨道，并从 2020 年开始工作。截止到 2020 年 6 月 13 日，美国太空探索技术公司已顺利完成星链计划的 9 次发射任务，共发射了 541 颗卫星并进入指定轨道。

M2M 与互联网技术

一、M2M 技术

物联网的核心部分是机器之间的互连互通，也就是 M2M。M2M 也可以理解为设备到设备的连接。

M2M 强调的是将通信能力植入机器，以机器终端智能交互为核心的、网络化的应用与服务。而物联网通过具有全面感知、可靠传送、智能处理特征的连接网络，实现人和人、人和物、物和物之间的信息交换和通信，多种通信技术的融合是物联网通信的一大特征，物联网以通信网络为基础设施，实现了从机器的通信发展到物与物之间的通信，扩大了通信的范畴和信息传送的自由度。

从物联网的总体架构来看，M2M 是物联网实现的底层平台，是处理物联网设备之间信息交互的通道。随着物联网的发展，更多具有行业特点的应用软件和中间软件也将不断出现。

（一）M2M 概述

M2M 即"机器对机器"（Machine-to-Machine），也有人理解为人对机器（Man-to-Machine）、机器对人（Machine-to-Man）等，旨在通过通信技术来实现人、机器和系统三者之间的智能化、交互式无缝连接。随着科学技术的发展，越来越多的设备具有了通信和联网能力，网络连接一切逐步变为现实。

M2M 设备是能够回答包含在一些设备中的数据的请求或能够自动传送包含在这些设备中的数据的设备，M2M 则聚焦在无线通信网络应用上，是物联网应用的一种主要方式。

（二）M2M 系统的组成

目前，所有的 M2M 解决方案都具有行业终端、M2M 终端、无线传输网络、M2M 中间件和应用模块五要素。

（1）行业终端。行业终端主要包括各种传感器、视频监控探头和扫描仪等，其主要作用是完成行业应用所需的数据采集并通过接口传递给 M2M 终端。例如，温度传感器采集温度数据后，通过该设备接口将数据传递给 M2M 终端设备。行业终端可能有多种接口，如 RS-232、RS-485、USB、RJ-45 以及其他 I/O 接口，这也是 M2M 标准化的难点之一。

（2）M2M 终端。M2M 终端是整个 M2M 应用系统中的关键部分之一，其功能是把数据传输给无线网络（或者同时从无线网络得到遥控数据）。由于 M2M 终端传输的不是语音而是数据，因此 M2M 终端的操作系统和数据压缩所使用的标准都是不同于普通手机的，需要单独进行开发和设计。

（3）无线传输网络。WSN 在整个 M2M 系统中起着承上启下的作用，只有高效且有保障的传输网络才能确保系统的正常运作。M2M 通信网络并不局限于某种特定网络，它可以包括广域网（无线移动通信网络、卫星通信网络、互联网、公众电话网）、局域网（以太网、无线局域网、蓝牙）、个域网（ZigBee、传感器网络）等，但在传输中需要采取一定的加密措施，以提高整个系统的安全性。

（4）M2M 中间件。M2M 中间件包括网关和数据收集 / 集成部件两部分。网关是 M2M 系统中的"翻译员"，它获取来自通信网络的数据，将数据传送给信息处理系统。M2M 中间件的主要功能是完成不同通信协议之间的转换。

（5）应用模块。应用模块是整个 M2M 系统的末端，其功能是负责对 M2M 中间件传输过来的数据进行处理、分析以及展示人性化界面等。在应用过程中，通常伴随着原有应用软件的升级或新应用软件的开发。

（三）M2M 卡和模块

M2M 产品主要集中在卡类和模块形态。

1. M2M 卡

将 M2M 卡插入采集设备中，能够登录网络，起到鉴权作用，从而实现数据采集和收集功能。当前的 M2M 卡类产品主要根据不同行业应用可划分为两类：

第一类是普通 SIM 卡产品形态，主要应用在对环境要求不高的领域，要求工作温度为 –25℃～ 85℃。

第二类是 M2M 卡，主要满足对工作温度要求比较高的需求，如车载系统、远程抄表、无人值守的气象和水利监控设备、煤矿和制造业施工监控等应用，这些领域的环境比较恶劣，工作温度要求在 –40℃～ 105℃，并且要求 M2M 卡能够防湿并具有抗腐蚀性。这些都对产品性能提出极高的要求，因此，这类产品就要选择高性能芯片，并且采用塑封方式。

2. M2M 模块

M2M 模块通常作为核心部件，如 M2M 无线通信模块。M2M 无线通信模块嵌入在机器终端里面，使其具备网络通信能力，这一角色使得 M2M 无线通信模块成为 M2M 终端的核心部件。

常见的有 SMD 特殊封装的模块产品，将 M2M 模块焊接在设备主板上，除了温度要求为 –40℃～ 105℃以外，还要求起到防震作用。这种产品主要应用在交通运输、物流管理和地震监控等应用领域。AnyData、华为、高通和中兴等公司纷纷推出 M2M 模块，通过可靠、安全和无所不在的 CDMA 20001X 无线链路与机器进行连接。

（四）M2M 的应用

M2M 的应用遍布各个领域，主要包括交通领域（物流管理、定位导航）、电力领域（远程抄表和负载监控）、农业领域（大棚监控、动物溯源）、城市管理（电梯监控、路灯控制）、安全领域（城市和企业安防）、环保（污染监控、水土检测）、企业（生产监控和设备管理）和家居（老人和小孩看护、智能安防）等。下面是几个具体的应用场景：

（1）电力抄表。电力抄表已逐渐通过自动抄表代替人工抄表，如在偏远山区或寒冷的大兴安岭地区，都是通过数据采集来完成抄表工作。目前，电力抄表主要通过 GPRS 集抄器上插入 SIM 卡来实现数据采集和通信功能。电力抄表是 M2M 的最主要也是需求量最大的典型应用之一。

（2）车载调度和物流监控管理。物流运输管理和定位导航是 M2M 的另一个发展最为广泛的应用，很多企业都是通过车载安装 M2M 设备来实现车辆调度和物流监控管理的。

（3）数据采集和监控领域。例如，农业灌溉、城市照明、电梯监控和工业控制都离不开 M2M 产品。

（4）智能家居应用。在不久的未来，人们可以在下班之前就将家里的空调、热水器开启，按照当天的菜谱预订各种食品，并且通过手机监控系统可以看到家里老人和小孩的安全状态。

二、互联网技术

互联网（Internet）是网络与网络之间所串连成的庞大网络。这些网络以一组通用的协议相连，形成逻辑上的单一且巨大的全球化网络，在这个网络中有交换机、路由器等网络设备、各种不同的连接链路、种类繁多的服务器和数不尽的计算机及其他终端。互联网把全世界不同国家的大学、科研部门、政府部门、社会团体和企业组织的网络，按照一定的网络协议相互连接起来，实现通信和资源共享。

Internet 采用 TCP/IP 网络协议族。传输控制协议（TCP）保证数据传输的正确性，网络互连协议（IP）负责数据按地址传输。Internet 是物联网实施通信、数据共享、决策发布的骨干网络。

（一）Internet 通信协议

1. TCP/IP 协议

TCP/IP 协议在一定程度上参考了 OSI 的体系结构。OSI 模型共有七层，从下到上分别是物理层、数据链路层、网络层、运输层、会话层、表示层和应用层。这显然是有些复杂的，所以在 TCP/IP 协议中，它们被简化为四个层次，如图 5-11 所示。

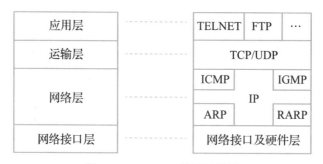

图 5-11　TCP/IP 协议示意图

应用层、表示层、会话层三个层次提供的服务相差不是很大，所以在 TCP/IP 协议中，它们被合并为应用层一个层次。

由于运输层和网络层在网络协议中的地位十分重要，因此在 TCP/IP 协议中它们被作为独立的两个层次。

因为数据链路层和物理层的内容相差不多，所以在 TCP/IP 协议中它们被归并在网络接口层一个层次里。

只有四层体系结构的 TCP/IP 协议，与有七层体系结构的 OSI 模型相比简单了不少，也正是这样，TCP/IP 协议在实际的应用中效率更高、成本更低。

TCP/IP 协议中四个层次的作用分别是：

（1）应用层。应用层是 TCP/IP 协议的第一层，是直接为应用进程提供服务的。不同种类的应用程序会根据自己的需要来使用应用层的不同协议，邮件传输应用使用了 SMTP

协议、万维网应用使用了 HTTP 协议、远程登录服务应用使用了 TELNET 协议。应用层可以建立或解除与其他节点的联系，这样可以充分节省网络资源；同时该层还能进行加密、解密和格式化数据。

（2）运输层。作为 TCP/IP 协议的第二层，运输层在整个 TCP/IP 协议中起到了中流砥柱的作用。在运输层中，TCP 和 UDP 同样起到了中流砥柱的作用。

（3）网络层。网络层在 TCP/IP 协议中位于第三层。在 TCP/IP 协议中，网络层可以进行网络连接的建立、终止以及 IP 地址的寻找等。

（4）网络接口层。在 TCP/IP 协议中，网络接口层位于第四层。由于网络接口层兼并了物理层和数据链路层，因此网络接口层既是传输数据的物理媒介，也为网络层提供了一条准确无误的线路。

2. IP 协议

IP 协议是整个 TCP/IP 协议族的核心，也是构成互联网的基础。IP 位于 TCP/IP 协议的网络层，对上可载送传输层各种协议的信息，例如 TCP、UDP 等；对下可将 IP 信息包放到数据链路层，通过以太网、令牌环网等各种技术来传送。IP 协议主要包含三方面内容：IP 编址方案、分组封装格式和分组转发规则。

3. UDP 协议

UDP 协议定义了端口，同一个主机上的每个应用程序都需要指定唯一的端口号，并且规定网络中传输的信息包必须加上端口信息，当信息包到达主机以后，就可以根据端口号找到对应的应用程序。UDP 协议比较简单，实现容易，但它没有确认机制，信息包一旦发出，无法知道对方是否收到，因此可靠性较差，为了解决这个问题，提高网络的可靠性，TCP 协议就诞生了。

4. TCP 协议

TCP 协议即传输控制协议，是一种面向连接的、可靠的、基于字节流的通信协议。简单来说，TCP 协议就是有确认机制的 UDP 协议，每发出一个信息包都要求确认，如果有一个信息包丢失，就收不到确认信息，发送方就必须重发这个信息包。为了保证传输的可靠性，TCP 协议在 UDP 协议的基础之上建立了三次对话的确认机制，即在正式收发数据前，必须和对方建立可靠的连接。TCP 信息包和 UDP 一样，都是由首部和数据两部分组成，唯一不同的是，TCP 信息包没有长度限制，理论上可以无限长，但是为了保证网络的效率，通常 TCP 信息包的长度不会超过 IP 信息包的长度，以确保单个 TCP 信息包不必再分割。

5. IPv6 协议

自从 20 世纪 70 年代 IPv4 问世以来，数据通信技术日新月异，有了很大发展。虽然 IPv4 设计得很好，但其缺点也逐渐显露出来：首先，虽说借助子网化、无类寻址和 NAT 技术可以提高 IP 地址使用效率，但互联网中 IP 地址的耗尽仍然是一个没有彻底解决的问题；其次，IPv4 没有提供对实时音频和视频传输这种要求传输最小时延的策略和预留资源支持；最后 IPv4 不能对某些有数据加密和鉴别要求的应用提供支持。为了克服这些缺点，IPv6 被提了出来。在 IPv6 中，IP 地址格式、分组长度和分组的格式都改变了。IPv6 中每个分组由必需的基本头部和其后的有效载荷组成。有效载荷由可选的扩展头部和来自上层的数据组成。基本头部占用 40 字节，有效载荷可以包含 65 535 字节的数据。

IPv6 解决了原有 Ipv4 中地址资源受限的问题。简化了报文头部格式，字段只有 8 个，加快了报文转发，提高了吞吐量，身份认证和隐私权提高了网络传输的安全性。此外，IPv6 使用更小的路由表，大大减少了路由器中路由表的长度，提高了路由器转发信息包的速度。在 IPv6 中加入了对自动配置的支持，这是对 DHCP 协议的改进和扩展，使得网络（尤其是局域网）的管理更加方便和快捷。

（二）Internet 的接入技术

Internet 接入是通过特定的信息采集与共享的传输通道，完成用户与 Internet 的高带宽、高速度的物理连接。以下几种方式可以实现 Internet 的接入：

（1）电话线拨号接入（PSTN）。这是通过电话线实现家庭用户接入互联网的一种窄带接入方式。利用当地运营商提供的接入号码，拨号接入互联网，速率不超过 56KB。其特点是使用方便，只需有效的电话线及自带调制解调器（Modem）的电脑就可完成接入。主要用于一些低速率的网络应用（如网页浏览和查询、聊天、E-mail 等），主要适合于临时性接入或无其他宽带接入场所。其缺点是速率低，无法实现一些高速率要求的网络服务，且费用较高（接入费用由电话通信费和网络使用费组成）。

（2）ISDN，又称"一线通"。它采用数字传输和数字交换技术，将电话、传真、数据、图像等多种业务综合在一个统一的数字网络中进行传输和处理。用户利用一条 ISDN 用户线路，可以在上网的同时拨打电话、收发传真，就像两条电话线一样。ISDN 基本速率接口有两条 64KB 的信息通路和一条 16KB 的信息通路，简称 2B+D，当有电话拨入时，它会自动释放一个 B 信道进行电话接听。该接入方式主要适合于普通家庭用户使用。其缺点是速率较低，无法实现一些高速率要求的网络服务，且费用较高（接入费用由电话通信费和网络使用费组成）。

（3）xDSL 接入。在通过本地环路提供数字服务的技术中，最有效的类型之一是数字用户线（DSL）技术，xDSL 中的"x"代表任意字符或字符串。根据采取调制方式的不同，获得的信号传输速率和距离以及上行信道和下行信道的对称性也不同。它包括 ADSL、RADSL、VDSL、SDSL、IDSL 和 HDSL 等。ADSL 是运用最广泛的铜线接入方式。ADSL 可直接利用现有的电话线路，通过 ADSL Modem 进行数字信息传输，理论速率可达到 8MB 下行和 1MB 上行，传输距离可达 4 ～ 5 千米，ADSL2+ 速率可达 24MB 下行和 1MB 上行。另外，最新的 VDSL2 技术可以达到上下行各 100MB 的速率。该接入方式的特点是速率稳定、带宽独享、语音数据不干扰等，适用于家庭、个人等用户的大多数网络应用，满足一些宽带业务包括 IPTV、视频点播（VOD）、远程教学、可视电话、多媒体检索、LAN 互联、Internet 接入等。

（4）HFC（Cable Modem）。HFC 是一种基于有线电视网络铜线资源的接入方式。该方式具有专线上网的连接特点，允许用户通过有线电视网实现高速接入互联网，适用于拥有有线电视网的家庭、个人或中小团体。其特点是速率较高，接入方式方便（通过有线电缆传输数据，不需要布线），可实现各类视频服务、高速下载等。其缺点在于基于有线电视网的架构是属于网络资源分享型的，当用户激增时，速率就会下降且不稳定，扩展性不够。

（5）光纤宽带接入。该方式通过光纤接入小区节点或楼道，再由网线连接到各个共享点上（一般不超过 100 米），提供一定区域的高速互联接入。其特点是速率高，抗干扰能力强，适用于家庭、个人或各类企事业单位和社会团体，可以实现各类高速率的互联网应用（视频服务、高速数据传输、远程交互等）。其缺点是一次性布线成本较高。

（6）无线网络。无线网络是一种有线接入的延伸技术，使用无线射频（RF）技术越空收发数据，减少电线连接，既可达到建设计算机网络系统的目的，又可让设备自由安排和移动。在公共开放的场所或者企业内部，无线网络一般会作为已存在有线网络的一个补充方式，可使装有无线网卡的计算机通过无线手段方便接入互联网。

（7）无线局域网连接。Wi-Fi 是一种允许电子设备连接到一个无线局域网（WLAN）的技术，通常使用 2.4G UHF 或 5G SHF ISM 射频频段，可以让具有无线通信功能的设备通过身份验证连接到无线局域网中。

（8）卫星接入。卫星互联网即通过卫星为全球提供互联网接入服务。目前，各国纷纷将卫星互联网建设提升为国家战略，并吸引了一批航天及互联网巨头涌入。2020 年 2 月 16 日，我国银河航天（北京）科技有限公司的"银河航天首发星"在轨 30 天后成功开展通信能力试验，在国际上第一次验证了低轨 Q/V/Ka 等频段通信。工作人员使用手机连接银河卫星终端提供的 Wi-Fi 热点，通过这颗 5G 卫星实现了 3 分钟视频通话。

（三）Internet 的拓扑结构

网络拓扑是指用传输媒体互连各种设备的物理布局，一般不考虑物体的大小、形状等物理属性，而仅仅使用点或者线描述多个物体实际位置与关系的抽象表示方法。在实际应用中，计算机与网络设备要实现互连，就必须使用一定的组织结构进行连接，这种组织结构就叫作拓扑结构。网络拓扑结构形象地描述了网络的安排和配置方式，以及各节点之间的相互关系，通俗地说，拓扑结构就是指这些计算机与通信设备是如何连接在一起的。

网络拓扑结构是构成网络成员间特定的物理的（即真实的）或者逻辑的（即虚拟的）排列方式。网络拓扑结构中一般由节点、结点、链路、通路四个要素构成。四个要素的含义和作用如表 5-1 所示。

表 5-1　网络拓扑结构的四个要素

要素		含义	作用
节点	转节点	节点其实就是一个网络端口	支持网络的连接，它通过通信线路转接和传递信息，如交换机、网关、路由器、防火墙设备的各个网络端口等
	访问节点		节点是信息交换的源点和目标点，通常是用户计算机上的网卡接口
结点		结点通常是指一台网络设备，因为它们通常连接了多个节点，所以称为结点	在计算机网络中的结点又分为链路结点和路由结点，它们分别对应的是网络中的交换机和路由器
链路		链路是两个节点间的线路	链路分为物理链路和逻辑链路（或称数据链路）两种。前者是指实际存在的通信线路，由设备网络端口和传输介质连接实现；后者是指在逻辑上起作用的网络通路，由计算机网络体系结构中的数据链路层标准和协议来实现
通路		从发出信息的节点到接收信息的节点之间的一串节点和链路的组合	穿越通信网络而建立起来的节点到节点的链路串连

Internet 常用的拓扑结构主要有星形结构、环形结构、总线型结构、分布式结构、树形结构、蜂窝拓扑结构等。

1. 星形结构

星形结构是指各工作站以星形方式连接成网。网络有中央节点，其他节点（工作站、服务器）都与中央节点直接相连，这种结构以中央节点为中心，因此又称为集中式网络，如图 5－12 所示。

星形结构具有如下特点：结构简单，便于管理；控制简单，便于建网；网络延迟时间较小，传输误差较低。但缺点也是明显的：成本高、可靠性较低、资源共享能力也较差。

2. 环形结构

环形结构如图 5－13 所示，由网络中若干节点通过点到点的链路首尾相连形成一个闭合的环，这种结构使公共传输电缆组成环形连接，数据在环路中沿着一个方向在各个节点间传输，信息从一个节点传到另一个节点。

图 5－12　星形结构　　　　　　　　　　图 5－13　环形结构

环形结构具有如下特点：信息流在网络中是沿着固定方向流动的，两个节点仅有一条道路，故简化了路径选择的控制；环路上各节点都是自举控制，故控制软件简单；由于信息源在环路中是串行地穿过各个节点，当环中节点过多时，势必影响信息传输速率，使网络的响应时间延长；环路是封闭的，不便于扩充；可靠性低，一个节点故障，将会造成全网瘫痪；维护难，对分支节点故障定位较难。

3. 总线型结构

总线型结构的各工作站和服务器均挂在一条总线上，各工作站地位平等，无中心节点控制，公用总线上的信息多以基带形式串行传递，其传递方向总是从发送信息的节点开始向两端扩散，如同广播电台发射的信息一样，因此又称为广播式计算机网络，如图 5－14 所示。各节点在接收信息时都进行地址检查，看是否与自己的工作站地址相符，若相符，则接收网上的信息。

总线型结构具有如下特点：结构简单，可扩充性好，当需要增加节点时，只需要在总线上增加一个分支接口便可与分支节点相连，当总线负载不允许时还可以扩充总线；使用的电缆少，且安装容易；使用的设备相对简单，可靠性高；维护难，分支节点故障查找难。

4. 分布式结构

分布式结构是将分布在不同地点的计算机通过线路互连起来的一种网络形式。

分布式结构具有如下特点：由于采用分散控制，即使整个网络中的某个局部出现故障，也不会影响全网的操作，因而具有很高的可靠性；网络中的路径选择最短路径算法，故网上延迟时间少，传输速率高，但控制复杂；各个节点间均可以直接建立数据链路，信息流程最短；便于全网范围内的资源共享。

分布式结构的缺点为：连接线路用电缆长，造价高；网络管理软件复杂；报文分组交换、路径选择、流向控制复杂；在一般局域网中不采用这种结构。

5. 树形结构

树形结构是分级的集中控制式网络，与星形结构相比，它的通信线路总长度短，成本较低，节点易于扩充，寻找路径比较方便，但除了叶节点及其相连的线路外，任一节点或其相连的线路故障都会使系统受到影响，如图 5 - 15 所示。

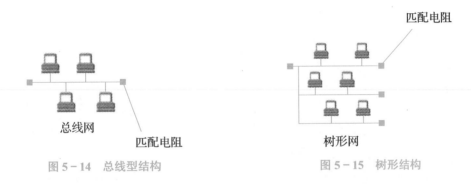

图 5 - 14　总线型结构　　　　　　　　　　图 5 - 15　树形结构

6. 蜂窝拓扑结构

蜂窝拓扑结构是无线局域网中常用的结构。它以无线传输介质（微波、卫星、红外等）点到点和多点传输为特征，是一种无线网，适用于城市网、校园网、企业网。

在计算机网络中还有其他类型的拓扑结构，如总线型与星形混合、总线型与环形混合连接的网络。在局域网中，使用最多的是星形结构和总线型结构。

本章小结

通信技术是过去几年中物联网产业中最受关注的话题，它处于物联网产业中的核心环节，具有不可替代性，起到承上启下的作用，向上可以对接传感器等产品，向下可以对接终端产品及行业应用。本章主要讲述了物联网通信技术体系、常用的几种无线通信技术和通信技术的应用，同时阐述了无线通信技术的发展过程和特点。

思考与练习

1. 近距离无线通信技术有哪些？各有什么特点？
2. 简述移动通信技术的发展和特点。
3. 简述卫星通信的工作方式。
4. 简述四层体系结构的 TCP/IP 协议。
5. 常用的 Internet 接入技术有哪些？
6. 简述 Internet 常用的拓扑结构。

06

第六章

物联网安全技术

思维导图

知识目标

（1）理解物联网安全体系。

（2）掌握 RFID 电子标签安全机制。

（3）掌握无线传感器网络安全机制。

（4）了解常用的物联网身份识别技术。

（5）了解物联网的隐私保护技术和手段。

（6）了解区块链技术的特点。

能力目标

（1）能够画出物联网安全体系框架。

（2）能够利用安全技术进行物联网初步应用。

思政目标

培养学生具备良好的职业道德和较强的法律观念，引导学生从物联网安全技术的发展中领悟自己的使命。

案例导入

物联网领域的几起安全事故

近年来，越来越多的物品被贴上了"智能"标签，成为联网设备。这给人们的生活带来许多便利，但是，这些设备的安全问题常常被人忽视，以下是发生在物联网领域的几起安全事件：

2018年9月，"学院派"黑客利用门锁漏洞，轻松盗走特斯拉；比利时鲁汶大学（KU Leuven）研究人员发现，只需要大约价值600美元的无线电和树莓派等设备就能开走一辆特斯拉。同样的攻击方法还能"窃取"迈凯伦和卡玛汽车，以及凯旋摩托车，因为同特斯拉一样，这些车都使用了被发现存在安全缺陷的Pektron遥控钥匙系统。

2018年11月，亚马逊公布物联网操作系统FreeRTOS以及AWS连接模块的13个安全漏洞，这些漏洞可能导致入侵者破坏设备，泄露内存中的内容和远程运行代码，让攻击者获得完全的设备控制权。FreeRTOS是专门为单片机设计的开源操作系统，已经被应用在包括汽车、飞机和医疗设备等40余种硬件平台。

2018年，国家药监局发布大批医疗器械企业主动召回公告，其中美敦力、GE、雅培等品牌均在列。召回的设备和产品包括磁共振成像系统、麻醉剂、麻醉系统、人工心肺机等。公告显示，召回共涉及设备和产品超过24万，主要原因在于软件安全性不足。早在2016年年底，白帽黑客发现可以远程控制美敦力心脏起搏器；2017年，研究者发现网购的起搏器存在8 000个程序漏洞，其中包括来自四大主流制造商的产品，极易遭受黑客攻击。

资料来源：佚名. 干货：物联网领域十大安全事故.（2019-07-16）[2021-02-08]. https://iot.51cto.com/art/201907/599664.htm.

案例点评

物联网涵盖范围特别广泛，在物联网上连接着无数终端设备，黑客利用物联网设备并不是新鲜事情。物联网设备制造商应该在产品设计阶段就重视安全问题。大量的安全问题出现后，使得物联网安全问题备受关注，如何保障物联网领域的安全性将是人们须尽快解决的一个重要课题。

思政园地

2019年的十大物联网灾难

近年来，围绕危险的物联网（IoT）设备引发了很多关注和争议。外国媒体"Threat Post"的相关工作人员发布了"2019年的十大物联网灾难"，盘点2019年物联网行业内最糟糕的灾难性事件。

（1）200万个物联网设备易受攻击。

研究人员说，超过200万个IP安全摄像头、婴儿监视器和智能门铃具有严重的漏洞，攻击者可以利用这些设备中的对等（P2P）通信技术，劫持设备并监视设备用户。

（2）Mirai 僵尸网络继续增长。

Mirai 于 2016 年首次在大规模 DDoS 攻击中爆发，其活动愈发频繁，2019 年其动态比 2018 年同期增加了近一倍。不仅如此，Mirai 还扩展了其技术范围，瞄准了更多企业处理器和硬件。

（3）智能锁的安全隐患。

攻击者可以利用智能锁中的漏洞远程打开门并侵入个人住所网络。虽然智能锁制造商 Hickory Hardware 已上传了补丁程序，但可想而知的是，很可能还有其他未被发现的家庭物联网漏洞威胁着人们的信息安全。

（4）物联网设备中系统性缺陷。

沃尔玛和百思买等主要零售商的收银等设备存在安全漏洞和隐私问题，例如缺少数据加密和缺少加密证书验证等。

（5）物联网酒店设备的隐私问题。

酒店客房内用来代替人工的机器人，可能会被黑客攻击来监视客房客人。数起涉及酒店的连接摄像头和设备事件引发人们关注。

（6）亚马逊旗下智能门铃制造商 Ring 涉嫌泄露摄像头隐私。

亚马逊旗下智能门铃制造商 Ring 被曝光与美国 600 多个警察部门合作，允许他们访问用户的摄像机镜头，引起了 Ring 隐私问题丑闻的风波。

（7）恶意软件攻击数以千计的物联网设备。

一些恶意软件专门针对运行在 Linux 或 Unix 操作系统上的物联网设备，它们具有已知或可猜测的默认密码。该恶意软件将破坏设备的存储内容，删除其防火墙和网络配置，并最终使其完全停止运行。

（8）智能玩具的安全隐患。

研究人员表示，联网儿童玩具存在根本性的安全问题，比如缺少与设备配对的身份验证以及联网的在线账户缺乏加密等问题，因此极易被人跟踪控制。

（9）智能手表的安全隐患升级。

儿童的联网智能手表可能会暴露儿童的个人和位置数据，攻击者可以监听和操纵对话，从而为各种隐患和威胁打开了大门。

（10）智能音箱或被监听。

来自亚马逊、谷歌和苹果的智能音箱都受到了批评，有公司雇用了数千名审计师来收听此类语音记录，也有报道称谷歌员工可以借机窃取商业秘密。

我国媒体也报道过一起物联网信息泄露事件，据报道，不法分子通过 App 破解工具对全国数十万只家用摄像头进行非法控制，再将这些摄像头的账号密码、破解工具或拍摄的私密视频进行售卖，以此获取利益。该案件虽然已经告破，但是也让很多民众开始担心物联网设备的安全问题。

资料来源：https://www.secrss.com/articles/16180.

解读

让所有物体都能实现互联互通的物联网被广泛采用，企业开始意识到物联网设备收集的数据能够带来好处。但同时，与数据安全一样，物联网安全仍然是政府内部和整个科技行业的头等大事，这也是物联网发展进程中的忧与患。

物联网安全体系

一、物联网安全需求

物联网将经济社会活动、战略性基础设施资源和人们的日常生活全面架构在全球互联互通的网络上，所有活动和设施在理论上是透明的，一旦遭受攻击，其安全和隐私将面临巨大威胁，甚至可能导致电网瘫痪、交通失控、工厂停产等一系列恶性后果。因此，实现信息安全和网络安全是物联网大规模应用的必要条件，也是物联网应用系统成熟的重要标志。

物联网安全的总体需求是指物联网的物理安全、信息采集安全、信息传输安全和信息处理安全的综合，安全的最终目标是确保信息的机密性、完整性、真实性和网络的容错性。物联网的安全形态主要由其体系结构的各个要素体现：

（1）物理安全：主要是传感器的安全，包括对传感器的干扰、屏蔽、信号截获等，是物联网安全特殊性的体现。

（2）运行安全：存在于各个要素中，涉及传感器、传输系统及处理系统的正常运行，与传统信息系统安全基本相同。

（3）数据安全：也存在于各个要素中，要求在传感器、传输系统、处理系统中的信息不会出现被窃取、被篡改、被伪造、被抵赖等情况。

由于传感器与物联网可能会因为能量受限的问题而不能运行过于复杂的保护体系，因此物联网除了面临一般信息网络所具有的安全问题外，还面临其特有的威胁和攻击。例如，相关威胁包括物理俘获、传输威胁、自私性威胁、拒绝服务威胁、感知数据威胁，相关攻击包括阻塞干扰、碰撞攻击、耗尽攻击、非公平攻击、选择转发攻击、女巫攻击、泛洪攻击、信息篡改等。这样，相关安全对策和措施主要包括加密机制和密钥管理、感知层鉴别机制、安全路由机制、访问控制机制、安全数据融合机制、容侵容错机制。由此可知，虽然人们已对物联网的特点、相关威胁与攻击进行了分类，但是目前还没有支持形式验证的物联网安全体系构架，显然，支持形式验证的物联网安全体系构架是保障安全的重要基础。

二、物联网安全体系框架

在分析物联网安全时，也相应地将其分为三个逻辑层，即感知层、传输层和处理层。

同时，在物联网的综合应用方面包括一个应用层，它是对智能处理后的信息的利用。我们可以把物联网的安全结构分成感知层、网络层和应用层三个层次。除此之外，在实际物联网安全应用中还涉及相应的制度和法律以及管理领域的安全内容。因此，物联网安全体系框架包括物联网安全认知体系、物联网各层的安全及其管理体系三个部分，如图6-1所示。

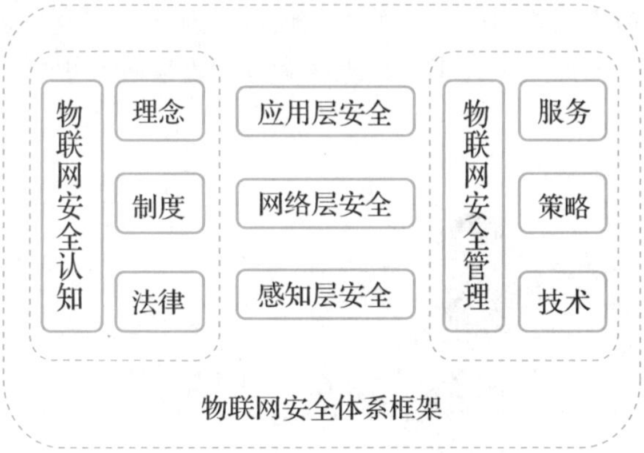

图6-1 物联网安全体系框架

（一）感知层安全

物联网感知层的任务是实现智能感知外界信息的功能。对于感知层的技术威胁，一方面可能占用了感知层的感知通道，导致感知层无法感知外界信息和收集数据，导致物联网信息传递中断；另一方面，攻击感知层可导致信息的传递出现时差，利用时差可以盗取他人信息，获取网络数据，从而导致信息的泄露。

（二）网络层安全

物联网的网络层主要实现信息的转发和传送，它将感知层获取的信息传送到远端，为数据远端进行智能处理和分析决策提供强有力的支持。网络层传输的数据数量巨大，在网络世界中，数据容量增大的同时速度增快，但对于网络节点的要求增大，而传输的异构网络就容易受到异步攻击和中间攻击等。由于物联网本身具有专业性的特征，其基础网络可以是互联网，也可以是具体的某个行业网络。物联网的网络层按功能大致可以分为接入层和核心层，因此物联网的网络层安全主要体现在以下两个方面：

（1）来自物联网本身架构、接入方式和各种设备的安全问题。物联网的接入层将采用如移动互联网、有线网、Wi-Fi和WiMAX等多种无线接入技术。接入层的异构性使得如何为终端提供移动性管理，以保证异构网络间节点漫游和服务的无缝移动成为研究的重点，其中安全问题的解决将得益于切换技术和位置管理技术的进一步研究。另外，物联网的接入将主要依靠移动通信网络，而移动通信网络中移动站与固定网络端之间的所有通信都是通过无线接口进行的。由于无线接口的开放性，使得任何使用无线设备的个体均可以通过窃听无线信道而获得其中传输的信息，甚至可以修改、插入、删除或重传无线接口中传输的消息，达到假冒移动用户身份以欺骗网络端的目的，因此移动通信网络存在无线窃听、身份假冒和数据篡改等不安全因素。

（2）来自数据传输网络的安全问题。物联网网络核心层功能的实现主要依赖于传统网络技术，其面临的最大问题是现有网络地址空间的短缺，而主要的解决方法寄希望于正在推进的IPv6技术。IPv6采用IPsec协议，在IP层上对数据包进行高强度的安全处理，提供数据源地址验证、无连接数据完整性、数据机密性、数据抗重播和有限业务流加密等安全服务。但是任何技术都不是完美的，实际IPv4网络环境中的大部分安全风险在IPv6网络环境中仍将存在，而且某些安全风险随着IPv6新特性的引入将变得更加严重。

（三）应用层安全

物联网应用是信息技术与行业专业技术紧密结合的产物。物联网应用层充分体现了物联网智能处理的特点，其涉及的技术有业务管理、中间件和数据挖掘等。应用层的工作是对于上一层传递的数据进行收集、存储和管理。在应用层中的数据可能携带有物品使用者的私人数据，恶意攻击应用层，导致系统中的数据被恶意追踪定位、记忆、窃取，这可能导致人们的信息数据被泄露，不利于人们的隐私保护，从而导致财产损失以及人身安全问题。由于物联网涉及多领域、多行业，因此广域范围的海量数据信息处理和业务控制策略将对安全性和可靠性等提出巨大的挑战，特别是在业务控制、管理和认证机制，以及中间件、隐私保护和智能终端设备等方面，安全问题显得尤为突出。

1. 业务控制、管理和认证机制安全

由于物联网设备可能是先部署后连接网络，而物联网节点又无人值守，因此如何对物联网设备远程签约，如何对业务信息进行配置就成了难题。另外，庞大且多样化的物联网必然需要一个强大而统一的安全管理平台，否则单独的安全管理平台会被各式各样的物联网应用所淹没。然而，统一的安全管理平台如何对物联网机器的日志等安全信息进行管理成为新的问题。

2. 中间件安全

软件和中间件是物联网系统的灵魂和中枢神经。在物联网中，中间件处于物联网的集成服务器端和感知层、传输层的嵌入式设备中。中间件的特点是其固化了很多通用功能，但在具体应用中多数需要二次开发以实现个性化的行业业务需求，因此，中间件的安全在物联网的应用中不可忽视。

3. 隐私保护安全

在物联网发展过程中，大量的数据涉及个体隐私问题（如个人出行路线、消费习惯、个体位置信息、健康状况和企业产品信息等），因此隐私保护是必须考虑的一个问题。如何设计不同场景、不同等级的隐私保护技术，将是物联网安全技术研究的热点问题。

4. 智能终端设备安全

智能终端设备的普及，在为生活带来极大便利的同时，也带来很多安全问题。保护智能终端设备上的数据不丢失、不被窃取，是智能终端设备安全的重要问题之一。智能终端设备被恶意控制后所造成的损失将是巨大的，因此对作为物联网终端的智能终端设备的安全保护是物联网安全的一项重要内容。

（四）物联网安全认知

物联网安全认知中的理念能够强化安全的正能量；制度强化安全理念，从道德上防止违背安全理念；法律进一步强化理念与制度，用惩罚约束负能量。

（五）物联网安全管理

物联网安全管理是为了让物联网安全技术和策略在物联网系统中有效地组织与实施的一系列组织规范，以确保用户对物联网安全的感知力和管理者对于物联网安全的控制力。

RFID 电子标签安全机制

RFID 电子标签的应用越来越多，其安全性也开始受到人们重视。RFID 电子标签自身都是有安全设计的。RFID 技术最初源于雷达技术，借助于集成电路、微处理器、通信网络等的技术进步逐渐成熟起来。RFID 技术经美国军方在海湾战争中军用物资管理方面的成功应用，使其在交通管理、人员监控、动物管理、铁路和集装箱等方面得到推广。

随着大型零售商沃尔玛、麦德龙、特易购等出于对提高供应链透明度的要求，它们相继宣布了各自的 RFID 计划，并得到供应商的支持，取得了很好的成效。从此，RFID 技术打开了一个巨大的市场。随着成本的不断降低和标准的统一，RFID 技术还将在无线传输网络、实时定位、安全防伪、个人健康、产品全生命周期管理等领域进行广泛的应用。

一、RFID 电子标签的安全设置

RFID 电子标签的安全属性与标签分类直接相关。一般来说，安全性等级中存储型最低，CPU 型最高，逻辑加密型居中。目前，广泛使用的 RFID 电子标签中以逻辑加密型居多。

（1）存储型 RFID 电子标签没有做特殊的安全设置，标签内有一个厂商固化的不重复、不可更改的唯一序列号，内部存储区可存储一定容量的数据信息，不需要进行安全认证即可读出或改写。虽然所有的 RFID 电子标签在通信链路层都没有采用加密机制，并且芯片（除 CPU 型外）本身的安全设计也不是非常强大，但在应用方面采取了很多加密手段，因此可以保证足够的安全性。

（2）逻辑加密型 RFID 电子标签具备一定强度的安全设置，内部采用逻辑加密电路和密钥算法。可设置启用或关闭安全设置，如果关闭安全设置，则电子标签等同存储卡。如 OTP（一次性编程）功能，只要启用了这种安全功能，就可以实现一次写入且不可更改的效果，可以确保数据不被篡改。另外，还有一些逻辑加密型 RFID 电子标签具备密码保护功能，这种方式是逻辑加密型 RFID 电子标签采取的主流安全模式，设置后可通过验证密钥实现对存储区内数据信息的读取或改写等。采用这种方式的 RFID 电子标签使用的密钥一般不会很长，如四位字节或六位字节数字密码。有了安全设置功能，逻辑加密型 RFID 电子标签还可以具备一些身份认证及小额消费的功能，如第二代居民身份证、Mifare（非接触性辨识技术）公交卡等。

（3）CPU 型 RFID 电子标签在安全方面做得最多，因此在安全方面有很大的优势。但从严格意义上来说，此种电子标签不应归属为 RFID 电子标签范畴，而应属于非接触智能卡类。由于使用 ISO 14443 Type A/B 协议的 CPU 非接触智能卡与应用广泛的 RFID 高频电子标签通信协议相同，所以通常也被归为 RFID 电子标签类。广义的 CPU 型 RFID 电子标签具备极高的安全性，芯片内部的片内操作系统（COS）本身采用了安全的体系设计，并且在应用方面设有密钥文件、认证机制等，与前几种 RFID 电子标签的安全模式相比有了极大的提高，也保持着目前唯一没有被人破解的纪录。这种 RFID 电子标签将会更多地应用于带有金融交易功能的系统中。

二、RFID 电子标签在应用中的安全机制

存储型 RFID 电子标签的应用主要是通过快速读取 ID 号来达到识别的目的，主要应用于动物识别、跟踪追溯等方面。这种应用要求的是应用系统的完整性，而对于标签存储数据要求不高，多是应用唯一序列号的自动识别功能。

如果部分容量稍大的存储型 RFID 电子标签想在芯片内存储数据，对数据做加密后写入芯片即可，信息的安全性主要由应用系统密钥体系安全性的强弱来决定，与存储型 RFID 电子标签本身没有太大关系。

逻辑加密型 RFID 电子标签应用极其广泛，并且其中还有可能涉及小额消费功能，因此它的安全设计是极其重要的。逻辑加密型 RFID 电子标签内部存储区一般按块分布，并有密钥控制位设置每个数据块的安全属性。先来解释一下逻辑加密型 RFID 电子标签的密钥认证功能流程，以 Mifare 为例，如图 6-2 所示。

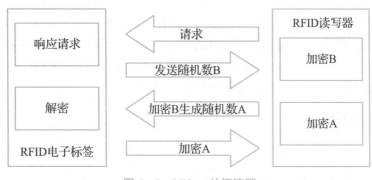

图 6-2　Mifare 认证流程

由图 6-2 可知，认证流程可以分成以下几个步骤：

（1）应用程序通过 RFID 读写器向 RFID 电子标签发送认证请求。

（2）RFID 电子标签收到请求后向读写器发送一个随机数 B。

（3）读写器收到随机数 B 后向 RFID 电子标签发送使用要验证的密钥加密 B 的数据包，其中包含读写器生成的另一个随机数 A。

（4）RFID 电子标签收到数据包后，使用芯片内部存储的密钥进行解密，解出随机数 B 并校验与之发出的随机数 B 是否一致。

（5）如果是一致的，则 RFID 电子标签使用芯片内部存储的密钥对 A 进行加密并发送给读写器。

（6）读写器收到此数据包后，进行解密，解出 A 并与前述的 A 比较是否一致。

如果上述每一个环节都成功，则验证成功，否则验证失败。这种验证方式是非常安全的，破解的强度也是非常大的，如 Mifare 的密钥为 6B，也就是 48B，Mifare 一次典型验证需要 6ms，如果在外部使用暴力破解，所需时间为 248×6ms/3.6×106h，结果是一个非常大的数字，常规破解手段将无能为力。

CPU 型 RFID 电子标签的安全设计与逻辑加密型类似，但安全级别与强度要高得多，

CPU 型 RFID 电子标签芯片内部采用了核心处理器，而不是如逻辑加密型 RFID 电子标签芯片那样在内部使用逻辑电路；并且芯片安装有专用操作系统，可以根据需求将存储区设计成不同大小的二进制文件、记录文件、密钥文件等。使用 FAC 设计每一个文件的访问权限，密钥验证的过程与逻辑加密型 RFID 相类似，也是采用"随机数 + 密文传送 + 芯片内部验证"的方式，但密钥长度为 16B，并且还可以根据芯片与读写器之间采用的通信协议使用加密传送通信指令。

第三节

无线传感器网络安全机制

随着传感器、计算机、无线通信和微机电等技术的发展和相互融合，产生了无线传感器网络（WSN）。目前，WSN 的应用越来越广泛，已涉及国防军事、国家安全等敏感领域，安全问题的解决是这些应用得以实施的基本保证。WSN 一般部署广泛，节点位置不确定，网络的拓扑结构也处于不断变化之中。

一、WSN 安全问题

（一）WSN 与安全相关的特点

WSN 与安全相关的特点主要有以下几个：

（1）资源受限，通信环境恶劣。WSN 单个节点能量有限，存储空间和计算能力差，直接导致了许多成熟、有效的安全协议和算法无法顺利应用。另外，节点之间采用无线通信方式，信道不稳定，信号不仅容易被窃听，而且容易被干扰或篡改。

（2）部署区域的安全无法保证，节点易失效。传感器节点一般部署在无人值守的恶劣环境或敌对环境中，其工作空间本身就存在不安全因素，节点很容易受到破坏，一般无法对其进行维护，因此节点很容易失效。

（3）网络无基础框架。在 WSN 中，各节点以自组织的方式形成网络，以单跳或多跳的方式进行通信，由节点相互配合实现路由功能，没有专门的传输设备，传统的端到端的安全机制无法直接应用。

（4）部署前地理位置具有不确定性。在 WSN 中，节点通常随机部署在目标区域，任何节点之间是否存在直接连接，在部署前是未知的。

（二）安全需求

WSN 的安全需求主要有以下几个方面：

（1）机密性。机密性要求对 WSN 节点间传输的信息进行加密，让任何人在截获节点间的物理通信信号后，不能直接获得其所携带的消息内容。

（2）完整性。WSN 的无线通信环境为恶意节点实施破坏提供了方便，完整性要求节点收到的数据在传输过程中未被插入、删除或篡改，即保证接收到的消息与发送的消息是一致的。

（3）健壮性。WSN 一般被部署在恶劣环境、无人区域或敌方阵地中，外部环境条件具有不确定性。另外，随着旧节点的失效或新节点的加入，网络的拓扑结构不断发生变化，因此，WSN 必须具有很强的适应性，使得单个节点或者少量节点的变化不会威胁整个网络的安全。

（4）真实性。WSN 的真实性主要体现在两个方面：点到点的消息认证和广播认证。点到点的消息认证使得某一节点在收到另一节点发送来的消息时，能够确认这个消息确实是从该节点发送过来的，而不是别人冒充的。广播认证主要解决单个节点向一组节点发送统一通告时的认证安全问题。

（5）新鲜性。在 WSN 中，由于网络多路径传输延时的不确定性和恶意节点的重放攻击，使得接收方可能收到延后的相同数据包。新鲜性要求接收方收到的数据包都是最新的、非重放的，即体现消息的时效性。

（6）可用性。可用性要求 WSN 能够按预先设定的工作方式向合法的用户提供信息访问服务。然而，攻击者可以通过信号干扰、伪造或者复制等方式使 WSN 处于部分或全部瘫痪状态，从而破坏系统的可用性。

（7）访问控制。WSN 不能通过设置防火墙进行访问过滤，由于硬件受限，因此也不能采用非对称加密体制的数字签名和公钥证书机制。WSN 必须建立一套符合自身特点，综合考虑性能、效率和安全性的访问控制机制。

二、WSN 的安全机制

安全是系统可用的前提，需要在保证通信安全的前提下，降低系统开销，研究可行的安全算法。由于无线传感器网络受到的安全威胁和移动 Ad-Hoc 网络不同，因此现有的网络安全机制无法应用于本领域，需要开发专门协议。目前，主要存在如下两种思路：

一种思路是从维护路由安全的角度出发，寻找尽可能安全的路由以保证网络安全。如果路由协议被破坏导致传送的消息被篡改，那么对于应用层上的数据包来说没有任何安全性可言。一种方法是"有安全意识的路由"，其思想是找出真实值和节点之间的关系，然后利用这些真实值去生成安全的路由。该方法解决了两个问题，即保证数据在安全路径中传送和路由协议中的信息安全。在这种模型中，当节点的安全等级达不到要求时，就会自动地从路由选择中退出以保证整个网络的路由安全。可以通过多径路由算法改善系统的稳健性，数据包通过路由选择算法在多条路径中向前传送，在接收端内通过前向纠错技术得到重建。

另一种思路是把着重点放在安全协议方面，在此领域也出现了大量的研究成果。假定传感器网络的任务是为高级政要人员提供安全保护，提供一个安全解决方案将为解决这类安全问题带来一个合适的模型。在具体的技术实现上，先假定基站总是正常工作的，并且总是安全的，满足必要的计算速度、存储器容量；基站功率满足加密和路由的要求；通信模式是点到点，通过端到端的加密保证数据传输的安全性；射频层总是正常工作。基于以上前提，典型的安全问题可以总结如下：

（1）信息被非法用户截获。

（2）一个节点遭破坏。

（3）识别伪节点。

（4）如何向已有传感器网络添加合法的节点。

此方案是不采用任何路由机制。在此方案中，每个节点和基站分享一个唯一的 64 位密匙和一个公共的密匙，发送端会对数据进行加密，接收端接收到数据后根据数据中的地址选择相应的密匙对数据进行解密。

无线传感器网络中有两种专用安全协议：安全网络加密协议（Sensor Network Encryption Protocol，SNEP）和基于时间的高效的容忍丢包的流认证协议 μTESLA。SNEP 的功能是提供节点到接收机之间数据的鉴权、加密、刷新，μTESLA 的功能是对广播数据的鉴权。因为无线传感器网络可能是布置在敌对环境中，为了防止供给者向网络注入伪造的信息，需要在无线传感器网络中实现基于源端认证的安全组播。但由于在无线传感器网络中，不能使用公钥密码体制，因此源端认证的安全组播并不容易实现。传感器网络安全协议 SP INK 中提出了基于源端认证的组播机制 μTESLA，该方案是对 TESLA 协议的改进，使之适用于传感器网络环境。其基本思想是采用 Hash 链的方法在基站生成密钥链，每个节点预先保存密钥链最后一个密钥作为认证信息，整个网络需要保持松散同步，基站按时段依次使用密钥链上的密钥加密消息认证码，并在下一时段公布该密钥。

三、WSN 安全研究重点

WSN 安全问题已经成为 WSN 研究的热点与难点，随着对 WSN 安全研究的不断深入，以下几个方向将成为研究的重点。

（一）密钥管理

（1）密钥的动态管理问题。WSN 的节点随时都可能发生变化（捕获、增加等），其密钥管理方案要具有良好的可扩展性，能够通过密钥的更新或撤销适应这种频繁的变化。

（2）丢包率的问题。WSN 因其无线的通信方式而存在一定的丢包率。目前，绝大多数的密钥管理方案都是建立在不存在丢包的基础上的，这与实际不相符。因此，需要设计一种允许一定丢包率的密钥管理方案。

（3）分层、分簇或分组密钥管理方案的研究。WSN 一般节点数目较多，整个网络的安全性与节点资源的有限性之间的矛盾通过传统的密钥管理方式很难解决，而通过对节点进行合理的分层、分簇或分组管理，可以在提高网络安全性的同时，降低节点的通信、存储开销。因此，密钥管理方案的分层、分簇或分组研究是 WSN 安全研究的一个重点。

（4）椭圆曲线密码算法在 WSN 中的应用研究。

（二）安全路由

WSN 没有专门的路由设备，传感器节点既要完成信息的感应和处理，又要实现路由功能。另外，传感器节点的资源受限，网络拓扑结构也会不断发生变化，这些特点使得传统的路由算法无法应用到 WSN 中。设计具有良好的扩展性，且适应 WSN 安全需求的安全路由算法是 WSN 安全研究的重要内容。

（三）安全数据融合

在 WSN 中，传感器节点一般部署较为密集，相邻节点感知的信息有很多都是相同的，为了节省带宽、提高效率，信息传输路径上的中间节点一般会对转发的数据进行融合，减少数据冗余。但是数据融合会导致中间节点获知传输信息的内容，降低了传输内容的安全性。在确保安全的基础上，提高数据融合技术的效率是 WSN 实际应用中需要解决的问题。

（四）入侵检测

（1）针对不同的应用环境与攻击手段，做好误检率与漏检率之间的平衡问题。

（2）结合集中式和分布式检测方法的优点，更高效地研究入侵检测机制。

（五）安全强度与网络寿命的平衡

WSN 的应用很广泛，针对不同的应用环境，如何在网络的安全强度和使用寿命之间取得平衡，在安全的基础上充分发挥 WSN 的效能，也是一个急需解决的问题。

物联网身份识别技术

一、电子 ID 身份识别技术

在各种信息系统中，身份识别通常是获得系统服务所必须通过的第一道关卡。例如，移动通信系统需要识别用户的身份进行计费，一个受控安全信息系统需要基于用户身份进行访问控制等。因此，确保身份识别的安全性对系统的安全是至关重要的。

目前，常用的身份识别技术可以分为两大类：一类是基于密码技术的各种电子 ID 身份识别技术；另一类是基于生物特征识别的识别技术。以下主要讨论和介绍电子 ID 身份识别技术。

（1）通行字识别方式（Password）是使用最广泛的一种身份识别方式。通行字一般是由数字、字母、特殊字符、控制字符等组成的长为 5～8 个字符的字符串。通行字选择规则：易记，难以被别人猜中或发现，抗分析能力强。此外，还需要考虑它的选择方法、使用期、长度、分配、存储和管理等。

通行字技术识别办法：识别者 A 先输入他的通行字，然后计算机确认它的正确性。A 和计算机都知道这个秘密通行字，A 每次登录时，计算机都要求 A 输入通行字。要求计算机存储通行字，一旦通行字文件暴露，其他人就可获得通行字。为了克服这种缺陷，建议采用单向函数。此时，计算机存储的是通行字的单项函数值而不是存储通行字。

（2）持证（Token）的方式，这里的"证"是一种个人持有物，它的作用类似于钥匙，用于启动电子设备。Token 的实现过程如图 6-3 所示。

Token 一般使用一种嵌有磁条的塑料卡，磁条上记录有用于机器识别的个人信息，这类卡通常和个人识别号（PIN）一起使用。这类卡易于制造而且磁条上记录的数据也易于转录，因此要设法防止仿制。为了提高磁卡的安全性，建议使用一种被称为智能卡的磁卡来代替普通磁卡，智能卡与普通磁卡的主要区别在于智能卡带有智能化的微处理器和存储器。

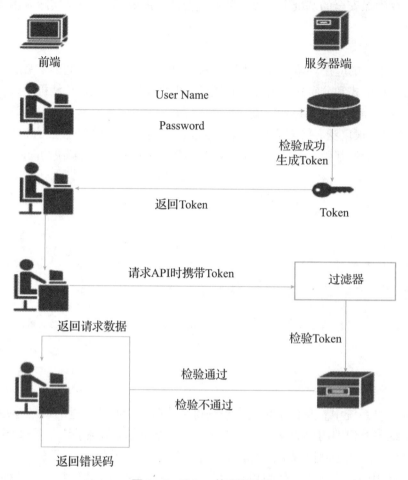

图 6-3　Token 的实现过程

　　智能卡是一种芯片卡 /CPU 卡，它是由一个或多个集成电路芯片组成，并封装成便于人们携带的卡片，在集成电路中具有微计算机 CPU 和存储器。智能卡具有暂时或永久的数据存储能力，其内容可供外部读取或供内部处理和判断之用，同时具有逻辑处理功能，用于识别和响应外部提供的信息。日常应用的智能卡有手机里的 SIM 卡、银行卡等。由于智能卡具有安全存储和处理能力，因此智能卡在个人身份识别方面有着得天独厚的优势。下面分别介绍基于对称密码体制的身份识别技术和基于非对称密码体制的身份识别技术。

（一）基于对称密码体制的身份识别技术

　　采用密码的身份识别技术从根本上来说是基于用户所持有的一个秘密。所以，秘密必须和用户的身份绑定。

1.用户名 / 口令鉴别技术

　　这种身份鉴别技术最简单，是目前应用最普遍的身份识别技术，如 Windows NT、各类 UNIX 操作系统、信用卡和各类系统的操作员登录等，都大量使用用户名 / 口令鉴别技术。

　　这种技术的主要特征是每个用户持有一个口令作为其身份的证明。在验证端，保存一个数据库来实现用户名与口令的绑定。当对用户身份进行识别时，用户必须同时提供用户名和口令。

用户名 / 口令具有实现简单的优点，但存在以下安全方面的缺点：

（1）大多数系统的口令是明文传送到验证服务器的，容易被截获。某些系统在建立一个加密链路后再进行口令的传输以解决此类问题，如配置链路加密机。招商银行的网上银行就是以 SSL 建立加密链路后再传输用户口令的。

（2）口令维护的成本较高。为保证安全性，口令应当经常更换。另外，为避免对口令的攻击，口令应当保证一定的长度，并且尽量采用随机的字符，但是这样带来难以记忆、容易遗忘的缺点。

（3）口令容易在输入的时候被攻击者偷窥，而且用户无法及时发现。

2. 动态口令技术

为解决上述问题，在发明著名公钥算法 RSA 基础上建立起来的美国 RSA 公司在其一种产品 SecurID 中采用了动态口令技术。每个用户发有一个身份令牌，该令牌以每分钟一次的速度产生新的口令，验证服务器会跟踪每一个用户的 ID 令牌产生的口令相位。这是一种时间同步的动态口令系统。该系统解决了口令被截获和难以记忆的问题，在国外得到广泛的使用。很多大公司使用 SecurID，用于接入 VPN 和远程接入应用、网络操作系统等。

在使用时，SecurID 与个人识别号结合使用，也就是所谓的双因子认证。用户用其所知道的 PIN 和其所拥有的 SecurID 两个因子向服务器证明自己的身份，比单纯的用户名 / 口令鉴别技术有更高的安全性。

3. 挑战 – 响应（Challenge-Response）识别技术

挑战 – 响应是最为安全的对称体制身份识别技术。它利用 Hash 函数，在不传输用户口令的情况下识别用户的身份。系统与用户事先共享一个密码 x。当用户要求登录系统时，系统产生一个随机数（Random）作为对用户的挑战（Challenge），用户计算 Hash（Random，x）作为响应（Response）传给服务器。服务器从数据库中取得 x，也计算 Hash（Random，x），如果结果与用户传来的结果一致，说明用户持有 x，从而验证了用户的身份。

挑战 – 响应技术已经得到广泛使用。Windows NT 的用户认证就采用了这一技术。IPSec 协议中的密钥交换（IKE）也采用了该识别技术。该技术的流程如图 6 - 4 所示。

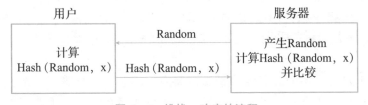

图 6 - 4 挑战 – 响应的流程

（二）基于非对称密码体制的身份识别技术

采用对称密码体制的身份识别技术的主要特点是必须拥有一个密钥分配中心（KDC）或中心认证服务器，该服务器保存所有系统用户的秘密信息。这对于一个比较方便进行集中控制的系统来说是一个较好的选择。当然，这种体制对于中心数据库的安全要求是很高的，因为一旦中心数据库被攻破，整个系统就会崩溃。

随着网络应用的普及，对系统外用户的身份识别的要求不断增加，即某个用户没有在一个系统中注册，但也要求能够对其身份进行识别。尤其是在分布式系统中，这种要求格外突出。这种情况下，非对称密码体制技术就显示出了它独特的优越性。

采用非对称密码体制时，每个用户被分配一对密钥（也可由自己产生），称为公开密钥和秘密密钥。其中，秘密密钥由用户妥善保管，公开密钥则向所有人公开。由于这一对密钥必须配对使用，因此用户如果能够向验证方证实自己持有秘密密钥，就证明了自己的身份。

非对称密码体制身份识别的关键是将用户身份与密钥绑定。CA 通过为用户发放数字证书来证明用户公钥与用户身份的对应关系。

目前，证书认证的通用国际标准是 X.509。证书中包含的关键内容是用户的名称和用户公钥，以及该证书的有效期和发放证书的 CA 机构名称。所有内容由 CA 用其密钥进行数字签名，由于 CA 是大家信任的权威机构，因此所有人可以利用 CA 的公开密钥验证其发放证书的有效性，进而确认证书中公开密钥与用户身份的绑定关系，随后可以用用户的公开密钥来证实其确实持有秘密密钥，从而证实用户的身份。

采用数字证书进行身份识别的协议有很多，SSL 和 SET 是其中的两个典型样例。它们向验证方证实自己身份的方式与图 6－4 类似，如图 6－5 所示。验证方向用户提供任意随机数；用户以其私钥 Kpri 对随机数进行签名，将签名和自己的证书提交给验证方；验证方验证证书的有效性，从证书中获得用户公钥 Kpub，以 Kpub 验证用户签名的随机数。

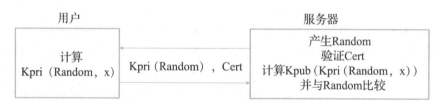

图 6－5　基于数字证书的识别过程

二、个人特征的身份证明

个人特征有静态的和动态的，如容貌、肤色、身高、手印、指纹、脚印、外界刺激下的反应等。当然，采用哪种方式还要为被验证者所接受。有些检验项目如唇印需要借助仪器，当然不是所有场合都能采用。足印等虽然识别率很高，但难以为人们接受而不能广泛使用。

个人特征都具有因人而异和随身携带的特点，不会丢失且难以伪造，极适用于个人身份认证。验证设备需有一定的容差。容差太小可能使系统经常不能正确识别出合法用户，造成虚警概率过大。实际系统设计中，要在容差大小之间做出最佳选择。有些个人特征会随时间变化，有些个人特征则具有终生不变的特点，如 DNA、视网膜、虹膜、指纹等。

（一）手书签字验证

传统的协议、契约等都以手书签字生效。发生争执时则由法庭判决，一般都要经过专家鉴定。由于签字动作和字迹具有强烈的个性，因此可作为身份识别的可靠依据。

机器可自动识别手书签字。机器自动识别的任务有二：一是签字的文字含义；二是手书的字迹风格。后者对于身份识别尤为重要。识别可从已有的手迹和签字的动力学过程中的个人动作特征出发。前者为静态识别，后者为动态识别。静态识别是根据字迹的比例、倾斜的角度、整个签字布局及字母形态等进行的。动态识别是根据实时签字过程进行的，要测量和分析书写时的节奏、笔画顺序、轻重、断点次数、环、拐点、斜率、速度、加速度等个人特征。机器自动识别可能成为软件安全工具的新成员，将在互联网的安全上起重要作用。

可能的伪造签字类型：一是不知真迹时，按得到的信息（如银行支票上印的名字）随手签的字；二是已知真迹模仿签字或映描签字。前者比较容易识别，而后者的识别就困难得多。

（二）指纹验证

指纹验证早就用于契约签证和侦察破案。由于没有两个人（包括孪生儿）的皮肤纹路图样完全相同，而且纹路的形状不随时间而变化，提取指纹作为永久记录存档又极为方便，因此指纹验证成为进行身份识别的准确而可靠的手段。每个指头的纹路可分为两大类，即环状和涡状；每类又根据其细节和分叉等分成 50 ~ 200 个不同的图样，通常由专家来进行指纹鉴别。近年来，许多国家都在研究计算机自动识别指纹图样，将指纹验证作为接入控制手段会大大提高系统的安全性和可靠性。但由于机器识别指纹的成本目前还很高，因此还未能广泛地用在一般系统中。

（三）语音验证

每个人的说话声音都各有特点，人对于语音的识别能力是很强的，即使在强干扰下，也能分辨出某个熟人的话音。在军事和商业通信中，常常靠听对方的语音实现个人身份识别。美国 AT&T 公司为拨号电话系统研制了语音护符系统 VPS（Voice Password System）和用于自动支付系统（ATM）中的智能卡系统，它们都是以语音分析技术为基础的。

（四）视网膜图样验证

人的视网膜血管的图样（即视网膜脉络）具有良好的个人特征。视网膜识别的基本方法是利用光学和电子仪器将视网膜血管图样记录下来，一个视网膜血管的图样可压缩为小于 35B 的数字信息，可根据对图样的节点和分支的检测结果进行分类识别，被识别人必须合作并允许采样。研究表明，该方法识别验证的效果相当好。目前，视网膜图样验证已在军事和银行系统中采用，但其成本比较高。

（五）虹膜图样验证

虹膜是巩膜的延长部分，是眼球角膜和晶体之间的环形薄膜。其图样具有个人特征，可以提供比指纹更为细致的信息，可以在 35 ~ 40cm 的距离采样，比采集视网膜图样要方便，易为人们所接受。存储一个虹膜图样需要 256B，所需的计算时间为 100ms。该方法可用于安全人口、接入控制、信用卡、POS、ATM、护照等的身份认证。

（六）脸型验证

研究人员哈蒙等设计了一种通过照片识别人脸轮廓的验证系统。对 100 个"好"对象识别结果正确率达 100%，但对"差"对象的识别要困难得多，要求更细致的实验。对于不加选择的对象集合的身份识别几乎可达到完全正确，可作为司法部门有力的辅助工具。目前，有多家公司从事脸型自动验证新产品的研制和生产，它们利用图像识别、神经网络和红外扫描探测人脸的"热点"进行采样、处理和提取图样信息。Visionics 公司的面部识别产品 FaceIt 已用于网络环境中，其软件开发工具（SDK）可以集中录入信息系统中，作为金融接入控制、电话会议、安全监视、护照管理、社会福利发放等系统的应用软件。

2012 年 11 月，武汉市公安部门构建的高精准人脸识别系统，能在 1 秒钟内比对 1 亿次图像，瞬间可辨认犯罪嫌疑人。这套系统通过安装在城市道路路口、两侧以及公交车上的 25 万个视频探头进行图像采集。视频监控将捕捉到的人像与后台数据中犯罪嫌疑人面部特征进行精确比对，可在几秒内锁定目标对象。

（七）身份证实系统的设计

选择和设计实用的身份证实系统是不容易的，Mitre 公司曾为美国空军电子系统部做过基地设施安全系统规划，分析比较语音、手书签字和指纹三种身份证实系统的性能。设计时要考虑三个方面问题：一是作为安全设备的系统强度；二是用户的可接受性；三是系统的成本。

第五节 物联网隐私保护技术

物联网需要面对两个至关重要的问题，那就是个人隐私与商业机密。物联网发展的广度和可变性，从某种意义上决定了有些时候它只具备较低的复杂度，因此从安全和隐私的角度来看，未来的物联网中由"物品"所构成的"云"将是极其难以控制的。

对于安全性相关技术，有很多工作需要完成。首先，考虑到现存的很多加密技术，为了确保物联网的机密性，需要在加密算法的提速和能耗降低上下功夫。其次，为了保障物联网密码技术的安全与可靠，未来物联网的任何加密与解密系统都需要获得一个或几个统一密钥分配机制的支持。对于那些小范围的系统，密钥的分配可能是在生产过程中或者是在部署时进行的。但是仅仅对于这种情况，依托于临时自组网络的密钥分配系统，也只是在最近几年才被提出。所以，工作难度和任务量可想而知。

对于隐私领域来说，情况就更加严峻了。从研究和关注度的角度来看，隐私性和隐私技术一直是整个技术和应用发展过程中的短板。其中一个原因是公众对于隐私的漠视。而对技术人员来说，最大的缺憾是保护隐私的各种技术还没有研究与发展出来。首先，现有的各种系统并不是针对资源受限访问型设备而设计的；其次，对于隐私的整体科学认知也仅仅处在起始阶段。

一、信息隐藏技术

信息隐藏将在未来网络中保护信息不受破坏方面起到重要作用，信息隐藏是把机密信息隐藏在大量信息中不让对手发觉的一种方法。信息隐藏的方法主要有匿形术、数字水印技术、可视密码技术等。

（一）匿形术

匿形术就是将秘密信息隐藏到看上去普通的信息（如数字图像）中进行传送。现有的匿形术方法主要有利用高空间频率的图像数据隐藏信息、采用最低有效位方法将信息隐藏到宿主信号中、使用信号的色度隐藏信息、在数字图像的像素亮度的统计模型上隐藏信息等。

（二）数字水印技术

数字水印技术是将一些标识信息（即数字水印）直接嵌入数字载体（包括多媒体、文档、软件等）当中，但不影响原载体的使用价值，也不容易被人的知觉系统（如视觉或听觉系统）觉察或注意到。

目前，主要有两类数字水印：一类是空间数字水印，另一类是频率数字水印。空间数字水印的典型代表是最低有效位算法，其原理是通过修改表示数字图像的颜色或颜色分量的位平面，调整数字图像中感知不重要的像素来表达水印的信息，以达到嵌入水印的目的。频率数字水印的典型代表是扩展频谱算法，其原理是通过时频分析，根据扩展频谱特性，在数字图像的频率域上选择那些对视觉最敏感的部分，使修改后的系数隐含数字水印的信息。数字水印与加密技术不同，数字水印并不能阻止盗版活动的发生，但它可以判别对象是否受到保护，监视被保护数据的传播、真伪鉴别和非法复制，解决版权纠纷并为法庭提供证据。

（三）可视密码技术

可视密码技术是 1994 年被首次提出的，其主要特点是恢复秘密图像时不需要任何复杂的密码学计算，而是以人的视觉就可以将秘密图像辨别出来。其做法是产生 n 张不具有任何意义的胶片，任取其中 2 张胶片叠合在一起即可还原出隐藏在其中的秘密信息。其后，人们又对该方法进行了改进和发展。主要的改进办法有：使产生的 72 张胶片都有一定的意义，这样做更具有迷惑性；将针对黑白图像的可视秘密共享扩展到基于灰度和彩色图像的可视秘密共享。

二、位置隐私技术

随着感知定位技术的发展，人们可以更加快速、精确地获知自己的位置，基于位置的服务（LBS）应运而生。利用用户的位置信息，服务提供商可以提供一系列的便捷服务。但是，当用户在享受位置服务的过程中，可能会泄露自己的个人爱好、社会关系和健康信息。因此，保护用户隐私成为物联网环境必须实施的技术，位置隐私技术就是其中之一。

基于匿名的位置隐私技术主要是隐藏用户身份标识，即将用户的身份标识和其绑定的位置信息的关联性分割开。根据位置匿名化处理方法的不同，位置匿名技术可以分为位置 k- 匿名、假位置和空间数据加密。

（一）位置 k- 匿名

格鲁蒂泽和霍什戈扎兰最早将数据库中的 k- 匿名概念引入 LBS 隐私保护研究领域，提出位置 k- 匿名，即当一个移动用户的位置无法与其他 k-1 个用户的位置相区别时，称此位置满足位置 k- 匿名。

（二）假位置

如果不能找到其他 k-1 个用户进行 k 匿名，则可以通过发布假位置达到以假乱真的效果。用户可以生成一些假位置，并同真实位置一起发送给服务提供者。这样，服务提供者就不能分辨出用户的真实位置，从而使用户位置隐私得到保护。

（三）空间数据加密

大量物体和人员的位置信息构成了海量的空间数据。空间数据加密方法不需要用户向服务提供者发送其位置信息，而是通过对位置加密达到匿名的效果。例如，有人提出了一种基于赫尔伯特（Hilbert）曲线的空间位置匿名方法，其核心思想是将空间中的用户位置及查询点位置单向转换到一个加密空间，在加密空间中进行查询。该方法首先将整个空间旋转一个角度，在旋转后的空间中建立 Hilbert 曲线。用户提出查询时，根据 Hilbert 曲线将自己的位置转换成 Hilbert 值，提交给服务提供者；服务提供者从被查询点中找出与用户 Hilbert 值最近的点，并将其返回给用户。

三、制度约束

用制度来规范信息的使用，可以说是最基础、最根本的隐私保护手段。针对用户隐私的保护，各国制定的法律不尽相同，而各种机构规范用户信息使用的规章制度也是千差万别，然而它们大多遵循以下五条原则：

（1）用户享有知情权。个人信息的采集必须在用户知晓的前提下进行，同时用户必须知晓信息采集的目的。

（2）用户享有选择权。用户必须能够自由选择自己的信息被应用于何种用途。

（3）用户享有参与权。用户必须能够自由访问自己被采集的信息，同时必须能对信息中的不实之处进行指出与修正。

（4）数据采集者有确保数据准确性和安全性的义务。在采集了用户的信息数据之后，采集者必须对数据妥善保管，保证数据的真实准确，同时应该保护数据不被第三方窃取。

（5）强制性。上述原则须有强制力的保证执行，当数据采集者违反任何一条时，必须受到问责和制裁。

虽然用制度来约束是最根本的一种隐私保护手段，但这种方式并不能完全解决用户的隐私保护问题。制度约束的方式并不完美无瑕，它存在以下几个问题：

（1）不同国家、地区之间，用户隐私方面的法律有着大大小小的区别，这无疑给服务提供商向海外拓展业务造成了无形的壁垒。

（2）对不同的用户来说，用户隐私的重要程度也不尽相同，然而作为"一刀切"的法律，不可能照顾到不同用户的不同需求。因此，制度约束的方式相比其他隐私保护手段来说缺乏灵活性。

（3）制度约束的方式在很大程度上只能亡羊补牢，不能事前预防隐私侵害的发生。

（4）规章制度的制定和立法往往过程漫长，因此隐私保护的规章制度和法律往往滞后于科技的发展，无法及时应对新科技带来的威胁。

有鉴于此，保护隐私仅靠制度约束是不够的，必须有其他的隐私保护手段作为辅助。

区块链技术

一、区块链技术的内涵与实质

区块链（Blockchain）是一个由不同节点共同参与的分布式数据库系统，是开放式的账簿系统。它由一串按照密码学方法产生的数据块或数据包组成，即区块（Block），对每一个区块数据信息都自动加盖时间戳，从而计算出一个数据加密数值，即哈希值（Hash）。每一个区块都包含上一个区块的哈希值，从创始区块（Genesis Block）开始链接（Chain）到当前区域，从而形成区块链。

区块链技术的实质是在信息不对称的情况下，无须相互担保信任或第三方（所谓的"中心"）核发信用证书，采用基于互联网大数据的加密算法创设的节点普遍通过即为成立的节点信任机制。任何机构和个人都可以作为节点参与创设信任机制，而且创设的区块必须在全网公示，任何节点参与人都看得见。节点越多，要求的计算力就越强，只有超过51%的节点都通过，才能确立一个新区块成立，即获得认可；同时，要想篡改或造假，也需要掌控超过51%的节点才可以。理论上，当区块链的节点达到足够数量时，这种大众广泛参与的信任创设机制，可以无须"中心"授权即可形成信任、达成和约、确立交易、自动公示、共同监督。

二、区块链对用户隐私的保护

隐私是人类的基本权利，在互联网时代过去的几十年时间里，公共和私有领域的中央数据库，已经采集到了个人和机构所有种类的机密信息，有些连他们本人都不知道。各地的人都很担心公司会通过数字世界采集他们的信息来制造"网络克隆"，甚至是用来监视国家。这种行为对隐私构成了两次冒犯，其一是在我们不知情的情况下，或未经我们同意，就擅自收集并使用我们的资料；其二是未能保护好这些具有吸引力的信息不受黑客盗取。

区块链技术可以不设置网络层身份认证要求，这意味着在下载并使用区块链软件的时候，所有人都不需要提供姓名、电子邮箱地址或其他个人数据。区块链无须了解每个人的身份。

此外，身份识别及验证层与交易层是分离的，以比特币为例，当比特币从甲方地址转移到乙方地址的过程中，甲方会进行广播，而交易过程中不会提及任何人的身份。之后，网络会证实甲方的确控制这批比特币，而且甲方已经批准这笔交易，之后再把甲方的信息标为"未使用交易输出项"，并与乙方地址关联起来。只有当乙方要使用这一笔比特币时，网络才会确认现在这些比特币由乙方控制。

在区块链上，参与者可以选择保持一定程度的匿名性，这样他们就不需要附加其他与身份相关的具体信息，或在中央数据库中录入这些细节。区块链上不会放置对别人有吸引力的大量个人数据。通过区块链协议，我们可以选择某项交易或某个环境中我们能接受的隐私级，这能帮助我们更好地管理身份信息，并维护我们同世界的交流。

三、区块链的安全

在互联网或者物联网上，总是存在黑客攻击、身份窃取、诈骗、网络欺诈、网络钓鱼、发送垃圾邮件等这些破坏社会个体安全的行为。而普通互联网用户一般只能依靠薄弱的密码环节来保护邮件和网上的账户，因为服务提供商并没有给出更好的保护措施。因此，在网络中嵌入安全措施是保证信息机密性、活动的真实性和不可抵赖性的重要手段。任何想要参与其中的人都必须使用加密等安全技术。

一般来说，最长的链一般也是最安全的链。如在比特币的安全技术应用中，参与方使用公钥基础设施来搭建安全平台。公钥基础设施是非对称加密算法的一种高级形式——用户拥有两个功能不同的密钥：一个用来加密，另一个用来解密，因此它们是非对称的。比特币区块链是目前全世界公钥基础设施最大的平民化应用，仅次于美国国防部公共访问系统。它的安全主要得益于其相对成熟性以及其建立的字节币用户与比特币矿工的基础，入侵这种区块链，需要投入比攻击短链更多的计算力。

本章小结

物联网融合了嵌入式技术、通信技术和云计算技术，成为智能制造、智慧社区、智慧城市等领域的核心技术。在物联网技术给人们提供便利的同时，如何保证全链路的安全是重中之重。安全就是要数据资产完整可靠，仅能被授权访问。本章介绍了物联网的安全体系，分别阐述了 RFID 电子标签的安全机制和无线传感网络的安全机制，另外也介绍了物联网身份识别技术、隐私保护技术和区块链新技术。

思考与练习

1. 物联网安全需求有哪些？
2. 物联网的安全体系框架包括哪些内容？
3. 简述 RFID 电子标签安全机制。
4. 简述 WSN 安全机制。
5. 什么是身份识别技术？常用的身份识别技术有哪些？
6. 什么是隐私保护？举例说明物联网隐私保护技术。
7. 什么是区块链技术？讨论区块链技术和物联网的关系。

第七章

物联网数据处理技术

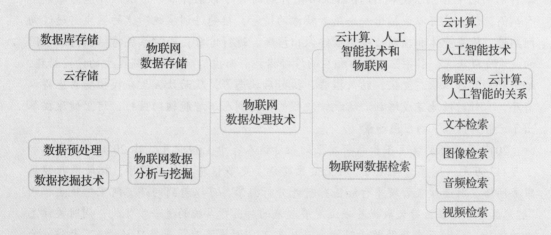

知 识 目 标

（1）了解物联网数据存储技术。

（2）了解物联网数据挖掘的一般步骤。

（3）了解云计算、人工智能和物联网之间的关系。

（4）了解物联网数据检索技术。

能 力 目 标

（1）能够说出云计算、人工智能和物联网之间的关系。

（2）能够利用物联网数据检索技术进行数据检索。

思 政 目 标

让学生树立坚定的理想信念、厚植爱国主义情怀；培养学生严谨的科学态度、钻研探索精神、团队协作能力。

深入医疗大数据和人工智能领域下的阿里健康

自阿里健康成立以来，就开始了医疗大数据的探索。2014年10月，阿里健康举办"大数据时代医药行业的变革与机遇"主题论坛，并在会上发布了"阿里健康云平台——数据服务"，以及与平台相应的医药大数据战略。

当时的规划是，阿里健康将提供数据资源和技术能力帮助客户和合作伙伴运营，通过阿里健康云平台存储、计算、数据的支撑，为企业提供市场评估与决策、销售网络优化、渠道治理与跟踪、供应链便捷管理等产品与服务。

2017年3月，阿里巴巴宣布建立"ET医疗大脑系统"。在此战略方向上，阿里健康依托病例库和知识库，进行机器深度学习，开发了人工智能系列产品Doctor You，在患者导诊、医学影像诊断、临床诊疗路径、健康管理等领域承担专业医生助手的角色，可大幅提升医生的工作效率和质量。该系列产品包括医师能力培训平台、临床医学科研辅助平台，以及和iDST团队共同开发的医疗影像引擎等。以医师能力培训平台举例，该系统可以模拟出一个患者就诊的情景，接受培训系统测试的医生需通过询问病情、检查身体和辅助检查，最终做出诊断，进行诊疗；同时系统将根据患者不同的就诊阶段状况，引导医生做出相应的诊疗措施。而虚拟病人会跟随医生的诊疗措施，给出相应的身体状态变化、结果报告、执行后状态等，从而让医生在模拟场景中得以有序、有针对性地完成培训。从就诊流程的优化到人工智能辅助医疗，阿里健康描摹出了"智慧医疗"的应用场景。

2017年，阿里健康在产品研发上的投资达人民币1.09亿元，比2016年同期增加了3 243万元，增幅为42.6%。阿里健康聘请了更多信息技术工程师，拓展医疗健康服务网络，打造健康管理平台和医疗智能分析引擎。可以看到的是，阿里健康主推的"智慧医疗"是在医疗大数据基础上发展起来的对医疗系统的进一步优化，同时关注患者的体验，帮助患者节约就诊时间。而代表了"智慧医疗"最高目标的ET大脑，为社会提供普惠、便捷的健康服务。

资料来源：高康平. 阿里健康年报大涨739%，医疗大数据及智慧医疗是其发力重点.（2017-05-18）[2021-02-08]. https://www.jianke.com/xwpd/4251926.html.

阿里健康与政府、医院、科研机构合作，利用阿里大数据优势，用大数据助力医疗，让互联网改变健康，利用"互联网+医疗"整合大数据、AI、医联体，用技术让医疗服务更简单易得，阿里健康为"智慧医疗"画了一幅美好的蓝图。

"相信，就是别无选择"

阿里云创立于2009年，是全球领先的云计算及人工智能科技公司，致力于以在线公共服务的方式，提供安全、可靠的计算和数据处理能力，让计算和人工智能成为普惠科技。阿里云服务着制造、金融、政务、交通、医疗、电信、能源等众多领域的领军企业，包括中国联通、铁路 12306、中石化、中石油、飞利浦、华大基因等大型企业客户，以及微博、知乎、锤子科技等明星互联网公司。在天猫"双十一"全球狂欢节、12306 春运购票等极富挑战的应用场景中，阿里云保持着良好的运行纪录。

阿里云在全球各地部署高效节能的绿色数据中心，利用清洁计算为万物互联的新世界提供源源不断的能源动力，目前开服的区域包括中国、新加坡、美国、欧洲、中东、澳大利亚、日本。

阿里云到底是什么？从 2009 年 2 月写下它的第一段代码开始，阿里云上上下下的负责人们就一直在试图解释阿里云、云计算到底是什么。

在阿里巴巴技术委员会主席王坚的眼里，计算机里最核心的计算就像是一口井，井里有着最珍贵的水资源。随着人们对计算需求的增大，需要有人想办法把井水变为自来水，让它顺畅地流入寻常百姓家。这个过程看似简单，实际上，需要建水厂、铺管道、做水龙头、装水表等一系列环节的精密配合。

更重要的是，它需要人们对新理念的接纳。第一滴自来水从水龙头里流出之前，没有人敢相信水资源的安全性。云计算的整个程序做好之前，也没有人觉得这个新技术所带来的革新是推动社会进步的源泉。

现在的阿里云，已经正式推出整合城市管理、工业优化、辅助医疗、环境治理、航空调度等全局能力为一体的 ET 大脑，全面布局产业 AI，为当下的城市人创造了一个又一个的美好瞬间。

解读

阿里云从创立到如今推出整合城市管理、工业优化、辅助医疗、环境治理、航空调度等全局能力为一体的 ET 大脑过程中，不断接受新的理念、坚持创新、努力克服困难，始终秉持"如果困难出现，你就斗争到底"的理念。我们作为新时代的青年，也需保持坚持、坚韧、坚信的品质，努力成为推动城市之美、构筑生命之美的时代弄潮儿。

第一节

物联网数据存储

物联网的出现，导致了大量数据的产生。人们通过使用手机等移动设备，不仅成为数据的使用者，更成为数据的生产者。物联网数据正在呈现出大数据的"5V"特征，即数据的海量性（Volume）、数据的异构性和多态性（Variety）、数据的实时性和动态性（Velocity）、数据的关联性及语义性（Value）、数据的准确性和真实性（Veracity）。

　　物联网数据的多样化、异构化和地理上的分散化，导致物联网数据的存储面临挑战。目前，常用的物联网存储技术有数据库存储技术和云存储技术。

一、数据库存储

（一）数据库概述

　　数据库是存放数据的"仓库"。它的存储空间很大，可以存放百万条、千万条、上亿条数据。但是数据库并不是随意地存放数据，而是有一定的规则，否则查询的效率会很低。当今世界是一个充满着数据的物联网世界，充斥着大量的数据，即互联网世界就是数据世界。数据的来源有很多，如出行记录、消费记录、浏览的网页、发送的消息等。除了文本类型的数据，图像、音乐、声音都是数据。

　　数据库是一个按数据结构来存储和管理数据的计算机软件系统。数据库的概念实际包括两层意思：

　　（1）数据库是一个实体，它是能够合理保管数据的"仓库"，用户在该"仓库"中存放要管理的事务数据，"数据"和"库"两个概念结合成为数据库。

　　（2）数据库是数据管理的新方法和技术，它能更合适地组织数据，更方便地维护数据，更严密地控制数据和更有效地利用数据。

（二）数据库的作用

　　数据库的作用是保存并灵活运用数据。除此之外，其作用还包括从保存的数据中找出与所指定条件相符的数据。另外，数据库还能把多条数据连在一起，把它们作为一个数据取出，如图7-1所示。

图 7-1　数据库功能

　　例如，已知与特定传感器相关的ID、测量时间、温度传感器的值，但仅凭这些数据是无法理解数据指的是哪个房间的温度的，因此还需要传感器的ID、与房间名字有关的数据。把这两条数据加在一起，才能知道某房间的温度。

（三）数据库的种类和特征

这里一并说明数据库的种类和特征，以及为了实现物联网服务而处理设备数据时的要点。目前，常用的数据库一般有关系型数据库和非关系型数据库两种。

1. 关系型数据库

关系型数据库是指采用了关系模型来组织数据的数据库，其以行和列的形式存储数据，以便用户理解，关系型数据库这一系列的行和列被称为表，一组表组成了数据库。简单来说，关系模型指的就是二维表模型，而一个关系型数据库就是由二维表及其之间的联系组成的一个数据组织。

（1）关系型数据库中的常用概念。

1）关系。关系可以理解为一张二维表，每种关系都具有一个关系名，就是通常说的表名。

2）元组。元组可以理解为二维表中的一行，在数据库中经常被称为记录。

3）属性。属性可以理解为二维表中的一列，在数据库中经常被称为字段。

4）域。域是指属性的取值范围，也就是数据库中某一列的取值限制。

5）关键字。关键字可以唯一标识元组的属性。在数据库中，常称关键字为主键，由一个或多个列组成。

6）关系模式。关系模式是指对关系的描述，其格式为：关系名（属性1，属性2，⋯⋯，属性 n）。在数据库中，通常称关系模式为表结构。

（2）关系型数据库的优点。相比其他模型的数据库，关系型数据库具有以下优点：

1）容易理解。二维表结构是非常贴近逻辑世界的一个概念，关系模型相对网状模型、层次模型等其他模型来说更容易理解。

2）使用方便。通用的 SQL 使得操作关系型数据库非常方便，程序员甚至数据管理员可以方便地在逻辑层面操作数据库，而完全不必理解其底层实现。

3）易于维护。丰富的完整性（实体完整性、参照完整性和用户定义的完整性）大大降低了数据冗余和数据不一致的概率。

（3）关系型数据库存在的瓶颈。关系型数据库也存在许多瓶颈，阻碍了它的发展和应用。

1）不能满足高并发读写需求。如今上网浏览网页成为人们日常生活的一部分，热门网站的用户并发性往往非常高，用户的读写请求一般达到每秒上万次。对于传统的关系型数据库来说，硬盘读写是一个很大的瓶颈。

2）海量数据的读写性能差。网站每天产生的数据量是庞大的，对于关系型数据库来说，在一张包含海量数据的表中进行查询工作，效率是非常低的。

3）扩展性和可用性差。在基于 Web 的结构当中，数据库是最难进行横向扩展的，当一个应用系统的用户量和访问量与日俱增时，数据库却没有办法像 Web Server 和 App Server 那样简单地通过添加更多的硬件和服务节点来扩展性能和增强负载能力。对于很多需要提供 24 小时不间断服务的网站来说，对数据库系统进行升级和扩展是非常痛苦的事情，往往需要停机维护和数据迁移。

在关系型数据库中，导致性能欠佳的最主要原因是多表的关联查询和复杂的数据分析类型的 SQL 报表查询。为了保证数据库的原子性（Atomicity）、一致性（Consistency）、隔离性（Isolation，又称独立性）和持久性（Durability），我们必须尽量按照其要求的范式进行设计，关系型数据库中的表都应存储一个格式化的数据结构。每个元组字段的组成都是一样的，虽然不是每个元组都需要所有的字段，但数据库会为每个元组分配所有的字段，这样的结构可以便于表与表之间进行链接等操作。但从另一个角度来说，这也是导致关系型数据库的性能存在瓶颈的一个原因。

目前，关系型数据库广泛应用于各个行业，是构建管理信息系统、存储及处理关系数据不可缺少的基础软件。

2. 非关系型数据库

关系型数据库的最大特点就是事务的一致性。对于传统的关系型数据库，读写操作都是事务性的，关系型数据库具有持久性。这个特性使得关系型数据库可以用于几乎所有对事务的一致性有要求的系统中，如典型的银行系统。但是，在网页应用中，尤其是 SNS 应用中，事务的一致性却显得不那么重要。因此，关系型数据库的最大特点在这里已经无用武之地，或者说不是那么重要了。相反地，关系型数据库为了维护事务的一致性所付出的巨大代价就是其读写性能比较差。而像微博、Facebook 这类 SNS 应用，对并发读写能力要求极高，关系型数据库已经无法应付。因此，必须用一种新的数据结构化存储来代替关系型数据库。同时，关系型数据库的另一个特点就是其具有固定的表结构，因此，其扩展性极差，而在 SNS 应用中，系统的升级、功能的增加往往意味着数据结构将发生巨大变动，关系型数据库对此也难以应付，需要新的结构化数据存储。于是，非关系型数据库应运而生。由于不可能用一种数据结构化存储和应付所有的新需求，因此，非关系型数据库严格来说不是一种数据库，而是一种数据结构化存储方法的集合。典型的非关系型数据库系统有实时数据库（Real Time Data Base，RTDB）和 NoSQL 数据库两类。

（1）实时数据库。实时数据库是数据库系统发展的一个分支，是实时系统和数据库技术相结合的产物。实时数据库最初是基于先进控制和优化控制而出现的，对数据的实时性要求比较高，因而实时、高效、稳定是实时数据库关键的指标。目前，实时数据库已广泛应用于电力、石油石化、交通、冶金、军工、环保等行业，是构建工业生产调度监控系统、指挥系统、生产实时历史数据中心的不可缺少的基础软件。物联网必须有一个可靠的数据仓库，而实时数据库可以作为支撑海量数据的数据平台。

实时数据库的重要特性是数据实时性和事务实时性。数据实时性表现在现场读写数据的更新周期短。作为实时数据库，不能不考虑数据的实时性。一般数据的实时性主要受现场设备的制约，特别是对于一些比较老的系统来说更是如此。事务实时性是指数据库对其事务进行处理的速度快。实时数据库对其事务进行处理，有两种方式可以选择，即事件触发方式和定时触发方式。事件触发方式是指事件一旦发生可以立刻获得调度的一种方式，采用这种方式，虽然可以使事件得到立即处理，但是消耗系统资源大。而定时触发方式是指在一定时间范围内获得调度权的一种方式。作为一个完整的实时数据库，从系统的稳定性和实时性角度来考虑，必须能同时提供这两种方式。

（2）NoSQL 数据库。2009 年年初，约翰·奥斯卡森（Johan Oskarsson）举办了一场关于开源分布式数据库的讨论，艾瑞克·埃文斯（Eric Evans）在这次讨论中提出了用于指代那些非关系型的、分布式的，且一般不保证遵循 ACID 原则的数据存储系统的 NoSQL 一词。艾瑞克·埃文斯使用 NoSQL 这个词，并不是因为字面上的"没有 SQL"的意思，他只是觉得很多经典的关系型数据库名字都叫"××SQL"，所以为了表示跟这些关系型数据库在定位上的截然不同，就用了"NoSQL"一词。

NoSQL 也被认为是 Notonly SQL 的简写，是对不同于传统的关系型数据库的数据库管理系统的统称。NoSQL 与传统的关系型数据库存在许多显著的不同点，其中最重要的是 NoSQL 不使用 SQL 作为查询语言，而是使用 Key-Value 存储、文档型存储、列存储、图型数据库存储、XML 存储等方式存储数据的模型。目前，NoSQL 使用最多的存储方式是 Key-Value。

与传统的关系型数据库相比，NoSQL 数据库的存储数据方式发生了变化。例如，当人们需要存储发票的数据时，在传统的关系型数据库中，需要设计表的结构，然后使用服务器端语言将其转化为实体对象，再传递到用户端，而在 NoSQL 数据库中，人们只要保存发票数据就可以了。NoSQL 数据库不需要预先设计表和结构就可以存储新的数值。当然，NoSQL 数据库也不是万能的，如果项目中要保存的数据的确需要关系型数据库才能完成，那么应该坚持使用关系型数据库。

NoSQL 的出现主要是为了解决数据库读写性能差的问题。随着越来越庞大的 Web 应用系统的出现，如微博等应用需要大量地对数据进行读和写，并且要求进行分布式的部署，传统的关系型数据库在大数据访问量和分布式环境下，由于关系模型中经常要对多表进行链接操作，因此性能有时会有所降低。NoSQL 数据库存储不需要固定的表结构，通常也不存在链接操作。在大数据存取上，NoSQL 数据库具有关系型数据库无法比拟的性能优势。目前，谷歌公司的 Big Table 与亚马逊的 Dynamo 是非常成功的 NoSQL 商业应用的体现。另外，一些开源的 NoSQL 体系，如 Facebook 的 Cassandra、阿帕奇公司的 HBase，也得到了广泛认同。

3. 关系型数据库和非关系型数据库的区别与选择

关系型数据库和非关系型数据库中的实时数据库在一定程度上具有一些相似的性能。作为两种主流的数据库，实时数据库比关系型数据库更能胜任海量并发数据的采集、存储工作。面对越来越多的数据，关系型数据库的处理响应速度会出现延迟甚至"假死"的情况，而实时数据库不会出现这样的情况。

数据库结构的性能差异，决定了关系型数据库和实时数据库具有不同的应用范围。对于仓储管理、标签管理、身份管理等数据量相对比较小、实时性要求低的应用领域，关系型数据库更加适用；对于智能电网、水域监测、智能交通、智慧医疗等海量数据并发、对实时性要求极高的应用领域，实时数据库具有更大的优势。另外，当项目还处在试点工程阶段时，需要的采集点较少，对数据也没有存储年限的要求，此时关系型数据库可以替代实时数据库。但随着项目试点工程的不断推广，采集点就会相应地增多。最终，实时数据库是最好的选择。

需要指出的是，数据的持久存储，尤其是海量数据的持久存储，还是需要关系型数据库的。

二、云存储

MapReduce 是谷歌公司工程师杰夫·迪恩（Jeffrey Dean）提出的处理大规模数据集

（大于 1TB）的分布式并行计算编程模型，是谷歌云计算的核心技术，其主要思想借鉴于函数式编程语言和矢量编程语言。Hadoop 是 MapReduce 模型的开源实现，借助 Hadoop 平台，编程者可以轻松编写分布式并行应用程序，在计算机集群上完成海量数据的计算处理。Hadoop 由 Java 语言开发，同时支持 C++ 等编程语言。Hadoop 主要由分布式文件系统（HDFS）和映射 – 归约（Map-Reduce）算法执行组成。

（一）Hadoop 生态系统

近些年来，Hadoop 生态系统发展迅猛，它本身包含的软件越来越多，同时带动了周边系统的繁荣与发展。尤其是在分布式计算这一领域，为了解决某个特定的问题域，就会出现一个 Hadoop 软件支撑系统，导致软件繁多纷杂，但这也是 Hadoop 的魅力所在。

Hadoop 生态系统的每个软件系统，只是用来解决某一个特定的问题域。图 7 – 2 给出了 Hadoop 生态系统 2.0 版本的核心组件。

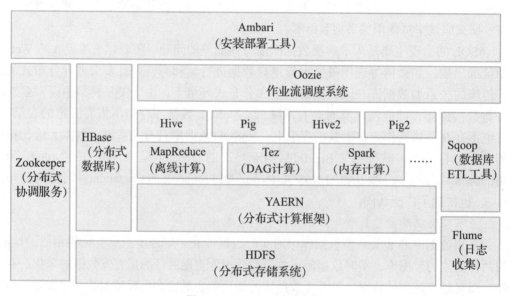

图 7 – 2　Hadoop 生态系统

下面对这些组件进行说明。

MapReduce：一种分布式计算框架。它的特点是扩展性、容错性好，易于编程，适合离线数据处理，不擅长流式处理、内存计算、交互式计算等领域。

HBase：这是一个 NoSQL 数据库系统，是一种逻辑上的键值存储。一般通过 Java 代码进行访问，但是可通过 Pig、Thrift、Jython 以及其他一些工具来使用 HBase 的 API，HBase 通常不是按 MapReduce 的方式访问，而是通过一个 Shell 接口进行交互使用。

Pig：这是一种处理数据高级别数据流的语言。它可容纳各种不同格式的数据，是个极好的 ETL（抽取 / 转换 / 加载）。

Sqoop：在 HDFS 与关系型数据库之间传递数据，SQL to Hadoop 利用它可以在关系型数据库和 HDFS 文件系统中相互传递数据。

Flume：数据收集和聚合，尤其针对日志文件数据的收集。它是一个可靠的分布式系统，可以采集、聚合并且将大数据量的日志数据从多个来源上移动到 HDFS 上，一个 Flume 过程有一个配置文件，罗列了数据流的 Source，Sink，Channel。

HDFS：这是 Hadoop 体系中数据存储管理的基础。它是一个高度容错的系统，能检测和应对硬件故障，在低成本的通用硬件上运行。HDFS 简化了文件的一致性模型，通过流式数据访问，提供高吞吐量应用程序数据访问功能，适合带有大型数据集的应用程序。

Spark：这是专为大规模数据处理而设计的快速通用的计算引擎。Spark，拥有 Hadoop MapReduce 所具有的优点，但不同于 MapReduce 的是，Job 中间输出结果可以保存在内存中，从而不再需要读写 HDFS，因此 Spark 能更好地适用于数据挖掘与机器学习等需要迭代的 MapReduce 算法。

Tez：这是一个针对 Hadoop 数据处理应用程序的新分布式执行框架。Tez 是 Apache 最新的支持 DAG 作业的开源计算框架，它可以将多个有依赖的作业转换为一个作业从而大幅提升 DAG 作业的性能。Tez 并不直接面向最终用户，事实上它允许开发者为最终用户构建性能更快、扩展性更好的应用程序。

Oozie：在 Hadoop 中执行的任务有时候需要把多个 Map/Reduce 作业连接到一起，这样才能够达到目的。在 Hadoop 生态圈中，有一种相对比较新的组件叫作 Oozie，它让我们可以把多个 Map/Reduce 作业组合到一个逻辑工作单元中，从而完成更大型的任务。Oozie 是一种 Java Web 应用程序，使用数据库存储以下内容：工作流定义；当前运行的工作流实例，包括实例的状态和变量。

（二）分布式文件系统（HDFS）

分布式文件系统（Hadoop Distributed File System，HDFS）是指被设计成适合运行在通用硬件（Commodity Hardware）上的分布式文件系统（Distributed File System）。它和现有的分布式文件系统有很多共同点。但同时，它和其他分布式文件系统的区别也是很明显的。HDFS 是一个高度容错性的系统，适合部署在廉价的机器上。HDFS 能提供高吞吐量的数据访问，非常适合大规模数据集的应用。HDFS 放宽了一部分 POSIX 约束，来达到流式读取文件系统数据的目的。

1. 体系结构

分布式文件系统是一种高度容错的分布式文件系统模型，由 Java 语言开发实现。HDFS 可以部署在任何支持 Java 运行环境的普通机器或虚拟机上，而且能够提供高吞吐量的数据访问。HDFS 采用主从式（Master/Slave）架构，由一个名称节点（NameNode）和一些数据节点（DataNode）组成。其中，名称节点作为中心服务器控制所有文件操作，是所有 HDFS 元数据的管理者，负责管理文件系统的命名空间（Namespace）和客户端访问文件。数据节点则提供存储块，负责本节点的存储管理。HDFS 公开文件系统的命名空间，以文件形式存储数据。

HDFS 将存储文件分为一个或多个数据单元块，然后复制这些数据块到一组数据节点上。名称节点执行文件系统的命名空间操作，负责管理数据块到具体数据节点的映射。数据节点负责处理文件系统客户端的读写请求，并在名称节点的统一调度下创建、删除和复制数据块。HDFS 的体系结构如图 7-3 所示。

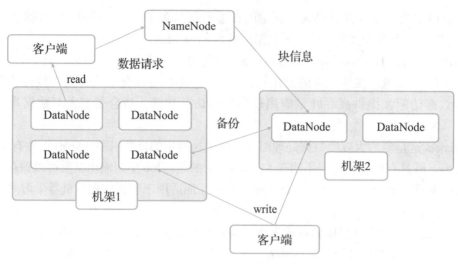

图 7 – 3　HDFS 的体系结构

2. 数据组织与操作

和单磁盘的文件系统一样，HDFS 中文件被分割成单元块大小为 64MB 的区块，而磁盘文件系统的单元块大小为 512B。需要注意的是，如果 HDFS 中的文件小于单元块大小，该文件并不会占满该单元块的存储空间。HDFS 大单元块（64MB 以上）的设计目的是尽量减少寻找数据块的开销。如果单元块足够大，数据块的传输时间会明显大于寻找数据块的时间。因此，HDFS 中文件传输时间基本由组成它的每个组成单元块的磁盘传输速率决定。例如，假设寻块时间为 10ms，数据传输速率为 100MB，那么当单元块为 100MB 时，寻块时间是传输时间的 1%。下面通过对文件读取和写入操作的分析介绍基于 HDFS 文件系统的文件操作流程。

（1）文件读取。HDFS 客户端向名称节点发送读取文件请求，名称节点返回存储文件的数据节点信息，然后客户端开始读取文件信息。

（2）文件写入。HDFS 客户端向名称节点发送写入文件请求，名称节点根据文件大小和文件块配置情况，向客户端返回所管理数据节点信息。客户端将文件分割成多个单元块，根据数据节点的地址信息，按顺序写入每一个数据节点中。

3. 数据副本策略

HDFS 跨机存储文件，文件被分割为很多大小相同的数据块，文件的每个数据块都有副本，并且数据块大小和副本系数可以灵活配置。好的副本存放策略能有效改进数据的可靠性、可用性和利用率。最简单的策略是将副本存储到不同机架的机器上，副本大致均匀地分布在整个集群中。其优点是可以有效防止因整个机架出现故障而造成的数据丢失，并且可以在读取数据时充分利用机架自身网络带宽。但是写入操作需要传送数据块到多个不同机架的开销较大。

HDFS 采用机架感知（Rack Awareness）策略。在机架感知过程中，名称节点可以获取每个数据节点所属机架的编号。HDFS 的默认副本系数为 3。副本 1 优先存放在客户端节点上，如果客户端没有运行在集群内，就选择任意机架的随机节点；副本 2 存放到另外一个机架的随机节点上；副本 3 和副本 2 存放在同一机架，但是不能在同一节点上。

4. 数据去重技术

云环境中大量的重复数据会消耗巨大的存储资源，如何节约存储资源成为一个研究热点和技术挑战。数据去重技术是云计算环境中的一种消除冗余数据的技术，可以节约大量存储空间，优化数据存储效率。目前，消除冗余数据的主要技术有数据压缩和冗余数据删除。

（1）传统的数据压缩技术就是对原始信息进行重新编码，力求用最少的字节数来表示原始数据。这类压缩技术虽然可以有效地减少数据体积，但无法检测到数据文件之间的相同数据，压缩后的数据体积与压缩前仍然呈线性关系，并且压缩过程需要以大量的计算为代价。

（2）冗余数据删除技术通过删除系统中冗余的文件或数据块，使得全局系统中只保存少量的文件或数据块备份，从而达到节省存储资源的目的。随着数据量的增长，去重后数据所占的存储空间大幅降低。

数据去重方法主要分为离线和在线两种。离线去重方法将所有数据先存入一级存储中心，在系统不忙碌时再将一级存储中心中的数据进行去重并存入二级存储中心。离线去重方法的内存消耗和计算消耗过大，需要额外的磁盘空间来存储备份数据。在线去重方法在数据写入存储系统时就进行去重操作，不需要额外的磁盘空间消耗，但去重操作会降低存储系统的性能。

5. HDFS 的特点

HDFS 是基于流数据模式访问和处理超大文件的需求而开发的，它可以运行于廉价的商用服务器上。总的来说，可以将 HDFS 的主要特点概括为以下几点：

（1）处理超大文件。这里的超大文件通常是指数百 MB、甚至数百 TB 大小的文件。目前在实际应用中，HDFS 已经能用来存储管理 PB（PeteBytes）级的数据了。

（2）流式地访问数据。HDFS 的设计建立在更多地响应"一次写入，多次读取"任务的基础之上。这意味着一个数据集一旦由数据源生成，就会被复制分发到不同的存储节点中，然后响应各种各样的数据分析任务请求。在多数情况下，分析任务都会涉及数据集中的大部分数据，也就是说，对 HDFS 来说，请求读取整个数据集要比读取一条记录更加高效。

（3）运行于廉价的商用机器集群上。Hadoop 设计对硬件要求比较低，只需运行在廉价的商用硬件集群上，而无须昂贵的高可用性机器。廉价的商用机器也就意味着大型集群中出现节点故障情况的概率非常高，这就要求在设计 HDFS 时要充分考虑数据的可靠性、安全性和高可用性。

（三）Hadoop 的局限性

正是由于以上的种种考虑，我们会发现 HDFS 在处理一些特定问题时不但没有优势，而且有一定的局限性，主要表现在以下几个方面：

（1）不适合低延迟数据访问。

如果要处理一些用户要求时间比较短的低延迟应用请求，则 HDFS 不适合。HDFS 是为了处理大型数据集分析任务的，主要是为达到高的数据吞吐量而设计的，这就可能要求以高延迟作为代价。目前有一些补充的方案，例如使用 HBase，通过上层数据管理项目来尽可能地弥补这个不足。

（2）无法高效存储大量小文件。

在 Hadoop 中，需要用名称节点来管理文件系统的元数据，以响应客户端请求返回文件位置等，因此文件数量大小的限制要由名称节点来决定。例如，每个文件、索引目录及块大约占 100 字节，如果有 100 万个文件，每个文件占一个块，那么至少要消耗 200MB 内存，这似乎还可以接受。但如果有更多文件，那么名称节点的工作压力更大，检索处理元数据的时间就不可接受了。

（3）不支持多用户写入及任意修改文件。

在 HDFS 的一个文件中只有一个写入者，而且写入操作只能在文件末尾完成，即只能执行追加操作。目前，HDFS 还不支持多个用户对同一文件的写入操作，以及在文件任意位置进行修改。

物联网数据分析与挖掘

物联网数据在存储前和存储后都需要进行分析。存储前的分析称为数据预分析，目的是为减少存储空间、提高存储效率；存储后的数据分析称为数据挖掘，目的是为应用决策提供服务。数据库中知识发现的过程如图 7-4 所示。

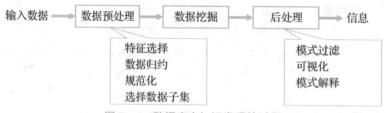

图 7-4　数据库中知识发现的过程

一、物联网数据的预处理

数据预处理是指在主要的数据处理以前进行的一些辅助处理，为提高数据应用质量和数据处理打下良好的基础。数据预处理技术有很多，主要包括数据清理、数据集成、数据转换和数据归约等。

（一）数据清理

数据清理是将数据库精简以除去重复记录，并使剩余部分转换成标准可接收格式的过程。数据清理标准模型是将数据输入数据清理处理器，通过一系列步骤"清理"数据，然后以期望的格式输出清理过的数据。数据清理从数据的准确性、完整性、一致性、唯一性、适时性、有效性几个方面来处理数据的丢失值、越界值、不一致代码、重复数据等。

数据清理一般针对具体应用，因而难以归纳统一的方法和步骤，但是根据数据不同可以给出相应的数据清理方法。

（1）解决不完整数据（即值缺失）的方法。

大多数情况下，缺失值必须手工填入（即手工清理）。当然，某些缺失值可以从本数据源或其他数据源推导出来，这就可以用平均值、最大值、最小值或更为复杂的概率估计代替缺失值，从而达到清理的目的。

（2）错误值的检测及解决方法。

用统计分析的方法识别可能的错误值或异常值，如偏差分析、识别不遵守分布或回归方程的值，也可以用简单规则库（常识性规则、业务特定规则等）检查数据值，或使用不同属性间的约束、外部的数据来检测和清理数据。

（3）重复记录的检测及消除方法。

数据库中属性值相同的记录被认为是重复记录，通过判断记录间的属性值是否相等来检测记录是否相等，相等的记录合并为一条记录（即合并/清除）。合并/清除是去重的基本方法。

（4）不一致性（数据源内部及数据源之间）的检测及解决方法。

从多数据源集成的数据可能有语义冲突，可定义完整性约束用于检测不一致性，也可通过分析数据发现联系，从而使得数据保持一致。

（二）数据集成

数据集成是指将来自多个数据源的数据合并到一起构成一个完整的数据集。由于描述同一个概念的属性在不同数据库取了不同的名字，在进行数据集成时就常常会引起数据的不一致或冗余。例如，在一个数据库中，一个顾客的身份编码为 custom id，而在另一个数据库中则为 cust id。命名的不一致常常会导致同一属性值的内容不同，如在一个数据库中一个人取名 Bill，而在另一个数据库中则取名为 B。同样，大量的数据冗余不仅会降低挖掘速度，而且会误导挖掘进程。

（三）数据转换

数据转换是指将一种格式的数据转换为另一种格式的数据。数据转换主要是对数据进行规格化操作。在正式进行数据挖掘之前，尤其是使用基于对象距离的挖掘算法时，如神经网络、最近邻分类等，必须进行数据的规格化，也就是将其缩至特定的范围之内（如[0，10]）。例如，对于一个顾客信息数据库中的年龄属性或工资属性，由于工资属性的取值比年龄属性的取值要大许多，如果不进行规格化处理，基于工资属性的距离计算值显然将远超过基于年龄属性的距离计算值，这就意味着工资属性的作用在整个数据对象的距离计算中被错误地放大了。

（四）数据归约

数据归约是指在尽可能保持数据原貌的前提下，最大限度地精简数据量（完成该任务的前提是理解挖掘任务和熟悉数据本身内容）。数据归约也称为数据消减，它主要有两个途径：属性选择和数据采样，分别针对原始数据集中的属性和记录，目的就是缩小所挖掘数据的规模，但却不会影响（或基本不影响）最终的挖掘结果。现有的数据归约包括：数据聚合（Data Aggregation），如构造数据立方；消减维数（Dimension Reduction），如通过相关分析消除多余属性；数据压缩（Data Compression），如采用编码方法（如最小编码长度或小波）来减少数据处理量；数据块消减，如利用聚类或参数模型替代原有数据。

需要强调的是，以上所提及的各种数据预处理技术并不是相互独立的，而是相互关联的。如消除数据冗余既可以看成是一种数据清理，也可以认为是一种数据归约。

现实世界的数据常常是含有噪声的、不完全的和不一致的，数据预处理能够帮助人们改善数据的质量。

二、物联网中的数据挖掘技术

（一）数据挖掘的含义

数据挖掘是人工智能和数据库领域研究的热点问题。数据挖掘是指从数据库的大量数据中揭示出隐含的、先前未知的并有潜在价值的信息的非平凡过程。数据挖掘是一种决策支持过程，它主要基于人工智能、机器学习、模式识别、统计学、数据库、可视化技术等，高度自动化地分析企业的数据，做出归纳性的推理，从中挖掘出潜在的模式，帮助决策者调整市场策略，减少风险，做出正确的决策。

数据挖掘是通过分析每个数据，从大量数据中寻找其规律的技术，主要有数据准备、规律寻找和规律表示三个步骤。数据准备是从相关的数据源中选取所需的数据并整合成用于数据挖掘的数据集；规律寻找是用某种方法将数据集所含的规律找出来；规律表示是尽可能以用户可理解的方式（如可视化）将找出的规律表示出来。数据挖掘的任务有关联分析、聚类分析、分类分析、异常分析、特异群组分析和演变分析等。

近年来，数据挖掘引起了信息产业界的极大关注，其主要原因是存在大量数据，可以广泛使用，并且迫切需要将这些数据转换成有用的信息和知识。获取的信息和知识可以广泛用于各种应用，包括商务管理、生产控制、市场分析、工程设计和科学探索等。数据挖掘利用了来自如下一些领域的思想：（1）统计学的抽样、估计和假设检验；（2）人工智能、模式识别和机器学习的搜索算法、建模技术和学习理论。数据挖掘也迅速地接纳了来自其他领域的思想，这些领域包括最优化、进化计算、信息论、信号处理、可视化和信息检索。一些其他领域也起到重要的支撑作用。特别地，需要数据库系统提供有效的存储、索引和查询处理支持。源于高性能（并行）计算的技术在处理海量数据集方面常常是重要的。分布式技术也能帮助处理海量数据，尤其是当数据不能集中到一起处理时，分布式技术至关重要。

（二）数据挖掘的对象

数据挖掘的对象可以是任何类型的数据源。可以是关系数据库，此类包含结构化数据的数据源；也可以是数据仓库、文本、多媒体数据、空间数据、时序数据、Web 数据，此类包含半结构化数据甚至异构型数据的数据源。发现知识的方法可以是数字的、非数字的，也可以是归纳的。最终被发现的知识可以用于信息管理、查询优化、决策支持和数据自身的维护等。

（三）数据挖掘的方法

根据不同的需求，数据挖掘主要包括分类（Classification）、估计（Estimation）、预测（Prediction）、相关性分组或关联规则（Affinity Grouping or Association Rules）、聚类（Clustering）、描述和可视化（Description and Visualization）等方法。

（1）分类。分类是指从数据中选出已经分好类的训练集，在该训练集上运用数据挖掘分类技术，建立模型，对于没有分类的数据进行分类的一种方法。

（2）估计。估计与分类类似，不同之处在于：分类处理的是离散型变量的输出，而估计处理的是连续变量的值的输出；分类的类别是确定的，估计的量是不确定的。

一般来说，估计可以作为分类的前一步工作：给定一些输入数据，通过估计，得到未知的连续变量的值；根据预先设定的阈值，进行分类。例如：银行对家庭贷款业务，运用估计，给各个客户记分，然后根据阀值，将贷款级别分类。

（3）预测。通常，预测是通过分类或估计起作用的，也就是说，预测通过分类或估计得出模型，该模型用于对未知变量的预言。从这种意义上说，预测其实没有必要分为一个单独的类。预测主要是指对未来未知变量的预测，预测的验证是需要时间的，即必须经过一定时间后，才知道预测的准确度。

（4）相关性分组或关联规则。相关性分组或关联规则，即通过对事物数据进行分析、挖掘数据之间的关联关系，对哪些事情将一起发生及发生概率的大小进行预测。

（5）聚类。聚类是指对记录分组，把相似的记录放在一个集合里的一种方法。聚类和分类的区别是聚类不依赖于预先定义好的类，不需要训练集。聚类通常作为数据挖掘的第一步。

（6）描述和可视化。描述和可视化是指数据挖掘结果的表示方式。

（四）数据挖掘的基本任务

数据挖掘的基本任务有关联分析、聚类分析、分类、预测、时序模式和偏差分析等。

（1）关联分析。两个或两个以上变量的取值之间存在某种规律性，称为关联。数据关联是指数据库中存在的一类重要的、可被发现的知识。关联分为简单关联、时序关联和因果关联三类。关联分析的目的是找出数据库中隐藏的关联网。一般用支持度和可信度两个阀值来度量关联规则的相关性，还可引入兴趣度、相关性等参数，使得所挖掘的规则更符合需求。

（2）聚类分析。聚类即数据按照相似性归为若干类别，同一类中的数据彼此相似，不同类中的数据相异。通过聚类分析，可以建立宏观的概念，发现数据的分布模式，以及可能的数据属性之间的相互关系。

（3）分类。分类即找出一个类别的概念描述（该概念描述代表了这类数据的整体信息，是该类的内涵描述），并用这种概念描述来构造模型。它一般用规则或决策树模式表示。分类是利用训练数据集通过一定的算法而求得分类规则的。分类可被用于规则描述和预测。

（4）预测。预测即利用历史数据找出变化规律，建立模型，并由此模型对未来数据的种类及特征进行预测。预测关心的是精度和不确定性，通常用预测方差来度量。

（5）时序模式。时序模式是指通过时间序列搜索出重复发生概率较高的模式。与回归一样，它也用已知的数据预测未来的值，二者所用数据的区别是变量所处时间不同。

（6）偏差分析。偏差中包括很多有用的知识，数据库中的数据存在很多异常情况，发现数据库中数据存在的异常情况是非常重要的。偏差分析的基本方法就是寻找观察结果与参照之间的差别。

（五）物联网与数据挖掘

数据挖掘是决策支持和过程控制的重要技术手段，是物联网中的重要一环。针对物联网具有行业应用的特征，需要对各行各业的、数据格式各不相同的海量数据进行整合、管理、存储，并在整个物联网中提供数据挖掘服务，实现预测、决策，进而反向控制这些传感器网络，以达到控制物联网中客观事物运动和发展进程的目的。因此，数据挖掘已经成为物联网中不可缺少的工具和环节。

1. 物联网的计算模式

物联网一般有云计算模式和物计算模式两种基本计算模式。只有将这两种模式有机地结合起来，才能实现物联网中所需的计算、控制和决策。

云计算模式作为一种基于互联网的、大众参与的、提供服务方式的新型计算模式，其目的是实现资源共享和资源整合，其计算资源是动态的、可伸缩的、虚拟化的。云计算模式通过分布式的构架采集物联网中的数据，系统的智能主要体现在数据挖掘和数据处理上，需要较强的集中计算能力和高系统带宽，但终端设备比较简单。

物计算模式基于嵌入式系统，强调实时控制，对终端设备的性能要求较高，系统的智能主要表现在终端设备上，但这种智能建立在对智能信息结果的利用上，而不是建立在复杂的终端计算基础上，对集中计算能力和系统带宽的要求较低。

2. 两种模式的选择

物联网数据挖掘的结果主要用于决策控制。通过数据挖掘得出的模式、规则、特征指标可以用于预测、决策和控制。在不同的情况下，可以选用不同的计算模式。当物联网要求实时高效的数据挖掘，物联网任何一个控制端均需要对瞬息万变的环境进行实时分析、反应和处理时，需要物计算模式和利用数据挖掘结果。在其他一些情况下，物联网的应用以海量数据挖掘为特征。从需求上来说，处理的数据是海量的，以往都期望用高性能机或者是更大规模的计算设备来处理海量数据。实际上，要从海量数据中得到可理解的知识，大规模的数据挖掘是人们追求的目标，并且物联网上的数据增长也特别快，数据挖掘的任务远比数据搜索的任务要复杂。在这种海量数据挖掘当中，还有一些特殊目标要求，这就要求在数据挖掘过程中需要很好地开发环境和应用环境。

此外，物联网需要进行数据质量控制，多源、多模态、多媒体、多格式数据的存储与管理是控制数据质量、获得真实结果的重要保证。物联网还需要分布式整体数据挖掘，这是因为物联网计算设备和数据在物理上是天然分布的。在这些情况下，云计算模式比较适用，这是由于：分布式并行计算环境的成本较低；云计算模式开发方便，屏蔽了底层；数据处理的规模大幅度提高；物联网对计算能力的需求是有差异的，云计算模式的扩展性好，能满足这种差异性所带来的不同需求；云计算模式的容错计算能力比较强，健壮性比较强。

在物联网中，由于传感器的物理分布比较广泛，这种容错计算是非常必要的。云计算模式能保证分布式并行数据挖掘和高效实时挖掘，保证挖掘技术的共享，降低了数据挖掘的应用门槛，普惠各个行业，并且企业租用云服务就可以进行数据挖掘，不需要自己独立开发软件，不需要单独部署云计算平台。

3. 数据挖掘算法的选择

数据挖掘算法具有算法复杂度低和并行化程度高的特征。物联网特有的分布式特征，决定了物联网中的数据挖掘具有以下特征：

（1）高效的数据挖掘算法：算法复杂度低、并行化程度高。

（2）分布式数据挖掘算法：适合数据垂直划分、重视数据挖掘多任务调度的算法。

（3）并行数据挖掘算法：适合数据水平划分、基于任务内并行的挖掘算法。

（4）保护隐私的数据挖掘算法：在物联网中可保护隐私。

云计算技术被认为是物联网应用的一块基石，能够保证分布式并行数据挖掘，进行高效实时挖掘，而云服务模式是数据挖掘的普适模式，可以保证挖掘技术的共享，降低数据挖掘的应用门槛，满足海量数据挖掘的要求。

云计算、人工智能技术和物联网

一、云计算

云计算（Cloud Computing）是分布式计算的一种，指的是通过网络"云"将巨大的数据计算处理程序分解成无数个小程序；然后，通过多部服务器组成的系统处理和分析这些小程序，得到结果后返回给用户，其结构如图 7-5 所示。简单地说，云计算早期就是简单的分布式计算，解决任务分发问题，并进行计算结果的合并。因而，云计算又称为网格计算。通过这项技术，可以在很短的时间内（几秒钟）完成对数以万计的数据的处理，从而提供强大的网络服务。

图 7-5　云计算结构

现阶段所说的云服务已经不单单是一种分布式计算，而是分布式计算、效用计算、负载均衡、并行计算、网络存储、热备份冗杂和虚拟化等计算机技术混合演进并跃升的结果。

（一）云计算的含义

从广义上说，云计算是与信息技术、软件、互联网相关的一种服务，这种计算资源共享池叫作"云"。云计算把许多计算资源集合起来，通过软件实现自动化管理，只需要很少的人参与，就能让资源被快速提供和利用。也就是说，计算能力作为一种商品，可以在互联网上流通，就像水、电、燃气一样，可以方便地被人取用，且价格较为低廉。

总之，云计算不是一种全新的网络技术，而是一种全新的网络应用概念，云计算的核心概念就是以互联网为中心，在网站上提供快速且安全的云计算服务与数据存储，让每一个使用互联网的人都可以使用网络上的庞大计算资源与数据中心。

（二）云计算的特点

云计算的可贵之处在于高灵活性、可扩展性和高性价比等，与传统的网络应用模式相比，其具有如下优势与特点：

（1）虚拟化技术。必须强调的是，虚拟化突破了时间、空间的界限，是云计算最为显著的特点，虚拟化技术包括应用虚拟和资源虚拟两种。众所周知，物理平台与应用部署的环境在空间上是没有任何联系的，正是通过虚拟平台对相应终端进行操作来完成数据的备份、迁移和扩展等。

（2）动态可扩展。云计算具有高效的运算能力，在原有服务器基础上增加云计算功能能够使计算速度迅速提高，最终实现动态扩展虚拟化的层次，达到对应用进行扩展的目的。

（3）按需部署。计算机包含了许多应用、程序软件等，不同的应用对应的数据资源库不同，所以用户运行不同的应用需要较强的计算能力并对资源进行部署，而云计算平台能够根据用户的需求快速配备计算能力及资源。

（4）灵活性高。目前市场上大多数 IT 资源，软、硬件都支持虚拟化，例如存储网络、操作系统和开发软、硬件等。虚拟化要素统一放在云系统虚拟资源池中进行管理，可见云计算的兼容性非常强，不仅可以兼容低配置机器、不同厂商的硬件产品，还能够外设获得更高性能计算。

（5）可靠性高。即使服务器发生故障，也不影响计算与应用的正常运行。因为单点服务器出现故障，可以通过虚拟化技术将分布在不同物理服务器上的应用进行恢复，或利用动态扩展功能部署新的服务器进行计算。

（6）性价比高。将资源放在虚拟资源池中统一管理在一定程度上优化了物理资源，用户不再需要昂贵、存储空间大的主机，可以选择相对廉价的计算机组成云，不但减少了费用，而且其计算性能不逊于大型主机。

（7）可扩展性。用户可以利用应用软件的快速部署条件简单快捷地将自身所需的已有业务以及新业务进行扩展。例如，计算机云计算系统中出现的设备故障，对于用户来说，无论是在计算机层面上，还是在具体运用上均不会受到阻碍，可以利用云计算具有的动态扩展功能对其他服务器开展有效扩展，这样一来就能够确保任务得以有序完成。在对虚拟化资源进行动态扩展的情况下，能够高效扩展应用，提高计算机云计算的操作水平。

（三）云计算实现的关键技术

1. 虚拟化技术

云计算的虚拟化技术不同于传统的单一虚拟化，它是涵盖整个 IT 架构的，包括资源、网络、应用和桌面在内的全系统虚拟化，它的优势在于能够把所有硬件设备、软件应用和数据隔离开来，打破硬件配置、软件部署和数据分布的界限，实现 IT 架构的动态化和资源集中管理，使应用能够动态地使用虚拟资源和物理资源，提高系统适应需求和环境的能力。

2. 分布式资源管理技术

信息仿真系统在大多数情况下会处在多节点并发执行环境中，要保证系统状态的正确性，必须保证分布数据的一致性。为了解决分布的一致性问题，计算机界的很多公司和研究人员提出了各种各样的协议，这些协议就是一些需要遵循的规则，也就是说，在云计算出现之前，解决分布的一致性问题是靠众多协议的。但对于大规模甚至超大规模的分布式系统来说，无法保证各个分系统、子系统都使用同样的协议，也就无法保证分布的一致性问题得到解决。云计算中的分布式资源管理技术圆满地解决了这一问题。谷歌公司的 Chubby 是最著名的分布式资源管理系统，该系统实现了 Chubby 服务锁机制，使得解决分布一致性问题不再仅仅依赖一个协议或者是一个算法，而是有了一个统一的服务。

3. 并行编程技术

云计算采用并行编程模式。在并行编程模式下，并发处理、容错、数据分布、负载均衡等细节都被抽象到一个函数库中，通过统一接口，用户大尺度的计算任务被自动并发和分布执行，即将一个任务自动分成多个子任务，并行地处理海量数据。

二、人工智能技术

（一）人工智能的基本概念

人工智能（AI）是计算机科学、控制论、信息论、神经生理学、心理学、语言学等多种学科高度发展、紧密结合、互相渗透而发展起来的一门交叉学科，其诞生的时间可追溯到 20 世纪 50 年代中期。人工智能研究的目标：使计算机学会运用知识，像人类一样完成富有智能的工作。

（二）人工智能技术的研究与应用

当前，人工智能技术的研究与应用主要集中在以下几个方面。

1. 自然语言理解

自然语言理解的研究开始于 20 世纪 60 年代初。它是研究用计算机模拟人的语言交互过程，使计算机能理解和运用人类社会的自然语言（如汉语、英语等），实现人机之间自然语言的通信，以帮助人类查询资料、解答问题、摘录文献、汇编资料，以及一切有关自然语言信息的加工处理。自然语言理解的研究涉及计算机科学、语言学、心理学、逻辑学、声学、数学等学科。自然语言理解分为语音理解和书面理解两个方面。

2. 数据库的智能检索

数据库系统是存储某个学科大量事实的计算机系统。随着应用的进一步发展，存储信息量越来越庞大，因此解决智能检索的问题便具有实际意义。将人工智能技术与数据库技术结合起来，建立演绎推理机制，变传统的深度优先搜索为启发式搜索，从而有效地提高系统的效率，实现数据库智能检索。

智能信息检索系统应具有如下功能：能理解自然语言，允许用自然语言进行各种询问；具有推理能力，能根据存储的事实，演绎出所需的答案；系统拥有一定的常识性知识，以补充学科范围的专业知识，系统根据这些常识能演绎出更多一般询问的一些答案。

3. 专家系统

专家系统是人工智能中最重要的也是最活跃的一个应用领域，它实现了人工智能从理论研究走向实际应用，从一般推理策略探讨转向运用专门知识的重大突破。专家系统是一个智能计算机程序系统，该系统存储有大量的、按某种格式表示的特定领域专家知识构成的知识库，并且具有类似于专家解决实际问题的推理机制，能够利用人类专家的知识和解决问题的方法，模拟人类专家来处理该领域问题，如图 7-6 所示。同时，专家系统应该具有自学习能力。

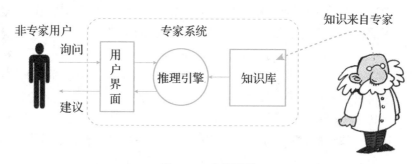

图 7-6　专家系统

4. 定理证明

把人类证明数学定理和日常生活中的演绎推理变成一系列能在计算机上自动实现的符号演算的过程和技术称为机器定理证明和自动演绎。机器定理证明是人工智能的重要研究领域，它的成果可应用于问题求解、程序验证和自动程序设计等方面。尽管数学定理证明的每一步都很严格，但决定采取什么样的证明步骤，却依赖于经验、直觉、想象力和洞察力，需要人的智能。因此，数学定理的机器证明和其他类型的问题求解就成为人工智能研究的起点。

5. 博弈

计算机博弈（或机器博弈）就是让计算机学会人类的思考过程，能够像人一样下棋。计算机博弈有两种方式：一种是计算机和计算机之间对抗；另一种是计算机和人之间对抗。博弈问题也为搜索策略、机器学习等问题的研究提供了很好的实际应用背景，它所产生的概念和方法对人工智能其他问题的研究也有重要的借鉴意义。

6. 自动程序设计

自动程序设计是指采用自动化手段进行程序设计的技术和过程，也是实现软件自动化的技术。研究自动程序设计的目的是提高软件生产效率和软件产品质量。自动程序设计的任务是设计一个程序系统，它接收关于所设计的程序要求实现某个目标的非常高级的描述，并将其作为输入，然后自动生成一个能完成这个目标的具体程序。

7. 组合调度问题

许多实际问题都属于确定最佳调度或最佳组合的问题，例如，互联网中的路由优化问题，物流公司要为物流确定一条最短的运输路线。这类问题的实质是对由几个节点组成的一个图的各条边，寻找一条最小耗费的路径，使得每一个节点只经过一次。在大多数这类问题中，随着求解节点规模的增大，求解程序面临的困难程度按指数方式增加。人工智能研究者研究过多种组合调度方法，使"时间－问题大小"曲线的变化尽可能缓慢，为很多类似的路径优化问题找出最佳的解决方法。

8. 感知问题

视觉与听觉都是感知问题。计算机对摄像机输入的视频信息以及话筒输入的声音信息的最有效处理方法应该是建立在"理解"的基础上，即使计算机具有视觉和听觉。视觉是感知问题之一。机器视觉的前沿研究领域包括实时并行处理、主动式定性视觉、动态和时变视觉、三维景物的建模与识别、实时图像压缩传输和复原、多光谱和彩色图像的处理与解释等。机器视觉已在机器人装配、卫星图像处理、工业过程监控、飞行器跟踪和制导，以及电视实况转播等领域获得极为广泛的应用。如图 7-7 所示，计算机将视频信息进行"理解"并进行解释。

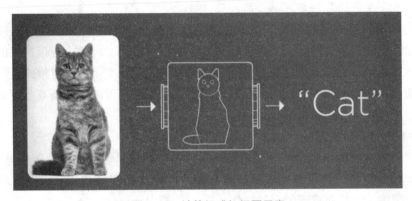

图 7-7 计算机感知问题示意

三、物联网、云计算、人工智能的关系

（一）物联网与云计算

物联网和云计算经常被放到一起，但二者并非完全等同。物联网被认为是人类社会对物理世界实现"感、知、控"的一种手段，因此，各类信息感应、探测、识别、定位、跟踪和监控都可以看作是物联网的"前端"，而基于互联网对物理世界的智能化管理和控制被认为是物联网的"后端"。物联网应用带来了海量数据，这些数据具有实时感应、高度并发、自主协同和涌现效应等特征，迫切需要云计算提供数据处理和应用服务。虽然云计算不是单纯地为物联网的应用服务，但毫无疑问，随着物联网应用的大规模推广，大量的智能物体将会连接到互联网上，这必然会为云计算带来很好的发展机遇。物联网和云计算的关系具体如下。

1. 平台和应用的关系

通过前面对物联网的介绍可以知道，物联网就是互联网通过传感器网络向物理世界的延伸，它的最终目标就是对物理世界进行智能化管理。物联网的这一目标也决定了它必然要有一个计算平台作为支撑。由于云计算从本质上来说就是一个用于海量数据处理的计算平台，因此，云计算技术是物联网涵盖的技术之一。随着物联网的发展，未来物联网势必产生海量数据，而传统的硬件架构服务器将很难满足海量数据管理和海量数据处理的要求。如果将云计算运用到物联网的网络层和应用层，则采用云计算的物联网将会在很大程度上提高运作效率。可以说，如果将物联网比作一台主机，那么云计算就是它的 CPU。

2. 云计算是物联网的核心

建设物联网的三大基石为：传感器等电子元器件；传输的通道（如电信网）；高效的、动态的、可以大规模扩展的技术资源处理能力。其中，第三个基石——高效的、动态的、可以大规模扩展的技术资源处理能力正是通过云计算实现的。通过云计算，物联网中实现了数以兆计的各类物品的实时动态管理、智能分析。物联网通过将 RFID 技术、传感器技术、纳米技术等新技术充分运用在各行各业之中，将各种物品充分连接，并通过无线网络等将采集到的各种实时动态信息送达计算处理中心，再进行汇总分析和处理，从而连接各种物品。

3. 云计算是互联网和物联网融合的纽带

实现物联网和互联网的融合，需要更高层次的整合，也需要更透彻的感知、更全面的互联互通、更深入的智能化，还需要依靠高效的、动态的、可以大规模扩展的技术资源处理能力，而这正是云计算所擅长的。同时，云计算的创新型服务交付模式，简化了服务的交付，加强了物联网和互联网之间及其内部的互联互通，可以实现新商业模式的快速创新，能够促进物联网和互联网的智能融合。

（二）物联网和人工智能

物联网是通过射频识别、红外感应器、全球定位系统、激光扫描器等信息传感设备，按约定的协议，把任何物品与互联网连接起来，进行信息交换和通信，以实现智能化识别、定位、跟踪、监控和管理的一种网络。

人工智能是研究、开发用于模拟、延伸和扩展人的智能的理论、方法、技术及应用系统的一门技术科学，简单地讲，就是机器通过数据学习，模拟人的思维做事。

不难发现，两者有一个很明显的共同点就是大数据处理，但是两者不完全相似，举一个不太恰当而又通俗易懂的例子，物联网就是从各个地方汇集而来的各种配料、香料和食材，人工智能就是大厨，它将各种零散的、不成体系的食材根据不同菜品的特色进行分析、归纳，然后烹饪成各式各样的菜肴以满足酒店大厅中的各位食客。

简言之，物联网负责收集资料（通过传感器连接无数的设备和载体，包括家电产品），收集到的动态信息会被上传到云端。接下来，人工智能系统将对信息进行分析加工，生成人类所需的实用技术。此外，人工智能通过数据自我学习，帮助人类达成更深层次的长远目标。

对于物联网应用来说，人工智能的实时分析能帮助企业提升营运业绩，通过数据分析和数据挖掘等手段，发现新的业务场景。

从这个层面上来说，物联网是目标，人工智能是实现方式，搭建物联网离不开人工智能的发展。人工智能计算、处理、分析、规划问题，而物联网侧重解决方案的落地、传输和控制，两者相辅相成，如图 7-8 所示。

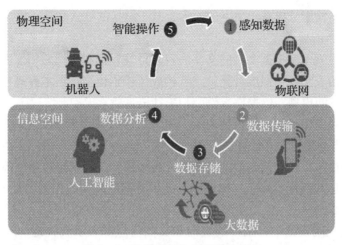

图7-8 物联网与人工智能的关系

（三）物联网、云计算、人工智能三者的联系

物联网的特点在于海量的计算节点和终端，不同于普通软件业务，物联网在处理海量数据时对于计算能力的要求是很高的，而云计算刚好就可以完成这一任务。当然，也可以直接把云计算当成计算网络的大脑，在物联网中起到中枢的作用。

在云计算这个平台上，决定最终性能的关键因素就是应用的各种算法，这也是人工智能承担的角色。人工智能同样离不开大数据，同时要靠云计算平台以完成深度学习进化。

同时，虽然人工智能的核心在于算法，但它是根据大量的历史数据和实时数据来对未来进行预测的。所以，大量的数据对于人工智能的重要性也就不言而喻了，它可以处理和从中学习的数据越多，其预测的准确性就会越高。人工智能需要的是持续的数据流入，而物联网的海量节点和应用产生的数据也是来源之一。

所以我们可以看到，物联网产生、收集海量的数据存储于云计算平台，再通过大数据分析，甚至更高形式的人工智能为人类的生产、生活所需提供更好的服务。人工智能是程序算法和大数据结合的产物。

物联网数据检索

一、文本检索

传统的文本检索是围绕相关度（Relevance）这个概念展开的。在信息检索中，相关度通常是指用户的查询和文本内容的相似程度或者某种距离的远近程度。根据相关度的计算

方法，可以把文本检索分成基于文字的检索、基于结构的检索和基于用户信息的检索。

（一）基于文字的检索

基于文字的检索主要根据文档的文字内容来计算查询和文档的相似度。这个过程通常包括查询和文档的表示及相似度计算，二者构成了检索模型。学术界最经典的检索模型有布尔模型、向量空间模型、概率检索模型和统计语言检索模型。

（1）在布尔模型中，用户将查询表示为由多个词组成的布尔表达式，如查询"计算机and 文化"表示要查找包含"计算机"和"文化"这两个词的文档。文档被看成文中所有词组成的布尔表达式。在进行相似度计算时，布尔模型实际就是将用户提交的查询请求和每篇文档进行表达式匹配。在布尔模型中，满足查询的文档的相关度是1，不满足查询的文档的相关度是0。

（2）在向量空间模型中，用户的查询和文档信息都表示成关键词及其权重构成的向量，如向量 <信息，3，检索，5，模型，1>，表示由3个关键词"信息""检索""模型"构成的向量，每个词的权重分别是3、5、1。然后，通过计算向量之间的相似度便可以将与用户查询最相关的信息返回给用户。向量空间模型的研究内容包括关键词的选择、权重的计算方法和相似的计算方法。

（3）概率检索模型通过概率的方法将查询和文档联系起来。同向量空间模型一样，查询和文档也都是用关键词表示。概率检索模型需要计算查询中的关键词在相关及不相关文档中的分布概率，然后在查询和文档进行相似度计算时，计算整个查询和文档的相关概率。

（4）统计语言检索模型通过语言的方法将查询和文档联系起来。这种思想诞生了一系列的模型。最原始的统计语言检索模型是查询似然模型。简单地说，查询似然模型认为每篇文档是在某种"语言"下生成的，在该"语言"下生成查询的可能性便可看成文档和查询之间的相似度。通常包括两个步骤：先对每个文档估计其统计语言模型，然后利用这个统计语言模型计算其生成查询的概率。

（二）基于结构的检索

同基于文字的检索不同，基于结构的检索要用到文档的结构信息。文档的结构包括内部结构和外部结构。所谓内部结构，是指文档除文字之外的格式、位置等信息；所谓外部结构，是指文档之间基于某种关联构成的"关系网"，如可以根据文档之间的引用关系形成"引用关系网"。基于结构的检索通常不会单独使用，可以和基于文字的检索联合使用。

（三）基于用户信息的检索

不论是基于文字还是基于结构的检索，都是从查询或者文档出发来计算相似度的。实际上，用户是信息检索最重要的一个组成成分。就查询来说，是为了表示用户的真正需求；就检索结果来说，用户的认可才是检索的目的。因此，在信息检索过程中不能忽略用户这个重要因素。利用用户本身的信息及参与过程中的行为信息的检索称为基于用户信息的检索。

二、图像检索

关于图像检索的研究可以追溯到20世纪70年代，当时主要是基于文本的图像检索技术（Text-Based Image Retrieval，TBIR），即利用文本描述的方式表示图像的特征，这时的图像检索实际是文本检索。到 20 世纪 90 年代以后，出现了基于内容的图像检索（Content-Based Image Retrieval，CBIR），即对图像的视觉内容，如图像的颜色、纹理、形状等进行分析和检索，并有许多 CBIR 系统相继问世。但实践证明，TBIR 和 CBIR 这两种技术远远不能满足人们对图像检索的需求。为了使图像检索系统更加接近人对图像的理解，研究者们又提出了基于语义的图像检索（Semantic-Based Image Retrieval，SBIR），试图从语义层次解决图像检索问题。

（一）基于内容的图像检索

基于内容的图像检索（CBIR），即把颜色、纹理和形状等图像的视觉特征作为图像内容抽取出来，并进行匹配、查找，如图 7-9 所示。迄今已有许多基于内容的图像检索系统问世，如 QBIC、MARS、WebSEEK 和 Photobook 等。

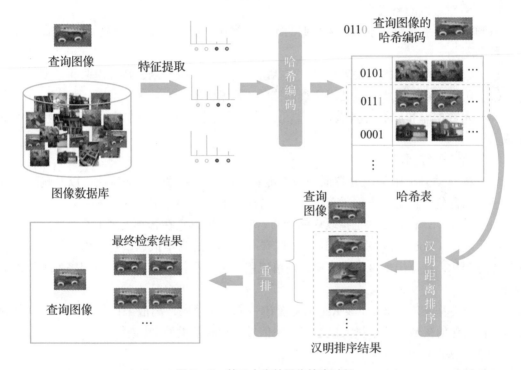

图 7-9　基于内容的图像检索过程

（1）特征提取。特征提取是 CBIR 系统的基础，在很大程度上决定了 CBIR 系统的成败。目前，对 CBIR 系统的研究都集中在特征提取上。图像检索中用得较多的视觉特征包括颜色、纹理和形状。

（2）查询方式。CBIR 系统向用户提供的查询方式与其他检索系统有很大的区别，一般有示例查询和草图查询两种方式。示例查询就是由用户提交一个或几个图例，然后由系统检索出与特征相似的图像。这里的"相似"，是指上述的颜色、纹理和形状等几个视觉特征上的相似。草图查询是指用户简单地画一幅草图，例如在一个蓝色的矩形上方画一个红色的圆圈来表示海上日出，由系统检索出视觉特征上与之相似的图像。

（二）基于语义的图像检索

虽然图像的视觉特征在一定程度上能代表图像包含的信息，但事实上，人们判断图像的相似性并非仅仅建立在视觉特征的相似性上。更多的情况下，用户主要根据图像表现的含义，而不是颜色、纹理、形状等特征来判别图像满足自己需要的程度。这些图像的含义就是图像的高层语义特征，它包含了人对图像内容的理解。基于语义的图像检索（SBIR）的目的，就是要使计算机检索图像的能力接近人的理解水平。

三、音频检索

原始音频数据除了含有采样频率、量化精度、编码方法等有限的注册信息外，其本身仅仅是一种不含语义信息的非结构化的二进制流，因而音频检索受到极大的限制。相对于日益成熟的文本和图像检索，音频检索显得相对滞后。直到 20 世纪 90 年代末，基于内容的音频检索才成为多媒体检索技术的研究热点。

（一）音频检索的系统组成

音频检索的系统包括原始音频数据的预处理模块、用户的查询模块、元数据库和原始音频数据库。

（1）原始音频数据的预处理模块，包括语音处理、音频分割、特征提取和分类。

（2）用户的查询模块，包括用户查询接口和检索引擎。

（3）元数据库和原始音频数据库。元数据库由结构关系、文本库、索引和特征库等组成。

（二）音频特征提取及分类

在音频自动分类中常用的特征一般有能量、基频、带宽等物理特征，以及响度、音调、亮度和音色等感觉特征，还有过零率等特征。下面简要介绍几种音频特征：

（1）带宽（Bandwidth）是指取样信号的频率值范围，它在音频处理上有重要意义。

（2）响度（Loudness）是判断声音数据有声或无声的基本依据，它是用分贝表示的短时傅立叶变化，计算出信号的平方根，还可以用音强求和模型来对音强时间序列进行进一步处理。

（3）过零率（Zero-crossing Rate）是指在一个短时帧内，离散采样信号值由正到负和由负到正变化的次数，这个量大概能够反映信号在短时帧里的平均频率。

（三）音频信号流的分割

音频信号流的分割算法包括分层分割算法、压缩窗域分割算法和模板分割算法。

（1）分层分割算法。当一种音频转换成另外一种音频时，主要的几个特征会发生变换。每次选取一个发生变换最大的音频特征，从粗到细，逐步将音频分割成不同的音频序列。

（2）压缩窗域分割算法。MPEG 压缩格式成为多媒体编码主流，压缩窗域分割算法直接对 MP3 格式的音频信号提取特征，基于提取的压缩域特征实现音频分割。

（3）模板分割算法。该方法为一段音频流建立一个模板，使用这个模板去模拟音频信号流的时序变化，从而达到音频数据流分割目的。

对分割出来的音频进行分类属于模式识别问题，其任务是通过相似度匹配算法将相似音频归属到一类。基于隐马尔可夫链模型和支持向量机模型，人们能够尽可能地对分割出来的音频进行归类。

（四）音频内容的描述和索引

国际标准化组织从 1996 年开始制定多媒体内容描述的标准——多媒体内容描述接口（Multimedia Content Description Interface），简称 MPEG-7，其目标是制定多媒体资源的索引、搜索和检索的互操作性接口，以支持基于内容的检索和过滤等应用。经由 MPEG-7 的描述符和描述模式，可以描述音频的特征空间、结构信息和内容语义，并且建立音频内容的结构化组织和索引，从而为具有互操作性的音频检索和过滤等服务提供支持。

（五）音频检索方法

基于内容的音频检索是指通过音频特征分析，对不同音频数据赋予不同的语义，保证具有相同语义的音频在听觉上具有相似性。目前，用户检索音频的方法主要有主观描述查询（Query by Description）、示例查询（Query by Example）、拟声查询（Query by Onomatopoeia）、表格查询（Query by Table）和浏览（Browsing）。

四、视频检索

视频数据作为一种动态、直观、形象的数字媒体，以其稳定、可扩展和易交互等优势，应用越来越广泛。视频数据包括幕、场景、镜头和帧，是一个二维图像流序列，是非结构化的、最复杂的多媒体信息。视频检索（Video Retrieval）是指根据用户提出的检索请求，从视频数据库中快速地提取出相关的图像或图像序列的过程。20 世纪 90 年代以来，已有许多视频内容的分析、结构化和语义理解方面的研究，并取得了一些实验性的成果。目前，国内外已研发出了多个基于内容的视频检索系统，例如 IBM 的 QBIC 系统、美国哥伦比亚大学的 VisualSeek 系统和 VideoQ 系统、清华大学的 TV-FI 系统等。

（一）视频检索的分类

根据检索形式可将视频检索分为两种类型：一是基于文本（关键字）的检索，其检索效率取决于对视频的文本描述，难点在于如何对视频进行全面、自动或半自动的描述；二是基于示例（视频片断 / 帧）的检索，其优点是可以通过自动地提取视听特征进行检索，难点在于相似性的计算，以及用户难以找到合适的示例。

（二）视频检索的关键技术

视频检索的关键技术主要有关键帧提取、图像特征提取、相似性度量、查询方式和视频片段匹配等。

（1）关键帧提取。关键帧用于描述一个镜头的关键图像帧，它反映一个镜头的主要内容。关键帧的选取一方面必须能够反映镜头中的主要事件，另一方面要便于检索。关键帧的选取方法很多，比较经典的有帧平均法和直方图平均法。

（2）图像特征提取。可以针对图像内容的底层物理特征进行提取，如颜色、图像轮廓特征等。特征的表示方式有三种：数值信息、关系信息和文字信息。目前，多数系统采用的都是数值信息。

（3）相似性度量。早期的工作主要是从视频中提取关键帧，把视频检索转化为图像检索。例如通常情况下，可将图像的特征向量看作多维空间中的一点，因此很自然的想法就是用特征空间中点与点之间的距离来代表其匹配程度。距离度量是一个比较常用的方法，此外还有相关性计算、关联系数计算等。在片段检索上，研究方法可以分为以下两类：

1）把视频片段分为片段、帧两层考虑，片段的相似性可以利用组成它的帧的相似性来直接度量；

2）把视频片段分为片段、镜头、帧三层考虑，片段的相似性可以通过组成它的镜头的相似性来度量，而镜头的相似性可以通过它的一个关键帧或所有帧的相似性来度量，帧的相似性可以通过对帧的图片相似性来度量。

（4）查询方式。由于图像特征本身的复杂性，对查询条件的表达也具有多样性。使用的特征不同，对查询的表达方式也不一样。目前，查询方式基本上可归纳为以下几种：底层物理特征查询、自定义特征查询、局部图像查询和语义特征查询。

（5）视频片段的匹配。由于同一镜头连续图像帧的相似性，使得经常出现同一样本图像的多个相似帧，因而需要在查询到的一系列视频图像中找出最佳的匹配图像序列。已经有研究提出了最优匹配法、最大匹配法和动态规划算法等。

本章小结

本章首先介绍了物联网应用中起数据存储作用的数据库技术和云存储模式，接着介绍了物联网应用中起数据分析作用的数据挖掘技术，然后分析了云计算、人工智能在物联网中的应用。云计算是物联网的基石，数据挖掘是物联网中不可或缺的一环。物联网如果不加入智能信息处理和数据挖掘就不能体现智能性，而只是传感器网络，而数据挖掘云服务是物联网中先进、实用、可持续、可推广的数据挖掘方式。此外，还介绍了包括文本检索、图像检索、音频检索、视频检索的物联网数据检索技术。

思考与练习

1. 什么是数据库？数据库存储有哪几种方式？
2. 什么是数据挖掘？简述数据挖掘的基本任务。
3. 什么是云计算、人工智能？
4. 简述物联网、云计算、人工智能三者的联系。
5. 简述物联网数据检索技术。

08

第八章

物联网系统管理

思 维 导 图

国家物联网管理中心
行业物联网管理中心
专用物联网管理中心
本地物联网管理中心

物联网业务管理模式 → 物联网系统管理

物联网网络管理 → 物联网网络管理的内容 / 物联网后台网络管理系统

物联网应用管理 → 物联网的功能和优势 / RFID在制造业生产追溯中的应用

知识目标

（1）了解物联网业务管理模式。
（2）掌握物联网网络管理的内容。
（3）了解物联网应用管理的一般内容。

能力目标

（1）能够阐述物联网网络管理的基本内容。
（2）能够对小型物联网应用平台进行基础管理。

思政目标

培养学生具备成熟的价值取向和正确的价值观；培养学生形成严谨的科学态度和团队协作精神；培养学生勤于实践、勇于创新、科技强国的意识。

案例导入 ————————————————————————————

中易云公司的智慧楼宇管理

中易云公司提供的智慧楼宇管理方案可实现对整栋办公楼、居民楼状态的综合管控，能够一站式解决供电、供暖、照明、给排水、消防、电梯、能耗和停车场的全方位管理，具有实时监控、远程控制、自动控制、异常报警、巡检管理、任务管理、数据统计、能耗分析等众多智慧管理功能。同时，系统有人员管理和多级权限认证机制，确保安全运行。该方案支持云端部署和私有部署两种模式，采用 B/S 架构，可以随时随地通过有权限的电脑、手机 App 进行查看、管理。

智慧楼宇管理包含多种分支系统，主要包括：

环境监控系统：监测各楼层各办公室环境状况，决定是否开启空调、空气净化等设备。

空调监控系统：监测空调运转状态、故障状态等，并对空调系统进行温度、模式、时间等设定。

照明控制系统：监控照明系统的运行，根据光强、工作日情况执行自动开关灯或手动控制灯光，统计照明用电等。

给排水系统：监测给排水流量和压力，供水泵运转状态，污水池水位，控制固化物处理等过程。

消防管理系统：通过各种监控设备采集环境温度、线缆温度、烟雾浓度、消防水压、喷头状态、报警状况等信息。

停车管理系统：监控停车场进出场数量，停车场剩余车位，统计进出数据等。

能耗监测系统：监测水、电、气的使用、消耗状况，帮助公司了解能耗占比，实现低耗优化。

资料来源：佚名. 智慧楼宇管理系统.（2020-12-09）[2021-02-08]. https://www.zeiot.cn/a/work/yxcb/440.html.

案例点评

智能建筑最近几年得到了很大的发展，智慧社区、智慧园区的应用也越来越广泛，在城市公共建筑、办公楼、住宅区等智能化建设中，楼宇自控、暖通等功能也越来越丰富，不断为人们提供高效、便捷、节能、健康的环境。

思政园地 ————————————————————————————

物联网在铁路系统中的应用前景

随着 2019 年 11 月 29 日汉十高铁、12 月 1 日郑阜高铁、京港高铁商合段、郑渝高铁郑襄段等多条高铁在一周内紧锣密鼓地开通运营，中国高铁从 2008 年京津城际铁路的"从无到有"，到 2019 年高速铁路密集开通多个省市的"从有到多"，短短 11 年我国已建成世界上最现代化的铁路网和最发达的高铁网。从一列列"和谐号"动车飞驰大江南北到"复兴号"引领世界标准，中国高铁不断创造出举世瞩目的成就。到 2019 年年底，我国铁路运营里程达到 13.9 万千米以上，其中高铁 3.5 万千米，运营里程高居世界第一。

高铁的高速发展，离不开铁路信息化的应用。目前，我过铁路信息化水平越来越高，居于世界领先地位，铁路通信信息网络也正朝着数据化、宽带化、移动化和多媒体化的方向发展，物联网在铁路运输领域的推广和应用越来越广泛。其中，在以下几个方面尤为值得关注和期待：

（1）客票防伪与识别。

如果铁路客票采用 RFID 电子客票，其电子芯片的内部数据是加密的，只有特定的读写器才能读出数据，这将给造假者以沉重打击。同时，车站及车上的检票人员只需通过便携式的识读器对车票上的 RFID 电子标签进行读取，并与数据库中的数据进行比对就可以辨别车票的真伪，大大提高了旅客进出站的速度，为车站组织旅客提供了便利。

（2）站车信息共享。

目前，铁路系统在站车信息共享方面还不很成熟，造成的经济损失以及旅客列车资源浪费的现象还比较严重。如果利用 RFID 技术的网络信息共享性，可以及时将车站的预留客票发售情况反馈给车内，同时将车内的补票情况反馈给车站，就可以清楚地知道有哪些车站的预留车票是没有发售完的，从而方便车上旅客及时补票。此外，通过该系统中乘坐人员的信息与车站售出车票信息进行比对，还可以查看是否有用假票乘坐列车的现象。

（3）集装箱追踪管理与监控。

集装箱运输是铁路货物运输的发展方向，是提高铁路服务质量非常有效的运输方式，蕴藏着巨大的增长空间，具备很强的发展优势。目前，国际上集装箱的管理基本都是使用箱号图像识别，即通过摄像头识别集装箱表面的印刷箱号，通过图像处理形成数字箱号并被采集到计算机中，这种方法识别率较低，而且受天气及集装箱破损的影响较大。如果将 RFID 技术应用到铁路集装箱中，开发出信息化集装箱，不仅能够随时观测到集装箱在运输途中的状态，防止货物丢失和损坏，也能大大提高铁路利用集装箱的效率和效益。

（4）仓库管理。

在铁路的货运仓库管理方面，RFID 也可以充分发挥其电子标签穿透性、唯一性的特点，借助嵌在商品内发出的无线电波的标签所记录的商品序号、日期等各项目的信息，让工作人员利用三维数字地图提供的高程、地形、地貌等地理信息并结合无线规划软件，进行无线网络覆盖和频率的仿真规划，在移动通信行业中已普遍采用，目前这一设计手段也应用于铁路 GSM-R 系统的工程设计中。对于新建铁路，由于 GSM-R 系统的无线规划是在铁路建设的初期展开的，而铁路建设全部完工后会形成新的地形地貌，其数字地图的制作与公众移动通信用数字地图的制作有所差异，加之 GSM-R 系统是以链状覆盖为主，因此需要特别制作铁路 GSM-R 系统专用的数字地图。

解读

高铁的开通带来前所未有的时空效应，从根本上改变了旧的经济地理格局。列车行驶速度持续提升和行驶时间的缩短，极大缓解了物理距离和其他地理因素在区域经济趋同过程中的阻碍作用，缩短了相对落后地区追赶距其较远的经济增长中心的时间。

第一节

物联网业务管理模式

物联网是依托网络技术发展而来的一种复合型网络。随着信息技术的不断发展，物联网在发展过程中衍生出了互联网所没有的很多新的特点，这些新的特点决定了物联网管理的新趋势。现阶段的物联网管理技术已经难以适应物联网的快速发展，需要在结合物联网新特点的基础上，不断进行物联网管理技术的创新，以有效地提升物联网系统管理的质量和水平。

图 8-1　国家物联网示意

当物联网提升到国家层面上时，就将涉及各行业和各级管理的问题。根据国家对物联网的要求，国家物联网管理架构通常采用分层式。国家物联网及其分层管理架构如图 8-1、图 8-2 所示。

图 8-2　国家物联网分层管理架构示意

国家物联网管理中心是国内物联网一级管理中心，负责制定和发布总体标准以及与国际物联网互联，并对二级物联网管理中心进行管理。

第二级物联网管理中心可分为行业（如公路运输、航运等）物联网管理中心和专用（如军用、海关等）物联网管理中心，负责制定各行业、各领域的标准和规范。各行业和各领域内部的统计信息可以存储在二级物联网管理中心，其他行业和领域可根据一定权限进行查询，同时方便国家物联网管理中心的管理。

第三级为本地物联网管理中心，负责管理本地企业的物流信息。

第四级为各企业及各单位内部的 RFID 应用管理中心，负责前端的标签识别、读写和信息管理工作，并将读取的信息通过计算机或直接通过网络传送给上级物联网管理系统。第四级中的底层涉及各个领域的信息采集，采集子系统包括各种射频终端，如电子标签和读写器等。

每一级管理中心负责本级各节点的信息传输、存储与发布；管理各节点接口的用户权限与数据安全；监控各节点的运转，及时报告和排除故障，保障物联网信息服务系统的安全畅通。

物联网的运行依靠各级物联网管理中心的信息服务器。信息服务器既要保证与上下级管理中心的信息传递，又要对来自物联网内外的查询进行身份鉴别和提供信息服务。

在物联网信息服务系统中，第四级 RFID 应用管理中心存在于生产商、运输商等企业服务器中，负责存储其物品的生产或流通信息；第三级管理中心服务器提供数据存储、统计和查询等功能；第二级管理中心的服务器提供更高层次的数据存储和查询，以此类推。

一、国家物联网管理中心

国家物联网管理中心在物联网中起着决定性的作用，对外负责与国际物联网对接，对内负责管理国内行业和专用物联网管理中心。国家物联网管理中心的关键任务之一是物联网标准的制定。我国的信息化建设必须植根于中国信息产业发展的坚实基础之上，国家物联网标准既要坚持对外开放，考虑与国际物联网标准兼容，又要以我国国情为主，创新自己的标准。

二、行业物联网管理中心

行业物联网管理中心负责行业和领域内部的规范制定、业务和管理流程制定以及信息存储和处理。我国地域宽广，行业众多，如何建立符合我国国情和行业特色的行业物联网管理中心非常重要。各行业物联网管理中心需要考虑两方面的关系：一方面是行业物联网管理中心向上对国家、向下对具体应用中心的纵向关系；另一方面是各行业之间的横向关系。

不论是行业物联网管理中心向上对国家、向下对具体应用中心的纵向关系，还是各行业之间的横向关系，接口部分是需要解决的关键问题。在统一标准、分布管理的原则下，可将每个独立的物联网管理中心分为几个层次，进行业务数据的交互。

（1）网络链路层。在 TCP/IP 体系中，网络链路层为一个网络连接的两个传送实体间交换网络服务数据单元提供功能和规程的方法，它是传送实体独立于路由选择和交换的方式。这里的网络链路层是处理端到端传输的最低层，负责将底层信息采集点的数据通过网络设备与信息处理层连通，以形成有机的整体。

（2）信息处理层。将从网络链路层接收到的数据经过 RFID 中间件的处理，转化为统一标准下的数据格式，处理后的信息通过网络链路层传到信息数据层。从数据接收层传来的原始数据规格标准不统一，数据量庞大。信息处理层主要负责对数据的整合处理，即将接收层传来的数据进行过滤、分类，然后统一转换数据格式。

（3）信息数据层。该层负责整个系统的数据存储。可以由一个数据库服务器组成信息服务器，用来得到和存储使用产品编码的 RFID 技术生成的信息，产品编码相关资料可包含事件管理器的标签观察资料，以及对应产品到较高层的商务资料。信息服务器通常具有将一组低层的观察资料转换成较高层的商务资料的功能，其他应用程序通过 XML 信息交换与信息服务器进行互动。信息服务器支持 HTTP 和 JMS（Java 信息服务）等信息的传输。所有资料都会保存在关系数据库中，任何支持 JDBC（Java 数据库连接）的关系型数据库管理系统（RDBMS）都可以作为资料存储库。

（4）应用业务层。包括所有附加于信息数据层上的数据处理功能及相关功能，以及各种业务的处理、信息发布和查询该层所涉及的客户端；其中基于 J2EE 规范的客户端可以是基于 Web 的应用系统，也可以不是基于 Web 的独立应用系统。

三、专用物联网管理中心

专用物联网管理中心主要是指一些特殊行业或系统的物联网管理中心，如国家军用物资物联网管理中心和海关物联网管理中心等。与一般行业不同，军用、海关等专用行业物联网管理中心更加注重信息的安全保障，因此在 RFID 标准的制定过程中，既需要有公共的信息交互标准，也要有独立的安全保密措施。

四、本地物联网管理中心

本地物联网管理中心负责管理按地域划分的物联网系统，这一级别的管理中心是最基本的物联网信息服务管理中心。本地物联网管理中心可以细分为省、市、县级物联网管理中心。各本地管理中心向下，一方面负责管理本地区各行业的物品生产、存储及销售情况，随时做好生产计划；另一方面监视、追踪物品的流通。各本地管理中心向上，负责把本地的各行业物品生产、流通及消费等相关信息上报，确保上级物联网管理中心实时掌握相关信息，确保其管理功能的实现。

第二节

物联网网络管理

一、物联网网络管理的内容

国际电信联盟与国际标准化组织合作公布了网络管理文件 X.700，对应的 ISO 文件为 ISO 7498-4。对于网络管理，该标准所提出的系统管理的五个功能域为故障管理、配置管理、计费管理、性能管理和安全管理。一般情况下，这五个功能域基本涵盖了网络管理的内容。目前，通信网络、计算机网络也基本上都是按照这五个功能域进行管理的。但是，无论对于物联网的接入部分，即传感器网络，还是对于物联网的主干网络部分，这五个功能域显然已经不能全部反映网络管理的实际情况了。这是由于物联网的接入部分，即传感器网络有许多不同于通信网络和互联网络的地方。例如，物联网的接入节点数量极大，网络结构形式多样，节点的生效和失效频繁，核心节点的产生和调整往往会改变物联网的拓扑结构。另外，物联网的主干网络在各种形式的网络结构中也有许多新的特点。由于物联网和传感器网络中存在许多新问题，导致传统的五个功能域已经不能全部反映传感器网络和物联网的网络性能和工作情况，甚至连物联网和传感器网络的覆盖范围都有许多新的问题需要解决。

根据物联网网络管理的需要，物联网网络管理的内容除普通的互联网和电信网涉及的网络管理的五个方面外，还应该包括：

（1）传感器网络中节点的生存、工作管理（包括电源工作情况等）。

（2）传感网的自组织特性和传感网的信息传输。

（3）传感网拓扑变化及其管理。

（4）自组织网络的多跳和分级管理。

（5）自组织网络的业务管理。

物联网网络管理的基本内容如图8-3所示。

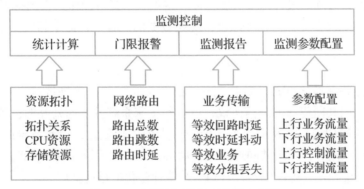

图8-3　物联网网络管理的基本内容

二、物联网后台网络管理系统

对于结构复杂、规模庞大的物联网后台系统，要想在单个管理中心实现有效的监控是不现实的。对国家物联网后台网络管理系统的设计，通常采取自上而下统一标准以及分布式管理的思想。对于物联网结构体系的设计，统一标准是前提，只有制定了统一的标准，才能实现真正的全国物联，乃至全球物联。

下面分别从系统管理平台、信息管理平台和网络状态管理平台对物联网管理系统进行介绍。

（一）系统管理平台

系统管理平台涉及物联网后台网络的各个方面，主要包括对物联网系统的各种软硬件设备的管理、通信网络管理和通信协议管理三个方面。

1. 物联网设备管理

物联网系统中的设备主要包括服务器、通信机、管理终端、RFID 读写器、电子标签、交换机、路由器等硬件设备和各种软件设备。设备管理就是要监控这些设备的工作状况，保证这些设备能够正常工作；在相关设备出现故障时能够及时、有效地通知相关部门进行处理，以使整个物联网系统能够正常运转。

在管理各种物联网设备时，可以采用集中式与分布式相结合的管理方式。各个物联网用户负责管理和维护各自系统内的相关设备，物联网地区支路的相关设备由各地管理中心负责维护，而物联网干道的设备则由各行业管理中心负责维护并管理。对于国家物联网管理中心来说，除维护和管理国家物联网管理中心的相关设备外，还应该实时掌握整个物联网系统的宏观工作情况，确保国家物联网的健康运行。

2. 通信网络管理

物联网系统包含遍布全国各地的管理中心和应用系统，在这些大小不同的系统中如何进行有效的通信是物联网研究者和设计者们必须考虑的问题。通信网络管理主要是指对外部接口的研究和管理。外部接口是指管理平台与外部其他系统的接口。为了保证系统的安全，系统接口采用外部接口服务器的方式实现。

外部接口以客户－服务器方式提供，在外部系统需要接入业务系统时，要在外部接口服务器端定义客户端用户及校验码，并为用户定义数据的操作权限。客户端系统在获取数据或写入数据时，必须通过外部接口服务器并根据权限进行操作，否则将予以拒绝，并记录下此用户的违规操作日志。在外部接口交换数据的过程中，命令和数据可以 XML 文件形式提供。

3. 通信协议管理

通信协议是指系统之间进行数据交换的接口规范，包括电气接口规范和数据格式规范。通过定义人们共同遵守的通信协议，可以使多家系统开发商开发的设备（系统）保持兼容性，实现无障碍通信，从而降低系统对开发商的依赖性，提高系统的可扩展性，降低系统运行风险；同时，采用共同遵守的通信协议，实现系统开发和生产的专业化、批量化，迅速降低系统开发、生产成本，有利于系统社会化的迅速推广。

在基于射频识别的物联网管理系统中，主要涉及的通信协议有电子标签读写协议、RFID 读写器与通信机的通信协议、通信机与业务系统的通信协议。

（二）信息管理平台

信息管理平台是整个物联网后台网络管理系统的核心。底层 RFID 终端系统采集到的所有产品流通信息，都需要通过后台网络管理系统进行传输交换及处理。信息管理平台是一个基于数据库的管理系统，它主要包括信息采集、信息处理和信息存储三个方面。

1. 信息采集

在底层应用管理系统（即 RFID 应用管理系统）中的信息采集与其他各级管理系统中的表现形式有所区别。在底层应用管理系统中，信息采集主要是指通过读写器读写标签获得产品信息；而在其他各级管理系统中，则通过信息传输网络从各部分获取产品信息。

2. 信息处理

信息处理包括元数据管理、数据质量管理和数据清洗，以及数据的抽取、转换和加载等。元数据管理是指对射频终端采集的信息或其他部分传输来的信息进行筛选并用统一的编码格式进行编码，以保证对物联网信息进行统一描述，这是物联网信息资源共享的基础。数据质量管理和数据清洗是指对物联网信息进行定时的质量跟踪检测，保证数据的完整性和正确性，剔除一些已损坏或过时的物联网数据，以保证物联网系统中存储共享的数据是正确的、可靠的，这是物联网信息资源共享的保障。数据的抽取、转换和加载是指将不同的物联网分中心所得到的数据转化为物联网用户所需的信息数据，这是实现物联网使用价值的途径。

3. 信息存储

物联网系统涉及庞大的数据信息资源，因此信息存储平台是整个信息管理平台的重要组成部分，也是物联网系统成功运行的关键。信息存储平台应该能够有组织地、动态地存储大量信息，方便多用户访问，实现信息的充分共享和交叉访问，并应该与应用系统高度独立。信息存储平台包括数据存储"仓库"、数据存储设备、数据存储模式和数据存储备份。

（三）网络状态管理平台

网络状态管理就是监视和控制复杂的物联网，确保其尽可能长时间地正常运行；当网络发生故障时，能迅速地发现并修复故障，保障物联网系统最大限度地发挥效益。网络状态管理主要涉及状态管理的功能、实现这些功能的方法，以及网络状态管理平台的体系结构。

1. 网络状态管理的功能

在物联网网络状态管理中，要实现的功能主要包括配置管理、故障管理、性能管理和安全管理。

（1）配置管理。

由于物联网环境具有多样性、多变性，而且物联网系统需要随用户的增减或设备的维修而进行经常性的调整，因此配置功能必须包括识别所管辖物联网的拓扑结构、标识网络中的各个对象、自动修改指定设备的配置、动态维护网络配置数据库等。

（2）故障管理。

故障管理包括网络故障检测、故障隔离、故障诊断及修复等方面，其目的是保证物联网系统能够提供连续、可靠的服务。网络故障的发生是随机的，而且故障发生的原因千差万别，因此应该系统、科学地管理网络中所发现的所有故障，并详细地记录每一个故障的产生、跟踪分析直至修复的全过程。

（3）性能管理。

性能管理包括对物联网信息流量、访问用户、访问资源等网络通信信息的收集、加工和处理等活动。性能管理要达到的目的是：在最小延迟的前提下，使用最少的网络资源提供可靠、连续的通信能力，并使网络资源的共享达到最优化。性能管理具体包括：

1）从被管理对象中收集与网络性能有关的数据。

2）分析并统计所收集的数据，建立性能分析模型。

3）根据分析模型预测网络性能的长期趋势，参考分析、预测结果，调整网络的拓扑结构和某些对象的配置与参数，达到网络性能最佳。

（4）安全管理。

在物联网系统中，安全问题异常重要。进行安全管理，一要保证物联网用户和网络资源不被非法使用，二要保证网络管理平台不被未经授权的访问。网络安全管理的主要内容有：

1）分发密钥、访问权限等与安全措施有关的信息。

2）当网络存在非法入侵、越权访问等与安全有关的事件时，立即发出预警通知。

3）创建、控制和删除安全服务设施。

4）记录、维护和查询与安全有关的网络操作事件等。

2. 网络状态管理功能的实现

网络状态管理主要通过网络监视和网络控制实现。

网络监视部分主要用来观测和分析终端系统、中间系统和子网的状态与行为。网络监视的工作包括：收集与配置特征及当前配置元素有关的静态信息；收集与网络事件相关的动态信息；根据动态信息分析得出统计信息。物联网中每个被管理的设备都含有一个代理模块来收集本地管理信息，并将信息传向一个或多个底层管理中心。每个管理中心都包含网络管理应用软件及用于与代理之间通信的软件。监视信息可以通过管理中心调查主动获得，也可以通过代理的事件报表被动获得。

网络控制是指配置物联网系统中的各种参数，使得物联网终端系统、中间系统及各个子网系统能够正常运行。网络控制主要是指配置控制和安全控制。配置控制包含各种物联网网络配置的相关功能，包括初始化、维护、关闭个体组件和逻辑子系统。配置控制需要实现的目标有定义配置管理信息，设定和修改代理或代理服务器的属性值，定义和修改网络资源或网络元件之间的关联、连接及条件等。在安全控制中，网络状态管理系统负责调整和控制安全机制，为物联网系统的资源提供计算机和网络的安全。物联网系统中的威胁涵盖了软硬件、数据、通信线路、网络及网络管理系统本身等各个方面，威胁的种类主要有中断、侦听、修改和伪造等。相应地，安全控制应该对以上所有设备潜在的种种危害进行控制，确保物联网系统的安全运行。

3. 网络状态管理平台的体系结构

物联网网络状态管理平台是网络监视和控制工具的集合，在设计网络状态管理平台时应该重点考虑以下两点：

（1）为执行大多数或全部的物联网管理任务，该平台应该有一个功能强大且界面友好的命令集。

（2）网络状态管理平台尽量由网络组件中已有的软硬件组成，很少用专用设备。通过网络状态管理平台实现对物联网网络状态的管理。

对物联网这样一个大型网络系统来说，其分布式网络状态管理平台在物联网各级管理中心设置分布式管理工作站，根据各自所管辖的范围给予相应的网络监视和控制权限，负责管理相应的网络。在国家物联网管理中心设置中心管理工作站，拥有对整个物联网的访问权限并管理所有网络资源的能力，从而监视和控制各级管理工作站的操作。

分布式管理平台具有以下性能和特点：

（1）网络管理流量被限定在各地管理中心，减少了管理经费。

（2）给网络管理提供了更大的扩展性，只需在理想的位置上简单配置工作站就可以添加新的管理能力。

（3）通过网络中的多台工作站，消除了集中式管理中存在的单点故障问题等。

物联网应用管理

一、物联网的功能和优势

物联网应用发展面临互联网发展初期相似的问题，即如何解决内容应用丰富和商业运营模式的统一。虽然到目前为止互联网尚无一个固定的发展模式，但通过开放的内容和形式、采用传统电视广告模式，以及投资者着眼于长线发展等方式逐步解决了整个互联网发展的瓶颈。物联网是通信网络的应用延伸，是信息网络上的一种增值应用，其有别于语音电话、短信等基本的通信需求，因此物联网发展初期面临着广泛开展需求挖掘和投资消费引导工作。

物联网具备以下功能和优势：

（1）自动化，减低生产成本和效率，提升企业综合竞争能力。

（2）信息实时性，借助通信网络，及时地获取远端的信息。

（3）提高便利性，如 RFID 电子支付交易业务。

（4）有利于安全生产，及时发现和消除安全隐患，便于实现安全监控监管。

（5）提升社会的信息化程度。

总体来说，物联网在提升信息传送效率、改善民生、提高生产率、降低企业管理成本等方面发挥着重要的作用。

下面以 RFID 在制造业生产追溯中的应用为例来说明物联网应用管理的内容。

二、RFID 在制造业生产追溯中的应用

随着现代制造业物流的发展，需要对单个物料、半成品和成品，以及生产线的生产流程进行记录和管理，以便提高生产管理水平，整合、优化制造业生产环节的业务流程，提高产品的质量控制和监督，提高客户服务质量，理清可能的质量事故责任人和出处，从而完成对每个产品从成品到物料，从生产到计划的完全追溯。为此，相关企业开发出了生产流程和追溯管理，从成品到物料、从生产到计划时的完全追溯，以实现质量控制、流程控制、产品服务的系统化和规范化为目标的软件系统，即生产追溯管理系统（MTS），如图 8-4 所示。

RFID-MTS 的主要内容涉及以下方面：

（1）生产计划与排产。生产计划与排产管理模块是宏观计划管理与微观排产优化管理之间的衔接模块，通过有效的计划编制和产能详细调度，在保证客户商品按时交付的基础上，可使产能发挥到最高水平。对于按订单生产的企业，随着客户订单的小型化、多样化和随机化，利用该模块安排生产是适应订单、节约产能和成本的有效方式。

（2）生产过程控制。该模块可根据生产工艺控制生产过程，防止零配件的错装、漏

装和多装，实时统计来自车间的采集数据，监控在制品、成品和物料的生产状态和质量状态；同时，利用条码或 RFID 自动识别技术还可实现对员工生产状态的监督。

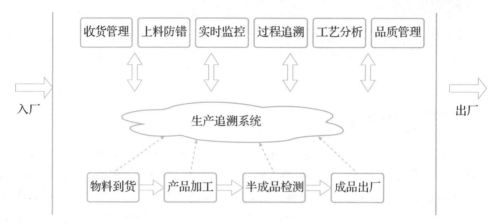

图 8-4　生产追溯管理系统

（3）数据采集。数据采集模块主要采集两种类型的数据：一种是基于自动识别技术（条码或 RFID）采集的数据，主要是指离散行业的装配数据；另一种是基于设备采集的仪表数据，主要是指自动控制设备和流体型生产中的物料信息。

（4）质量管理。质量管理模块基于全面质量管理的思想，对从供应商、原料到售后服务的整个产品的生产和生命周期进行质量记录及分析，并在生产过程控制的基础上对生产过程中的质量问题进行严格控制，以有效地防止不良品的流动，降低不良品率。

（5）产品物料追溯与召回管理。物料追踪功能可根据产品到半成品再到批次物料的质量缺陷，追踪到所有使用了该批次物料的成品，支持从成品到原料的逆向追踪，以适应某些行业的召回制度，协助制造商将损失降到最小，更好地为客户服务。

（6）资源管理。技术、员工和设备是制造企业的三大重要资源，利用 MTS 可把三者有机地整合到制造执行系统中，实现全面的制造资源管理。

（7）流程过程控制。该模块可帮助企业稳定生产过程和评估过程能力。通过监测生产过程的稳定程度和发展趋势，可及时发现不良倾向或变异，及时解决存在的问题；通过对过程能力指数的评估，可明确生产过程中的工作质量和产品质量所达到的水平。

（8）统计分析。众多经过合理设计和优化的报表，可为管理者提供快速的统计分析和决策支持，实时把握生产中的每个环节，同时可以通过车间大屏幕看板显示生产进度和不良率，实时反馈生产状态。

（9）其他系统接口。为了适应现代企业全面质量管理的进程，MTS 可与客户关系管理（CRM）或其他售后服务管理软件相连接，对成品出厂后的销售和服务过程中的相关质量问题进行有效管理，实现对售后服务过程中的质量问题的根源追溯，将质量管理贯穿于产品的整个生命周期；同时，MTS 还具有与 ERP/ 财务等系统的相应接口。

（10）系统管理。MTS 具有用户管理、日志管理、数据备份、角色管理、系统设置和LED 等接口功能模块。

（11）角色分配管理。对于上述不同功能的实现和管理，MTS 是通过设置不同的角色来完成的，这些角色包括系统管理员、生产管理员、生产线管理员、操作员、统计分析员和客户；MTS 充分发挥 Web 软件的优势，不同权限的人和不同的角色只能在自己的有效浏览器界面内完成自己的工作，以保证角色的权限、数据的安全和功能的简洁。

本章小结

　　物联网系统平台是管理者对物联网系统进行管理的接口，是实现统一和有效管理不可或缺的部分。本章介绍了物联网系统管理，包括物联网业务管理模式、物联网网络管理和物联网应用管理。

思考与练习

　　1. 什么物联网集中式管理？

　　2. 简述物联网后台网络管理系统的组成和内容。

　　3. 以 RFID 在制造业生产追溯中的应用为例，说明物联网应用管理包括哪些内容。

09

第九章

物联网典型应用与案例

思维导图

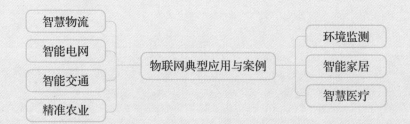

知识目标

（1）了解物联网在智慧物流中的应用。

（2）了解物联网在智能交通中的应用。

（3）了解物联网在环境监测中的应用。

（4）了解物联网在智能家居中的应用。

（5）了解物联网在智慧医疗中的应用。

能力目标

（1）能够描述物联网在各个应用案例中的关键技术。

（2）能够对智能家居进行简单的操作。

思政目标

　　了解我国物联网的典型应用及案例，增强科技自信和民族自信，成为勇于担当和创新的人才。

中国探测器成功登陆火星

2021年5月15日7时18分，科研团队根据"祝融"火星车发回的遥测信号确认，天问一号着陆巡视器成功着陆于火星乌托邦平原南部预选着陆区，我国首次火星探测任务取得圆满成功。

太空探索是关乎人类未来的重要研究领域之一。天问一号探测器于5月15日成功着陆火星表面，这是中国为太空探索做出的又一个重要贡献。该探测器将在火星地面度过90个火星日，进行的研究对于探索生命起源和宇宙秘密、推动新技术发展具有重要意义。

"天问"的名字取自中国古代思想家屈原的同名诗歌。这首诗体现了屈原对天地离分、阴阳变化、日月星辰等自然现象的探索和勇于追求真相的精神。对于执行太空探测任务的探测器来说，没有什么比这个名字更合适了。

15日凌晨4时，天问一号的着陆巡视器与环绕器分离，随后，搭载着火星车的着陆巡视器在火星预定区域成功实现"软着陆"。这辆名为"祝融"的火星车安装有6个轮子、太阳能帆板和6台科学仪器，将进行气象监测、磁场探测、雷达地下勘探、太阳射线探测，以便更好地了解火星地形地貌、土壤和岩石成分、地表和地下冰冻水的存在以及气候变化。

此次火星探测任务的成果将为后续计划奠定基础。在收到探测器传回的火星地形与气象信息之后，中国还将研究在火星放置更加复杂的设备，以及使用机器人执行其他相关活动。

资料来源：国际在线网.

解读

近年来，中国航天人稳扎稳打，在深空探测、运载火箭等领域实现了突破。其他国家通过两三次任务才能实现的目标，中国计划一次性完成，这是自信心的体现。"天问一号"重约5吨，第一次送探测器前往火星就达到了一定水准，是我国航天运载能力、深空飞行轨道设计、深空测控等综合能力的体现。

一、智慧物流

（一）智慧物流的概念

2009年，IBM公司提出建立一个面向未来的具有先进、互联和智能三大特征的供应链，通过感应器、RFID标签、制动器、GPS和其他设备及系统生成实时信息的"智慧供应链"概念，"智慧物流"的概念由此延伸而出。与"智能物流"强调构建一个虚拟的物流动态信息化的互联网管理体系不同，"智慧物流"更重视将物联网、传感网与现有的互联网整合起来，通过精细、动态、科学的管理，实现物流的自动化、可视化、可控化、智能化、网络化，从而提高资源利用率和生产力水平，创造具有更丰富社会价值的综合内涵。

中国物联网校企联盟认为，智慧物流是利用集成智能化技术，使物流系统能模仿人的智能，具有思维、感知、学习、推理判断和自行解决物流中某些问题的能力，即在流通过程中获取信息，从而分析信息并做出决策，使商品从源头开始就被实施跟踪与管理，实现信息流快于实物流。通过 RFID、传感器、移动通信技术等可让配送货物自动化、信息化和网络化。智慧物流管理云平台如图 9-1 所示。

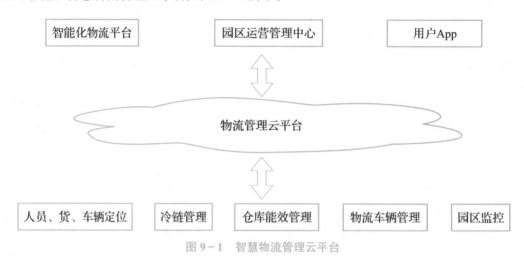

图 9-1　智慧物流管理云平台

（二）物流与物联网

物流领域是物联网相关技术最有现实意义的应用领域之一。通过在物流商品中引入传感节点，可以从生产、采购、包装、运输、仓储、销售到服务的供应链上的每一个环节精确地了解和掌握信息，对物流全程传递和服务实现信息化的管理，最终减少货物装卸、仓储等物流成本，提高物流效率和效益。物流信息化的目标就是帮助物流业务实现"6R"，即将顾客所需要的产品（Right Product），在合适的时间（Right Time），以正确的质量（Right Quality）、正确的数量（Right Quantity）、正确的状态（Right Status）送达指定的地点（Right Place），并实现总成本最小。物联网技术的出现从根本上改变了物流中信息的采集方式，提升了流动监控和动态协调的管理水平，提高了物流效率。

（三）物联网在物流中的应用

1. 物品智能拣选

在物流的配送和分销环节，物品需要多次经历被分拆重组、拣选分发的过程，如何提高这个过程的效率和准确率，同时减少人工并降低配送成本，对一个物流企业至关重要。如果所有的物品都贴有电子标签，则在进行物品拣选时，只需要在托盘上安装阅读器便可以读取到所有物品的标签信息，阅读器将读取的信息传送到信息中心，信息中心系统将这些信息与发货清单进行核对，如果全部吻合，则可以发货。

2. 信息跟踪

在运输环节中，在途的车辆和物品上贴有电子标签，运输线路上的一些检查点上装有阅读器，当物品到达某个检查点时，阅读器将电子标签的信息和其地理位置信息一同传至通信卫星，再由通信卫星传送至信息中心，送入数据库中。

3. 库存智能管理

库存智能管理主要体现在货物存取、库存盘点和适时补货三个环节。货物入库或出库时，利用带有阅读器的拖车即可分门别类地送入指定仓库；物联网的设计就是让物品登记自动化，盘点时不需要人工扫描条码或检查，快速准确，并减少人力成本支出；当零售商的货架上缺货时，货架会自动通知仓库，仓库管理人员及时补货，商品库存信息也会自动更改，保证了商品的及时供应。

（四）物联网在物流中的应用案例

1. 京东的无人仓储

京东于 2017 年 10 月投用了全球首个全流程无人仓，即使在"双十一"订单高峰的压力下，无人仓从入库、扫描到打包、分拣、出库所有环节均有序进行。在这个无人仓中，操控全局的智能控制系统，为京东自主研发的"智慧大脑"，即仓库管理、控制、分拣和配送信息系统。无人仓的"智慧大脑"在 0.2 秒内，可以计算出 300 多个机器人运行的680 亿条可行路径，并做出最佳选择。据测算，无人仓"智慧大脑"的反应速度是人脑的6 倍。

在京东的无人分拣区域，共有 300 个负责分拣的小红机器人，它们的速度惊人，每秒移动 3 米，这是目前全世界最快的分拣速度。无人仓从本质上还是服务于订单的生产和运营，而非炫酷科技的展示。京东无人仓可以大幅度地简化繁重、简单的人工环节，减轻人的劳动负荷，其效率是传统仓库的 10 倍。在机器人使用方面，既有传统的 AGV 叉车，又有六轴机器人、自动供包机器人等十几种不同工种的机器人，在40 000 平方米的仓库内，机器人总量达上千个。而这些机器又在整个"智慧大脑"的控制下有序的工作。

京东的无人仓储机器人

2. 牛奶跟踪溯源系统中的物流环节

牛奶跟踪追溯系统和大多数农产品跟踪追溯系统一样，包括生产、加工、仓储、运输和销售环节，提高新鲜牛奶跟踪追溯系统效率的关键就是如何协调每个环节及如何提高每个环节的效率。牛奶跟踪追溯系统使用 RFID 技术，能够方便地把整个跟踪追溯系统中各个环节的信息读入系统数据库，各个环节也可以方便地从系统中读取数据。消费者和监管部门可以通过物联网系统进行查询和跟踪。

库存环节：入库前的牛奶类农产品通过对其绑定的电子标签进行数据读取，货品的包装规格、包装重量等将自动录入计算机，同时，将根据库容、货品保鲜期、存储环境等情况，指定入库区位、货架、货位等。仓储盘点时，读写设备读取包装上的标签统计数量。清点完毕后，仓储人员确认清点的数量并将数据实时上传至后台数据库，一旦发现清点后的数据与原记录数据有出入，系统将自动生成清单出入表并提交管理部门或提示重新复查。由于引入 RFID 技术，农产品出库时无须过多的人工参与就可以对库存数据进行自动更改。

运输环节：RFID 技术在运输环节的应用主要体现为物流跟踪。把 RFID 技术与全球定位系统结合起来，能够为物流企业提供实时跟踪查询服务，而客户可以通过互联网登录农产品电子商务平台了解订单实时位置、是否被调包等情况。运输监管单位在道口检查时无须拆开货品包装，通过阅读器读取包装上的电子标签便能够了解货物信息，大大提高了货品在运输过程中的通关速度。

二、智能电网

（一）智能电网的概念

美国能源部 *Grid 2030*：一个完全自动化的电力传输网络，能够监视和控制每个用户和电网节点，保证从电厂到终端用户整个输配电过程中所有节点之间的信息和电能的双向流动。

欧洲技术论坛：一个可整合所有连接到电网用户所有行为的电力传输网络，以有效提供持续、经济和安全的电力。

国家电网中国电力科学研究院：以物理电网为基础（中国的智能电网是以特高压电网为骨干网架、各电压等级电网协调发展的强电网为基础），将现代先进的传感测量技术、通信技术、信息技术、计算机技术和控制技术与物理电网高度集成而形成的新型电网。它以充分满足用户对电力的需求和优化资源配置，确保电力供应的安全性、可靠性和经济性，满足环保约束，保证电能质量，适应电力市场化发展等为目的，实现对用户可靠、经济、清洁、互动的电力供应和增值服务。

智能电网场景

中国物联网校企联盟：智能电网由很多部分组成，可分为智能变电站、智能配电网、智能电能表、智能交互终端、智能调度、智能家电、智能用电楼宇、智能城市用电网、智能发电系统、新型储能系统。

（二）智能电网与物联网

智能电网是将先进的传感量测技术、信息通信技术、分析决策技术、自动控制技术和能源电力技术相结合，并与电网基础设施高度集成而形成的新型现代电网。智能电网以网络化电子终端作为信息模式构建平台，以实现电网的经济、高效、安全的运行目标。智能电网体现出电力流、信息流和业务流高度融合的显著特点，其主要表现在：

（1）具有坚强的电网基础体系和技术支撑体系，能够抵御各类外部干扰和攻击，能够适应大规模清洁能源和可再生能源的接入，电网的坚强性得到巩固和提升。

（2）信息技术、传感器技术、自动控制技术与电网基础设施有机融合，可获取电网的全景信息，及时发现、预见可能发生的故障。故障发生时，电网可以快速将其隔离，实现自我恢复，从而避免大面积停电的发生。

（3）柔性交/直流输电、网厂协调、智能调度、电力储能、配电自动化等技术的广泛应用，使电网运行控制更加灵活、经济，并能适应大量分布式电源、微电网及电动汽车充放电设施的接入。

（4）通信、信息和现代管理技术的综合运用，将大大提高电力设备使用效率，降低电能损耗，使电网运行更加经济和高效。

（5）实现实时和非实时信息的高度集成、共享与利用，为运行管理展示全面、完整和精细的电网运营状态图，同时能够提供相应的辅助决策支持、控制实施方案和应对预案。

（6）建立双向互动的服务模式，用户可以实时了解供电能力、电能质量、电价状况和停电信息，合理安排电器使用；电力企业可以获取用户的详细用电信息，为其提供更多的增值服务。

（三）物联网在电网中的应用

1. 智能变电站

智能变电站是采用先进、可靠、集成、低碳、环保的智能设备，以全站信息数字化、通信平台网络化、信息共享标准化为基本要求，自动完成信息采集、测量、控制、保护、计量和监测等基本功能，并可根据需要支持电网实时自动控制、智能调节、在线分析决策、协同互动等高级功能的变电站。所涉及的关键技术包括智能变压器和断路器、电子式互感器、变电站统一信息平台。

2. 智能电表

智能电表的应用能够重新定义电力供应商和用户之间的关系。通过为每家每户安装内容丰富、读取方便的智能电表，用户可以了解自己在任何时刻的电费，并且可以随时了解一天中任意时刻的用电价格，使得用户可以根据用电价格调整自己在各个时刻的用电模式，这样电力供应商就为用户提供了极大的消费灵活性。智能电表不仅能检测用电量，还是电网上的传感器，能够协助检测波动和停电；不仅能够存储相关信息，还能够支持电力提供商远程控制供电服务，如开启或关闭电源。长远来看，通过分时、分区定价等调节策略可以助力实现电力网格的自治能力。

3. 智能交互终端

智能交互终端是实现家庭智能用电服务的关键设备，它通过利用先进的信息通信技术，对家庭用电设备进行统一监控与管理，对电能质量、家庭用电信息等数据进行采集和分析，指导用户合理用电，调节电网峰谷负荷，实现电网与用户之间智能交互。此外，通过智能交互终端，可以实现水、气表集抄，降低自来水和燃气公司的抄表成本，可为用户提供家庭安防、社区服务、互联网服务等增值服务。

（四）物联网在电网中的应用案例

1. 上海市黄浦区试点商业建筑虚拟电厂

在上海市黄浦区有一座不同寻常的电厂，它不建厂房、不烧煤、不烧气。这座明确写入上海市电力发展"十三五"规划，由众多分布式储能设备集合而成的黄埔区商业建筑虚拟电厂，已成为上海市电力体制改革、智能电网建设的独特案例。

2018年1月，位于黄浦区九江路上的宝龙大厦第八次参与了虚拟电厂试运行，"发电"能力达100千瓦。宝龙大厦仅仅是黄浦区虚拟电厂的一个项目。至此，虚拟电厂最大规模的一次试运行，参与楼宇超过50栋，释放负荷约1万千瓦。

虚拟电厂（Virtual Power Plant，VPP）是由不同类型的分布式能源组成的一类特殊类型的发电厂。它通过先进的控制、通信技术，将众多用电设备削减负荷的能力视为虚拟出力，将需求响应资源视为在负荷侧接入系统的虚拟发电机组，从而参与市场和电网运行。虚拟电厂发电体系如图9-2所示。

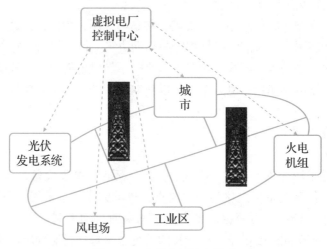

图9-2　虚拟电厂发电体系

传统的需求响应资源调用，如负荷控制平台，实际上相当于一个备用调峰机组。在用电高峰期，电网调度部门启动该平台，向协议用户下达手动削减负荷指令，或远程拉闸限电"关开关"。这种方式简单粗放，用户体验感受也较差。而虚拟电厂利用物联网技术不仅能收集分散的电能数据、控制负荷量，还能像一个真正的发电厂一样，参与系统调度，提供调峰、调频辅助服务和电力市场交易等。

2. 美国路易斯安那州拉斯顿市智能电网建设

拉斯顿市坐落于美国路易斯安那州北部，拥有约20 550位居民。城市覆盖面积不到42平方千米，拥有10 596个电表用户。作为美国2 000多个公有电力系统之一，拉斯顿电力系统在2009年脱颖而出，成为当时美国能源部授予智能电网专项补贴资金的99个电力系统之一。

2009年10月，拉斯顿智能电网项目获得430万美元智能电网专项补贴。该项目包括智能电网设计、规划、项目管理、网络安全、用户培训等。主要的技术应用包括智慧型电表基础设施（AMI）、仪表数据管理系统（MDMS）、预付费系统（Prepay）和配电系统改进。

拉斯顿智能电网项目于2009年8月启动，2013年4月建成，实际项目总开支将近880万美元。整个项目的基础在于智慧型电表基础设施的系统建设，包括智能电表的全系统规模部署以及从属的业务软件系统安装。爱迪生电气协会指出："智慧型电表基础设施包含了可以实现双向沟通的智慧仪表和其他能源管理设备，可以使企业应对潜在问题的反应更为迅速。"

这个系统可以每小时提供千瓦时、千瓦、电压和预警数据，这些数据被用来监测和维护整个城市的电网。另外，该城市的居民和商业用户都可以获取这些数据。拉斯顿智能电网项目的目标是通过电表系统、用户系统和配电系统的改进来实现城市多个电力系统的全面互通。该系统具有以下几个特点：

（1）提高电力系统的稳定性。

（2）减少电力系统成本，满足高峰用电需求。

（3）增强用户侧对电费的控制和环境影响。

（4）推进清洁能源的应用和减少温室气体排放。

（5）促进经济发展，增加就业。

三、智能交通

（一）智能交通的概念

智能交通是一个基于现代电子信息技术面向交通运输的服务系统。它的突出特点是以信息的收集、处理、发布、交换、分析、利用为主线，为交通参与者提供多样性的服务。

智能交通系统就是将先进的信息技术、计算机技术、数据通信技术、传感器技术、电子控制技术、自动控制理论、运筹学、人工智能等有效地综合运用于交通运输、服务控制和车辆制造，加强了车辆、道路、交通参与者三者之间的联系，从而形成一种定时、准确、高效的综合运输系统。智能交通系统就是以缓和道路堵塞和减少交通事故，提高交通参与者的方便、舒适为目的，利用交通信息系统、通信网络、定位系统和智能化来分析与选线的交通系统的总称。它通过传播实时的交通信息使交通参与者对即将面对的交通环境有足够的了解，并据此做出正确选择；通过消除道路堵塞等交通隐患，建设良好的交通管制系统，减轻对环境的污染；通过对智能交叉路口和自动驾驶技术的开发，提高行车安全，减少行驶时间。

中国物联网校企联盟认为，智能交通的发展离不开物联网的发展，只有物联网技术不断发展，智能交通系统才能越来越完善。智能交通是交通的物联化体现。

（二）交通与物联网

智能交通系统（ITS）是目前物联网技术应用比较成熟和广泛的领域之一。智能交通系统是以现代信息技术为核心，利用先进的通信、计算机、自动控制、传感器技术，实现对交通的实时控制与指挥管理。交通信息采集被认为是 ITS 的关键子系统，是发展 ITS 的基础，成为交通智能化的前提。无论是交通控制还是交通违章管理系统，都涉及交通动态信息的采集，交通动态信息采集也就成为交通智能化的首要任务。而物联网技术解决的就是这一问题。简单地说，物联网技术利用其自身的特点，解决车辆位置、车辆动态这种问题是再合适不过的了。

（三）物联网在交通领域中的应用

1. 智能公交

智能公交就是运用当下最先进的 GPS/北斗定位技术、3G/4G 通信技术、地理信息系统技术，结合公交车辆的运行特点，建设公交智能调度系统，对线路、车辆进行规划调度，实现智能排班，提高公交车辆的利用率；同时通过建设完善的视频监控系统，实现对公交车内、站点和站场的监控管理。智能公交系统如图 9-3 所示。智能公交是未来公共交通发展的必然模式，对缓解日益严重的交通拥堵问题有着重大的意义。

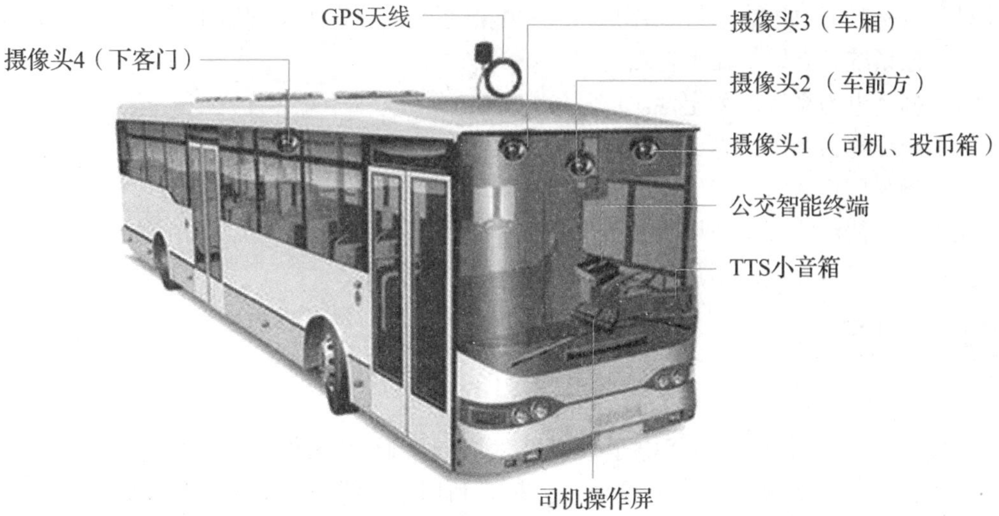

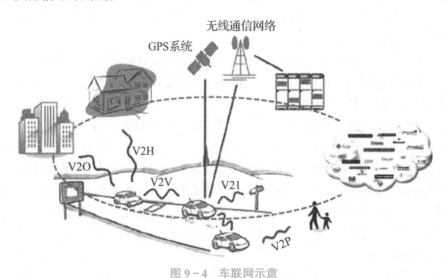

图 9 - 3   智能公交系统

2. 车联网

车联网是由车辆位置、速度和路线等信息构成的巨大交互网络，如图 9 - 4 所示。通过 GPS、RFID、传感器、摄像头图像处理等装置，车辆可以完成自身环境和状态信息的采集；通过互联网技术，所有车辆可以将自身的各种信息传输汇聚到中央处理器；通过计算机技术，大量的车辆信息可以被分析和处理，从而计算出不同车辆的最佳路线、及时汇报路况和安排信号灯周期。

图 9 - 4   车联网示意

3. 智能红绿灯

通过安装在路口的一个雷达装置，交管部门可实时监测路口的行车数量、车距和车速，同时监测行人的数量和外界天气状况，动态地调控交通信号灯，提高路口车辆通行率，减少交通信号灯的空放时间，最终提高道路的承载力。智能红绿灯如图 9 - 5 所示。

图 9 – 5　智能红绿灯

（四）物联网在交通领域中的应用案例

1. 北京市动态交通信息服务示范平台

北京市动态交通信息服务示范平台旨在运用智能交通技术，融合实时交通信息采集、处理，动态交通信息发布和车载导航系统技术，建立一个基于交通信息广播频道技术的动态交通信息发布和车载导航示范系统。其内容包括交通信息、导航服务、数字地图。

北京市动态交通信息服务示范平台通过建设北京公众出行网站、自主研发浮动车系统、完成并实施实时路况查询系统、自主研发动态车载导航示范系统等项目，以多种形式向公众乘客、机动车驾驶者和长途旅客提供实时、准确、多样化的交通信息服务。一方面可使出行者避开拥堵路段，节省出行时间，减少尾气排放，降低燃油消耗；另一方面可大力推进我国交通信息服务产业的发展。

2. 香港九龙区 ATC 城市交通控制系统（ATC）应用

20 世纪 70 年代，香港的交通拥挤情况日益恶化，香港九龙区引进第一套城市交通控制系统（ATC），使交通得到极大的改善。到 80 年代后期，香港计划拓展 ATC 应用及系统容量，更新当时九龙区的 ATC 系统。香港在参考市场上的城市交通控制系统后，运输署选定两个系统，分别是悉尼的自适应交通控制系统（SCATS）和虚拟的交通模型对应时间控制系统（SCOOT）。当时的 AWALTD（前 ATS）公司凭借 SCATS 的优势取得合约。

SCATS 的功能主要有以下几个方面：

（1）交通信息（数据）的实时采集和统计分析。

（2）实现对交通流的自适应最佳控制。根据不断变化的交通状况实时提出最佳的控制方案，保证交通的畅通、快速和安全。

（3）提供"绿波带"及紧急车辆优先通行权。

（4）提供公交车辆优先通行权。

（5）提供野外工作终端。可以将便携式个人计算机连接到任何一个路口交通信号机，从而进入 SCATS。

（6）进行系统技术监察、故障诊断和记录。

（7）远程维护。可以电话拨号方式将计算机连入 SCATS，以进行操作维护。

四、精准农业

（一）精准农业的概念

精准农业（Precision Agriculture）是当今世界农业发展的新潮流，是由信息技术支持，根据空间变异定位、定时、定量地实施一整套现代化农事操作技术与管理的系统，其基本含义是根据作物生长的土壤性状，调节对作物的投入，即一方面查清田地内部的土壤性状与生产力空间变异，另一方面确定农作物的生产目标，进行"系统诊断、优化配方、技术组装、科学管理"，调动土壤生产力，以最少的或最节省的投入达到同等收入或更高的收入，并改善环境，高效地利用各类农业资源，取得经济效益和环境效益。

（二）农业与物联网

物联网技术在农业生产、经营、管理和服务中的应用就是农业物联网。具体来说，就是运用各类传感器、RFID、视觉采集终端等感知设备，广泛地采集大田种植、设施园艺、畜禽养殖、水产养殖、农产品物流等领域的现场信息；通过建立数据传输和格式转换方法，充分利用无线传感器网络、电信网和互联网等多种现代信息传输通道，实现农业信息的多尺度的可靠传输；将获取的海量农业信息进行融合、处理，并通过智能化操作终端实现农业的自动化生产、最优化控制、智能化管理、系统化物流、电子化交易，进而实现农业集约、高产、优质、高效、生态和安全的目标。

（三）物联网在农业领域中的应用

1. 智慧农业灌溉

智慧农业灌溉简单地说就是农业灌溉不需要人的控制，系统能自动感测到什么时候需要灌溉，灌溉多长时间；智慧农业灌溉系统可以自动开启灌溉，也可以自动关闭灌溉；可以实现土壤太干时增大喷灌量，太湿时减少喷灌量。智慧农业灌溉如图9-6所示。

图 9-6　智慧农业灌溉

智慧农业灌溉系统功能如下：

（1）精准灌溉：通过传感器采集传回的信息，判断分析土壤信息和土壤所需水量，自动浇灌，达到设定的阈值时停止浇灌，达到节约用水、精准灌溉的目的。

（2）远程集中控制：支持远程控制、手动控制、自动控制、定时控制等多种工作模式，可对所有灌溉设备进行控制，节约人力。

（3）操作日志：系统自动记录对设备进行的操作，自动生成操作日志。用户可以通过App查看所有操作记录。

（4）农业环境监测：平台通过传感器采集终端，全面、科学、真实地反映被监测区的环境土壤状况。

2. 智慧渔业

智慧渔业是运用物联网、大数据、人工智能、卫星遥感、移动互联网等现代信息技术，深入开发和利用渔业信息资源，全面提高渔业综合生产力和经营管理效率的过程，是推进渔业供给侧结构性改革，加速渔业转型升级的重要手段和有效途径。智慧渔业如图9-7所示。

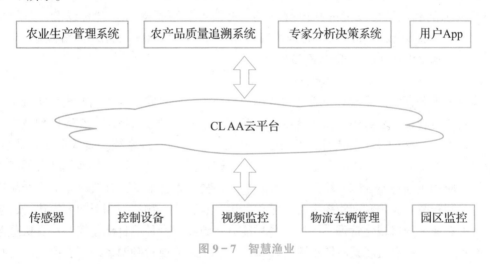

图 9 - 7 智慧渔业

智慧渔业围绕信息化服务渔业发展为中心，构建"两核一圈"的智慧渔业信息化体系，"两核"即分别以水产品、渔船为核心，"一圈"即智慧渔业生态圈。该系统有机融合水产品、渔港、渔船、船员等数据，借助互联网、云计算、大数据技术，对海量的渔业数据进行采集和存储，利用模型、算法，从数量巨大和种类繁多的数据中快速筛选出有价值的信息，化"数"为"据"、分析规律，为渔业领域各种决策与预测提供强有力的数据支撑，实现业务协同、智慧服务，促进渔业产业的高效可持续发展，促使渔业向信息化、智能化、现代化转型升级，加快海洋渔业经济发展。

3. 智慧大棚

智慧大棚的作用是将智能化控制系统应用到大棚种植上，利用最先进的生物模拟技术，模拟出最适合棚内植物生长的环境，采用温度、湿度、光照度传感器等感知大棚的各项环境指标，并通过微机进行数据分析，由微机对棚内的水帘、风机、遮阳板等设施实施监控，从而改变大棚内部的植物生长环境。

在大棚环境里，单栋大棚可利用物联网技术，成为无线传感器网络一个测量控制区，采用不同的传感器节点和具有简单执行机构的节点，如风机、低压电机、阀门等工作电流偏低的执行机构，构成无线网络，来测量基质湿度、成分、pH 值、温度以及空气湿度、气压、光照强度、二氧化碳浓度等，再通过模型分析，自动调控大棚环境、控制灌溉和施肥作业，从而获得植物生长的最佳条件。

对于大棚成片的农业园区，物联网也可实现自动信息检测与控制。通过配备无线传感节点，每个无线传感节点可监测各类环境参数。通过接收无线传感汇聚节点发来的数据，进行存储、显示和数据管理，可实现对所有基地测试点信息的获取、管理和分析处理，并以直观的图表和曲线方式显示给各个大棚的用户，同时根据种植植物的需求提供各种声光报警信息和短信报警信息，实现大棚集约化、网络化远程管理。

（四）物联网在农业领域中的应用案例

1. 蓝莓物联网生产管控系统

佳沃集团有限公司通过应用蓝莓物联网生产管控系统，实现了节本增效。技术员不需要到现场，即可查看田间土壤水分、pH 值等参数。据统计，蓝莓物联网生产管控系统能使灌溉水的利用率由以前的 0.50 提高到 0.95，可节约灌溉用水 30% 以上，节约耕地 5% ~ 7%，节能 20% ~ 30%，节省灌溉管理用工 30% ~ 40%，年新增经济效益 25.19 万元，综合节水率可达 45%，增产率 53%。

2. "放心菜"质量安全与追溯系统

天津市无公害农产品管理中心通过应用"放心菜"质量安全与追溯系统，实现了生产可控、安全可管、产品可溯。该系统以模拟模型技术、移动互联技术、在线检测技术、安全生产技术、物联网技术等支撑，开发了"放心菜"基地管理系统、质量安全监管系统、质量安全追溯系统和"放心菜"信息服务平台，建设了市、县、镇、基地相结合的四级监管网络，应用规模达到 35.47 万亩，技术成果达到国际先进水平，有效保障了农产品质量安全。多利智慧农业物联网管控中心系统包括生产、仓储、物流、溯源四大模块，还包括多利有机农业远程可视化管理系统。主要功能有：农业生产环境自动化控制；有机蔬菜仓储管理系统；多利有机蔬菜冷链物流管理系统；有机蔬菜质量溯源系统；农业生产可视化管理系统。在生产环节，农业物联网综合应用示范园蔬菜产量平均提高约 10%，示范园每年增收 1 000 万元以上，节约投入人力成本约 20%。平均每年可以节省用药两次以上，示范园平均可以减少农药使用量约 20%。

五、环境监测

（一）环境监测的概念

环境监测是利用 GIS 技术对环境监测网络进行设计，环境监测收集的信息又能通过 GIS 适时储存和显示，并对所选评价区域进行详细的场地监测和分析。

（二）环境监测与物联网

物联网技术作为一项前沿技术，在环境监测中所起到的作用是十分突出的，在环境监测中应用物联网技术，可以实时监测和管理环境信息，有助于提升环境信息采集质量和效率，辅助环境保护工作的开展。

环境物联网信息系统在实际应用中范围涉及较广，遍布全国各地，是一种先进的对污染源监控和管理的信息系统，如图 9 - 8 所示。环境物联网逐渐成为当前治理环境污染的主要手段，可通过大量先进技术应用，促使环境管理工作模式发生本质上的转变。

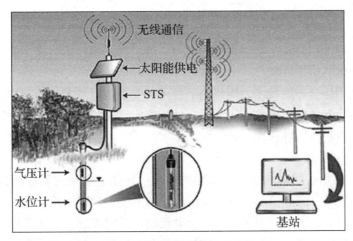

图 9 - 8 环境物联网信息系统

（三）物联网在环境监测领域中的应用

1. 大气监测

针对目标区域的大气环境，通过在关键功能区及特征点安装大气感知设备，设计无人值守的传输网络，感知大气中 PM2.5、PM10、SO_2 等多项指标，记录完整的区域大气环境变化信息，结合模型算法提供现状通知告警、历史趋势分析的功能，为后续的大气质量管理、生态规划、污染治理、城市通风等工作提供科学依据，辅助决策。

2. 水质监测

针对目标区域的水体环境，如流域水体、城市水源地、景观河道、地下水等，通过在关键功能区及特征点安装水文水质设备，设计无人值守的传输网络，感知水体的水位、流速、流量、pH 值、溶解氧、氨氮、叶绿素、吸收光谱等各项指标，记录完整的区域水环境变化信息，结合模型算法提供现状通知告警、历史趋势分析的功能，为后续水体水质管理、管网优化、生态治理等工作提供科学依据，辅助决策。

3. 声环境监测

针对目标区域的声环境与声景观，通过在关键功能区及特征点，如街道、学校、小区内部等，安装声感知设备，设计无人值守的传输网络，监测噪声等级、主要频率等各项参数，记录完整的区域声环境变化信息，绘制噪声地图，结合模型算法提供现状通知告警、历史趋势分析、地理分布统计的功能，为后续的城管执法、物业管理、市政隔音建设提供科学依据，辅助决策。

（四）物联网在环境监测领域中的应用案例

华为平安园区环境监测系统案例：蓝居智能科技为华为平安园区提供了企业工业园区环境监测方案，通过在主要污染区域、重点监测区域、人流量密集或者大型社区内部等区域安装相关环境监测仪器，将环境数据和视频监控数据融合后经无线网络或有线网络实时传送到云服务器，为用户提供电脑端（云端查询模式、单机版查询模式）的实时查询、报警提醒、远程查看、远程取证管理等便利，帮助管理部门实现全方位、全时段的信息化管理手段，为环境污染源数据分析和环境预警预报系统建设奠定基础。

六、智能家居

（一）智能家居的概念

智能家居（Smart Home）是以住宅为平台，通过物联网技术将家中的各种设备连接到一起，实现智能化的居住环境。

智能家居利用综合布线技术、网络通信技术、安全防范技术、自动控制技术、音视频技术将与家居生活有关的设施集成，构建高效的住宅设施与家庭日程事务的管理系统，提升家居安全性、便利性、舒适性、艺术性。

（二）家居与物联网

智能家居是在互联网影响之下物联化的体现。智能家居通过物联网技术将家中的各种设备（如照明系统、窗帘控制、空调控制、安防系统、数字影院系统、影音服务器、影柜系统、网络家电等）连接到一起，提供家电控制、照明控制、电话远程控制、室内外遥控、防盗报警、环境监测、暖通控制、红外转发和可编程定时控制等多种功能和手段，如图9-9所示。与普通家居相比，智能家居不仅具有传统的居住功能，还兼备建筑、网络通信、信息家电、设备自动化，提供全方位的信息交互功能，甚至为各种能源耗费节约资金。

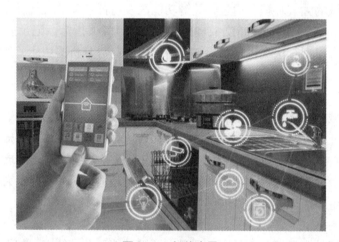

图9-9 智能家居

（三）物联网在家居领域中的应用

1. 家庭服务器

家庭服务器是物联网在智能家居中的重要应用，其能够对智能家居中与信息有关的各种电器、家庭安保设备和通信装置等，进行集中监视或者异地监视，更好地保障了智能家居设施与家庭住宅环境之间的和谐性、协调性。家庭服务器不仅是智能家居网络的核心所在，而且其自身强大的联网功能，使其成为智能家居与外界进行有效连接的关键设备。对内，家庭服务器能够建立起家庭内部的网络系统，对各个信息设备与子网进行连接；对外，家庭服务器能够实现对整个小区的综合管理与异地控制。就现阶段家庭服务器应用的实际情况来看，其主要功能包括家电控制、上网、安保报警和视频监控等功能。

2. 家电设备控制

家电的智能化控制是智能家居的主要特征之一，也是物联网最基本的应用之一。通常情况下，照明设备、电视机等用电设备的集中控制，是家电设备控制的主要内容。如有特殊需要，智能家居中的家电设备控制还可以实现对家电的远程监视或者异地遥控，同时还可以进行相应的数据采集。

3. 家庭安全防范

家庭安全防范主要是指家庭视频监控系统和安全防范报警功能。前者主要包括显示器、主机、前端摄像头、系统控制线、视频传输线和录像机等几大部分，而后者则主要由防火灾系统、防可燃气体泄漏系统、防盗报警、可视对讲和紧急呼救系统五大部分组成。家庭视频监控系统能够全天候地对房屋的四周，包括门、窗、围墙、楼道等位置实行监视，同时进行动态录像，确保事故发生后，能够随时随地地提供录像资料。而家庭安全防范报警系统，需要根据不同情况，事先在家庭控制器内设置一个或几个报警电话，一旦家庭内发生火灾、燃气泄漏或者外人非法进入等情况，系统便会按照设置等级依次不停地拨打报警电话，实现安全防范预警。

（四）物联网在家居领域中的应用案例

1. 小米智能家居

小米智能家居是围绕小米手机、小米电视、小米路由器三大核心产品，由小米生态链企业的智能硬件产品组成一套完整的闭环体验。目前，已构成智能家居网络中心（小米路由器）、家庭安防中心（小米智能摄像机）、影视娱乐中心（小米盒子）等产品矩阵，轻松实现智能设备互联，提供智能家居真实落地、简单操作、无限互联的应用体验，如图 9－10 所示。

图 9－10　小米智能家居产品

小米智能家居布局与小米路由器有着密不可分的关系。小米路由器的主要功能有：

（1）设备列表：联网设备便捷管理，状态一目了然，可以有针对性地设置任一设备的网络访问权限、数据访问权限、智能分配带宽，还可以为其起绰号。

（2）文件管理：真正成为家庭的数据中心，上传、下载、备份、浏览，随心所欲。

（3）下载中心：更快地发现影音资料并下载。

（4）工具箱：帮助用户发现更多路由功能，如网络加速、广告拦截等。

2. 上海御翠园别墅智能家居

上海御翠园别墅智能家居用了 22 个炫金智能面板、6 个中央背景音乐面板、6 个人体感应器。整个别墅采用炫金智能面板，在面板上精心设计了带有图标和中文说明的控制场景，让业主可以毫不费力地控制整个住宅的灯光和 20 多套电动窗帘系统。

别墅的客厅、餐厅、书房、卧室、儿童游戏区、家庭室 6 个重点区域均安装了一套音质卓越的中央背景音乐系统，实现了音乐和灯光的联动控制效果，在这些区域，业主既可以通过专业的音乐开关随时选择音乐，也可以让音乐和灯光系统联动。在客厅的智能面板上按下"亲朋聚会"模式，整个别墅即刻灯火辉煌，美妙的音乐回荡在各个区域。

七、智慧医疗

（一）智慧医疗的概念

智慧医疗通过打造健康档案区域医疗信息平台，利用最先进的物联网技术，实现患者与医务人员、医疗机构、医疗设备之间的互动，逐步达到信息化。智慧医疗由智慧医院系统、区域卫生系统、家庭健康系统三部分组成。

（二）医疗与物联网

根据 2018 年 Gartner 技术成熟度曲线，物联网平台技术即将结束期望高峰期，并会在 5 至 10 年内大规模应用到各行各业，在物联网市场中，医疗物联网将成为仅次于工业物联网的第二大应用领域。

医疗物联网服务于医疗卫生领域，综合运用光学技术、压敏技术和 RFID 技术等先进技术手段，结合多种医疗传感器，通过传感网络，按照约定协议，借助移动终端、嵌入式计算装置和医疗信息处理平台进行信息交换。从总体上来看，医疗物联网技术仍然是建立在物联网基础上的，其结构可以分为感知层、传输层、平台层和应用层四个层级。

（三）物联网在医疗领域中的应用

1. 医疗器械与药品的监控管理

借助 RFID 技术，开始广泛应用在医疗机构物资管理的可视化技术，可以实现医疗器械与药品的生产、配送、防伪、追溯，避免公共医疗安全问题，且实现药品追踪与设备追踪，可从科研、生产、流动到使用过程进行全方位实时监控，有效提升医疗质量并降低管理成本。

具体来说，物联网技术在医疗物资管理领域的应用方向有以下几个方面：医疗设备与药品防伪、医疗垃圾信息管理。

2. 数字化医院

物联网在医疗信息管理等方面具有广阔的应用前景。目前，医院对医疗信息管理的需求主要集中在身份识别、样品识别、病案识别。其中，身份识别主要包括病人的身份识别、医生的身份识别；样品识别包括药品识别、医疗器械识别、化验品识别等；病案识别包括病况识别、体征识别等。具体应用分为以下几个方面：病患信息管理、医疗急救管理、药品存储、

血液信息管理、药品制剂防误、医疗器械与药品追溯、信息共享互联。

3. 远程医疗监护

远程医疗监护主要是利用物联网技术，构建以患者为中心，基于危急重病患的远程会诊和持续监护服务体系。远程医疗监护技术的设计初衷是减少患者进医院和诊所的次数。

随着远程医疗技术的进步，高精尖传感器已经能够实现在患者的体域网范围内实现有效同信，远程医疗监护的重点也逐步从改善生活方式转变为及时提供救命信息、交流医疗方案。

在实际应用上，小区居民的有关健康信息可通过无线和视频方式传送到后方，建立个人医疗档案，提高基层医疗服务质量；允许医生进行虚拟会诊，为基层医院提供大医院大专家的智力支持，将优质医疗资源向基层医疗机构延伸；构建临床案例的远程继续教育服务体系等，提升基层医院医务人员继续教育质量。

(四) 物联网在医疗领域中的应用案例

1. 医疗物联网和"简约的数字医疗"

浙江大学医学院附属第一医院通过实施医疗物联网和"简约的数字医疗"解决方案，使医院管理标准化，实现对医务工作人员、医用药品和器械的有效跟踪和管理；优化了管理流程，让医生和护士可以更简单地操作和使用网络，提升工作效率，减少出错率，最大可能地避免医疗差错。通过使用医疗物联网架构，医院在此基础上可逐步实现 ICU 设备管理系统、中心供应室质量追溯系统、医疗垃圾管理系统、医疗器械和贵重设备的跟踪。

作为"863 计划""十二五"医疗信息化改革的重要成果检验基地，浙江大学医学院附属第一医院计划实施全院医疗物联网覆盖，通过两台互为冗余备份的智能无线控制器及物联网建立起全院的医疗物联网基础架构。同时，浙江大学医学院附属第一医院目前被卫计委指定为数字医疗指定参观点的示范性工程。

2. 阿里健康

现阶段，阿里集团主要面向医疗服务、产品追溯等领域开展健康业务，通过阿里健康 App 的形式为用户提供药店地址查询、营业时间、电话、是否支持医保消费等情况，用户可用相机将处方拍摄下来上传到 App 中，对相应药品信息进行咨询，以用户位置为中心，由附近多家药店做出响应，为用户提供便捷高效的药品服务；用户也可以在"医碳谷"中对其他科室的名医进行访问，通过线上线下互动互联的方式，感受最为优质贴心的服务体验。

本章小结

本章主要讲述了物联网在智慧物流、智能电网、智能交通、精准农业、环境监测、智能家居、智慧医疗方面的应用以及案例。

思考与练习

1. 简述物联网在智慧物流中的应用。
2. 简述物联网在智能交通中的应用。
3. 简述物联网在环境监测中的应用。
4. 简述物联网在智能家居中的应用。
5. 简述物联网在智慧医疗中的应用。

参考文献

［1］张飞舟.物联网应用与解决方案.2版.北京：电子工业出版社，2019.

［2］桂小林.物联网技术导论.2版.北京：清华大学出版社，2018.

［3］宋航.万物互联：物联网核心技术与安全.北京：清华大学出版社，2019.

［4］王先庆.智慧物流：打造智能高效的物流生态系统.北京：电子工业出版社，2019.

［5］NTT DATA集团.图解物联网.丁灵，译.北京：人民邮电出版社，2017.

［6］李联宁.物联网技术基础教程.3版.北京：清华大学出版社，2019.